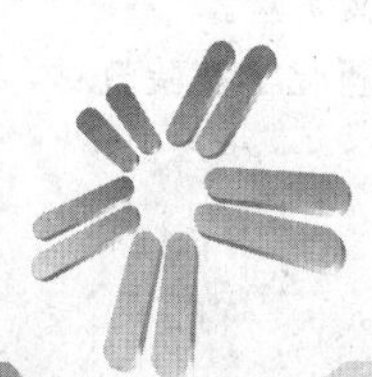

高等院校工科专业
基础化学实验系列教材

WUJI YU FENXI HUAXUE SHIYAN

无机与分析化学实验

第二版

陈若愚　朱建飞　主　编
王红宁　罗士平　副主编

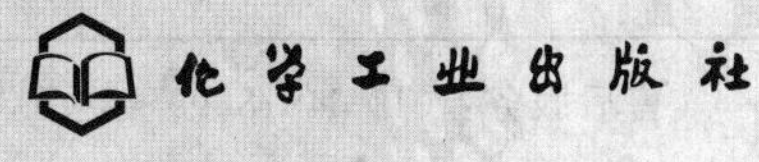

化学工业出版社
·北京·

本书按照“大工程观”培养目标的要求编写而成，共编入48个实验，包括四个类型：基本物理量与物化参数测定实验；定量分析与仪器分析实验；综合、设计性实验和英文版原文实验。

本书可作为高等工科院校化工、材料、冶金、轻工、纺织等专业的无机与分析化学实验教材，也可作为从事相关行业的实验技术人员的参考书。

图书在版编目（CIP）数据

无机与分析化学实验/陈若愚，朱建飞主编．—2版．—北京：化学工业出版社，2010.8
（高等院校工科专业基础化学实验系列教材）
ISBN 978-7-122-09075-1

Ⅰ．无…　Ⅱ．①陈…②朱…　Ⅲ．①无机化学-化学实验-高等学校-教材②分析化学-化学实验-高等学校-教材　Ⅳ．①O61-33②O652.1

中国版本图书馆CIP数据核字（2010）第130296号

责任编辑：刘俊之　王秀鸾　　文字编辑：孙凤英
责任校对：边　涛　　装帧设计：史利平

出版发行：化学工业出版社（北京市东城区青年湖南街13号　邮政编码100011）
印　　装：大厂聚鑫印刷有限责任公司
787mm×1092mm　1/16　印张14　字数357千字　　2010年9月北京第2版第1次印刷

购书咨询：010-64518888（传真：010-64519686）　售后服务：010-64518899
网　　址：http://www.cip.com.cn
凡购买本书，如有缺损质量问题，本社销售中心负责调换。

定　　价：28.00元

前 言

“大工程观”教学体系目标是培养具有较强的工程实践能力、积极的创造发明精神、良好的人格品质和人文素养的高素质工程应用型人才。以验证化学原理为主的旧的化学实验教学体系与内容已不适应“大工程观”教学体系培养目标的要求，必须进行改革，建立以提高学生综合素质和创新能力为主的新体系和新内容。

无机与分析化学实验是化工、轻化和材料等专业的第一门专业基础课，它不但是化学化工类工程技术人才整体知识结构的重要组成部分，也是培养学生严格、认真和实事求是的科学态度，精密、细致的科学实验技能，观察、分析和判断问题的能力一个必不可少的环节。无机与分析化学实验教学，目的是加深学生对无机与分析化学的基本理论、无机化合物的性质及反应性能的理解，熟悉一般无机物制备、分离和分析方法，掌握无机与分析化学的基本实验方法和操作技能，同时也为后续课程的学习提供扎实的实验技能基础，使其具备初步的科学研究能力。

本书按照实验基本知识和实验技能要求，对无机化学实验和分析化学实验内容进行整合、优化与更新。在体系上，以无机合成为主线，将定性、定量分析和分离方法融于其中；在内容上，博采众长，既注意汲取传统教材的精华部分，也注意兼顾最新出版的教学改革教材中的新内容，按照循序渐进的原则，既有足够数量、充分体现“三基”训练方案的基础实验，又有以培养学生整体性的思维方式和工程实践能力为目的的综合实验项目，同时增加了旨在培养学生创新能力的设计性、研究性实验项目。

随着高等学校本科教学质量与教学改革工程的不断深入，双语教学在大学教学中正在逐步展开。实施双语教学最直接、最主要的出发点是提高英语水平，满足国家、地方和学生个人未来发展的需要。为了适应这一教学模式，本书引进了两个英文实验，目的之一是让低年级学生及早接触英文原文，为以后的双语教学课程做好准备；目的之二是若条件许可，本课程也可以开设一到两个英文实验。但是，双语教学相对于无机与分析化学实验这样的专业基础课而言，是一种辅助手段，其目的是辅助和促进课程教学，它不能影响或削弱课程教学的目标。因此，尽管在实施双语教学的过程中学生使用第二语言的能力会有大幅度提高，但与课程教学的目的相比，语言教学方面的目的应该是处在第二位的。

本书对相关大型工具书、实验技术参考书及 Internet 网上化学信息资源等也进行了适当介绍。为了强化学生预习环节，实验内容中增加“实验前应准备回答的问题”，以提高预习效果，这也是本书的特点之一。

参加本书编写的教师有常州大学的陈若愚、朱建飞、王红宁、罗士平，常州大学朱方平、陈洁、蒋海燕、孙英、郭登峰等参加了部分工作，全书由陈若愚统稿，书中部分插图由朱方平绘制。

在编写过程中，参考了本校和国内诸家教材，在此向教材的作者们表示谢意。化学工业出版社的编辑给予了大力支持，在此表示衷心感谢。

基础化学实验教学改革是一项十分艰巨的工作，编写基础化学实验教材涉及广泛的理论和实践知识，需要丰富的实践经验，限于编者学识水平和经验，书中难免存在不妥之处，恳请同行和读者批评指正。

编　者
2010 年 5 月

目 录

附录 ················ [illegible]

参考文献 ················ [illegible]

第1章　基础化学实验基础知识

1.1　化学实验室安全知识

化学药品中，有很多是易燃、易爆、有腐蚀性的和有毒的，所以在化学实验中，务必十分重视安全问题，决不能麻痹大意。在实验前应充分了解本实验的安全注意事项，在实验过程中应集中注意力，严格遵守操作规程和各项安全守则，避免事故的发生。

1.1.1　实验室一般安全守则

（1）务必了解实验室及其周围环境、各项灭火和救护设备（如沙箱、灭火器、急救箱等）的安放位置以及水、电闸的位置。

（2）严禁在实验室内饮食、吸烟。

（3）使用电器时，要谨防触电；不要用湿手、湿物接触电器设备；实验后应随手关闭电器开关。

（4）加热试管时，试管口不要对着自己和别人，也不要俯视正在加热的液体，以免溅出而受到伤害。

（5）不要直接用手触及毒物，实验完毕，洗净双手方可离开实验室。

（6）实验室内所有药品不得携带出室外。

1.1.2　易燃、易爆、具有腐蚀性的药物及毒物的使用规则

（1）不纯氢气遇火易爆炸，操作时要远离明火，点燃氢气前，必须先检查氢气的纯度。

（2）银氨溶液久置后会变成氮化银而发生爆炸，用剩的银氨溶液必须酸化后回收。

（3）某些强氧化剂（如氯酸钾、过氧化钠、硝酸钾、高锰酸钾）或其混合物（如氯酸钾与红磷、碳、硫等的混合物）不能研磨，以防爆炸。

（4）钾、钠暴露在空气中或与水接触易燃烧，应保存在煤油中，并用镊子取用。

（5）白磷在空气中易自燃且有剧毒，能灼伤皮肤，切勿与人体接触，应保存在水内，在水下切割并用镊子取用。

（6）有机溶剂（乙醇、乙醚、苯、丙酮等）易燃，使用时要远离明火，用后立即盖紧瓶塞并放置阴凉处。

（7）浓酸、浓碱具有强腐蚀性，切勿使其溅在皮肤或衣服上，尤其要注意保护眼睛。稀释时（特别是浓硫酸），应将它们慢慢倒入水中而不能相反进行，以避免迸溅。

（8）能产生有毒、有刺激性恶臭气体（如硫化氢、氯气、一氧化碳、二氧化碳、二氧化氮、二氧化硫、溴等）的实验，都要在通风橱进行操作。

（9）嗅闻气体时，用手轻拂气体，把少量气体扇向自己的鼻孔，决不能将鼻子直接对着瓶口。

(10) 可溶性汞盐、铬(Ⅵ)的化合物、氰化物、砷盐、锑盐、镉盐和钡盐都有毒，不得进入口内或接触伤口，其废液也不能倒入下水道，应集中统一处理。

(11) 金属汞易挥发，它在人体内会累积起来引起慢性中毒。一旦打破水银温度计或把汞洒落在桌上或地面，必须尽可能收集起来，并用硫磺粉盖在洒落的地方，使汞转变成不挥发的硫化汞。

1.1.3 意外事故的处理及救护措施

(1) 割伤　在伤口上抹红药水或紫药水，洒些消炎粉并包扎，或贴上止血贴。如为玻璃扎伤，应先挑出伤口里的玻璃碎片再包扎。

(2) 烫伤　切勿用水冲洗，在烫伤处抹上烫伤膏或万花油。

(3) 受酸腐蚀　先用大量水冲洗，再用饱和碳酸氢钠溶液或稀氨水洗，最后再用水洗。如果酸溅入眼内，也用此法处理。

(4) 受碱腐蚀　先用大量水冲洗，再用醋酸($20g\cdot L^{-1}$)洗，最后再用水冲洗。如果碱溅入眼中，可用硼酸溶液洗，再用水洗。

(5) 受溴腐蚀　用苯或甘油洗，再用水洗。

(6) 受白磷灼伤　用1%(质量分数)硝酸银溶液、1%(质量分数)硫酸铜溶液或浓高锰酸钾溶液洗后进行包扎。

(7) 吸入刺激性气体　吸入氯、氯化氢气体时，可吸入少量乙醇和乙醚的混合蒸气使之解毒。吸入硫化氢气体而感到不适时，立即到室外呼吸新鲜空气。

(8) 毒物进入口内　把5～10mL稀硫酸铜溶液(5%，质量分数)加入一杯温水中，内服后，用手指伸入咽喉部，促使呕吐再送医院治疗。

(9) 触电　首先切断电源，然后在必要时进行人工呼吸。

(10) 起火　起火后，要立即一面灭火，一面防止火势扩展(如采取切断电源、停止加热、停止通风、移走易燃易爆物品等措施)。灭火方法要根据起火原因采取相应的扑灭方法。

① 一般的小火可用湿布、石棉或沙覆盖在燃烧物上。

② 火势大时可用泡沫灭火器喷射起火处。

③ 由电器设备引起的火灾，不能用泡沫灭火器，以免触电，只能用四氯化碳气体或二氧化碳灭火器扑灭。

④ 因某些化学药品(如金属钠)和水反应引起的火灾，应用沙土来灭火。

⑤ 实验人员衣服着火时，切勿惊慌乱跑，赶快脱下衣服，或用石棉布覆盖着火处，就地卧倒打滚，可起灭火作用。

⑥ 伤势重者，立即送医院。

1.1.4 化学实验室三废处理

化学实验室的“三废”即废气、废液和废渣种类繁多，实验过程中产生的有毒气体和废水排放到空气中或下水道，对环境造成污染，威胁人们的健康。如 Cl_2、SO_2 等气体对人的呼吸道有强烈的刺激作用，对植物也有伤害作用；As、Pb、Hg等化合物进入人体后，不易分解和排出，长期积累会引起胃痛、皮下出血、肾功能损伤等；氯仿、四氯化碳等能致肝癌；多环芳烃能致皮肤病和膀胱癌。因此，要治理这些环境污染，从根本上来讲，实现化学实验教学的绿色化是唯一途径。目前，我们一方面要大力推广微型化实验，从节约试剂、减少污染物产生方面入手，另一方面，必须对实验过程中产生的有毒有害物质经过必要的处理。

1.1.4.1 常用的废气处理方法

(1) 溶液吸收法　溶液吸收法是用适当的液体吸收剂处理气体混合物，除去其中有害气体的方法。常用的液体吸收剂有水、碱性溶液、酸性溶液、氧化剂溶液和有机溶液，它们可用于净化含有 Cl_2、HCl、HF、NH_3、SO_2、NO_x、酸雾和各种组分有机物蒸气等的废气。

(2) 固体吸收法　固体吸收法是使废气与固体吸收剂接触，废气中的污染物吸附在吸收剂表面从而被分离出来。常用固体吸收剂有活性炭、活性氧化铝、硅胶和分子筛等。

1.1.4.2 常用的废水处理方法

(1) 中和法　对于酸含量小于 3%～5%酸性废水或碱含量小于 1%～3%的碱性废水，常采用中和处理法。无硫化物的酸性废水，可用浓度相当的碱性废水中和；含重金属离子较多的酸性废水，可用碱性试剂先行处理。

(2) 化学沉淀法　于废水中加入某种化学试剂，使之与其中的污染物发生化学反应，生成沉淀而分离，如氢氧化物沉淀法、硫化物沉淀法和铬酸盐法等。该法适用于除去废水中的重金属离子、碱土金属离子及某些非金属等。

(3) 氧化还原法　水中溶解的有害无机物或有机物，可通过化学反应将其氧化或还原，转化成无害的新物质或易从水中分离除去的形态。常用的氧化剂有漂白粉，常用的还原剂有 $FeSO_4$ 或 Na_2SO_3、铁屑、锌粒等。

此外，还有吸附法、萃取法、离子交换法、电化学净化法等。

而对于有机溶剂废液，可经蒸馏、分馏后分类回收，循环使用。

1.1.4.3 常用的废渣处理方法

废渣主要采用掩埋法。有毒废渣必须先进行化学处理后深埋在远离居民区的指定地点。

1.2 学生实验守则

(1) 实验前应认真预习，写好实验预习报告，上课时交指导教师检查。

(2) 遵守纪律，保持肃静，集中思想，认真操作，积极思考，仔细观察，如实记录。

(3) 爱护各种设备和仪器，节约水电和药品。实验过程中如有仪器破损，应填写仪器破损单，经指导教师签字后及时领取补齐，破损仪器酌情赔偿。

(4) 实验后，废纸、火柴梗、废液、废渣应倒入指定的回收容器内，严禁倒入水槽，以防水槽腐蚀和堵塞。废玻璃应放入废玻璃箱内。

(5) 使用试剂应注意下列几点。

① 试剂应按教材规定定量使用，如无规定用量，应适量取用，注意节约。

② 公用试剂瓶或试剂架上试剂瓶用过后，应立即盖上原来的瓶塞，并放回原处。公用试剂不得拿走为己用。试剂架上的试剂瓶应保持洁净，放置有序。

③ 取用固体试剂时，注意勿使其洒落在实验台上。

④ 试剂从瓶中取出后，不应倒回原瓶中。滴管未经洗净时，不准在试剂瓶中吸取溶液，以免带入杂质而使瓶中试剂变质。

⑤ 教材规定实验做完后要回收的药品都应倒入指定的回收瓶内。

(6) 使用精密仪器时，必须严格按操作规程操作，细心谨慎，避免粗枝大叶而损坏仪器。发现仪器有故障，应立即停止使用，报告指导教师，及时排除故障。

（7）注意安全操作，遵守实验室安全守则。

（8）实验后应将仪器洗净，放回原处，清理实验台面。

（9）值日生应按规定打扫整个实验室，清洗水槽，最后负责检查电闸是否关闭，水龙头、门窗是否关好。

（10）待指导老师对实验数据签字认可后，学生方可离开实验室。

1.3 学生实验报告及实验成绩的评定

1.3.1 学生实验报告

学生在实验前必须认真预习实验内容，写出具有一定规格的预习报告；做完实验后，应根据预习和实验中的现象、数据记录等及时认真地撰写实验报告。预习报告是实验报告的基础，只是某些内容在实验完成后继续充实、补充和总结。实验报告反映了学生做完实验后对其整个过程的全面总结，因此，必须引起高度重视。实验报告一般包括以下内容。

（1）回答实验前应准备的问题。学生在实验前应根据教材中提出的预习要求，回答有关问题，如仪器的使用方法、溶液如何配制以及实验所涉及试剂的理化性质等，以增强预习效果。

（2）实验目的。用简洁的语言概括实验的目的和要求。

（3）实验仪器、试剂。介绍实验用到的仪器型号、试剂的等级，因为实验结果除了与研究者的工作经验等有关外，很大程度上还取决于仪器的测量精度、试剂的杂质含量。

（4）实验原理。简要地用文字和化学反应式说明。对有特殊仪器的实验装置，应画出实验装置图。对于制备实验，应尽量写出可能的反应机理，通过反应机理，不仅对反应来龙去脉有正确的认识，而且可以在预测体系的产物、改进反应条件、提高反应产率等方面有很大的指导意义。

（5）实验内容。简明扼要地写出实验步骤。

（6）实验数据及处理。用文字、表格、图形等，将实验现象及数据表示出来，根据实验要求、计算公式等写出实验结果，还可运用误差分析对实验结果的优劣进行评估。

（7）思考与讨论。对教材中的思考题和对实验中的现象、结果或产生的误差等进行讨论和分析，这一步往往是学生知识升华的重要方面，也是提高学生思维能力、分析问题和解决问题能力的重要手段。

1.3.2 实验成绩的评定

成绩的评定主要遵循以下原则：全面性原则、客观性原则、可操作性原则、定量与定性结合原则等，学生实验成绩可采用网上自学、平时实验成绩和卷面考核或实验操作考试相结合综合而定。其中平时实验成绩考核占主要成分，采用五挡给分：实验内容预习与提问（20%）、实验操作（30%）、实验结果（20%）、思考题回答与讨论（20%）、实验过程与实验报告的整洁度（10%），这样就把学生实验前的预习情况、实验过程的基本操作和基本技能、实验结束后数据的处理、现象的解释、问题的讨论等比较全面、客观地反映出来。

1.4 实验室用水

1.4.1 实验室用水的规格

我国已建立了实验室用水规格的国家标准（GB 6682—92），该标准规定了实验室用水的技术指标、制备方法及检验方法。实验室用水的规格及主要指标见表 1-1。

表 1-1 实验室用水的规格及主要指标

指标名称	一级	二级	三级
pH 范围(298K)			5.0～7.5
电导率(298K)/$mS \cdot m^{-1}$	0.01	0.10	0.50
吸光度(254nm,1cm 光程)	0.001	0.01	
二氧化硅含量/$mg \cdot L^{-1}$ ≤	0.01	0.02	

实验室常用的蒸馏水、去离子水和电导水，它们在 298K 时的电导率与三级水的指标相近。

1.4.2 纯水的制备

(1) 蒸馏水　将自来水在蒸馏装置中加热汽化，再将蒸汽冷却，即得到蒸馏水。此法能除去水中的非挥发性杂质，比较纯净，但不能完全除去水中溶解的气体杂质。此外，一般蒸馏装置所用材料是不锈钢、纯铝或玻璃，所以可能会带入金属离子。

(2) 去离子水　指将自来水依次通过阳离子树脂交换柱、阴离子树脂交换柱及两者混合交换柱后所得的水。离子树脂交换柱除去离子的效果好，故称去离子水，其纯度比蒸馏水高。但不能除去非离子型杂质，常含有微量的有机物。

(3) 电导水　在第一套蒸馏器（最好是石英制的，其次是硬质玻璃）中装入蒸馏水，加入少量高锰酸钾固体，经蒸馏除去水中的有机物，得重蒸馏水。再将重蒸馏水注入第二套蒸馏器中（最好也是石英制的），加入少许硫酸钡和硫酸氢钾固体，进行蒸馏。弃去馏头、馏后各 10mL，收取中间馏分。电导水应收集保存在带有碱石灰吸收管的硬质玻璃瓶内，时间不能太长，一般在两周以内。

(4) 三级水　采用蒸馏或离子交换来制备。

(5) 二级水　将三级水再次蒸馏后制得，可含有微量的无机、有机或胶态杂质。

(6) 一级水　将二级水经进一步处理后制得。如将二级水用石英蒸馏器再次蒸馏，基本上不含有溶解或胶态离子杂质及有机物。

1.4.3 水纯度的检验

由表 1-1 可知纯水质量的主要指标是电导率，因此，可选用适于测定高纯水的电导率仪（最小量程为 0.02$\mu S \cdot cm^{-1}$）来测定。

1.5 化学试剂等级及标志

我国化学试剂产品的相关标准有国家标准（GB）、专业（行业）标准（ZB）及企业标准（QB）等，按照试剂中杂质含量的多少，我国把常用试剂分为实验试剂（L. R.，四级）、化学纯试剂（C.P.，三级）、分析纯试剂（A.R.，二级）和优级纯试剂（G.R.，一级）4种规格，见表1-2。应根据实验要求，分别选用不同规格的试剂。

表 1-2 化学试剂等级及标志

等级	一级	二级	三级	四级
中文名称	优级纯(保证试剂)	分析纯(分析试剂)	化学纯	实验试剂
英文符号	G.R.	A.R.	C.P.	L.R.
标签颜色	绿色	红色	蓝色	棕色
用途	精密分析实验	一般分析实验	一般实验	①

① 用于要求不高的实验或作辅助试剂。

1.6 误差与数据处理

化学是一门实验的科学，要进行许多定量的测量，如常数的测定、物质组成的分析以及溶液浓度的分析等。这些测定，有的是直接进行的，有的则根据实验数据推演计算问题。因此，树立正确的误差和有效数字的概念、掌握分析和处理实验数据的科学方法是十分必要的。下面仅就有关问题介绍一些基础知识。

1.6.1 测量中的误差

1.6.1.1 准确度和误差

在定量的分析测定中，对于实验结果的准确度都有一定的要求。可是，绝对准确是没有的。在实际过程中，即使是技术很熟练的人，用最好的测定方法和仪器，测定出的数值与真实值之间总会产生一定的差值。这种差值越小，实验结果的准确度就越高；反之，则准确度就越低。所以，准确度是表示实验结果与真实值接近的程度。

准确度的高低常用误差来表示，误差有绝对误差和相对误差两种。

绝对误差（E_a）是测量值与真实值之差。例如：称量某3个物体的质量分别为2.3657g、1.5628g、0.2364g。而它们的真实质量分别为2.3658g、1.5627g和0.2365g。则其误差 E_a 分别为：

$$E_{a_1}=2.3657-2.3658=-0.0001\ (g)$$
$$E_{a_2}=1.5628-1.5627=+0.0001\ (g)$$
$$E_{a_3}=0.2364-0.2365=-0.0001\ (g)$$

由此可见，当测定值小于真实值时，绝对误差为负值，表示测定结果偏低；反之，若测定值大于真实值时，则绝对误差为正值，表示测定结果偏高。其中1、3两个物体的真实质量相差近10倍，而绝对误差却是一样，为−0.0001g。可见绝对误差并没有表明测量误差在真实值中所占的比重，为此引入相对误差的概念。

相对误差（E_r）表示绝对误差与真实值之比，即误差在真实值中所占的百分率。故上述1、3二次测量的相对误差为：

$$E_{r_1}=\frac{-0.0001}{2.3658}\times100\%=-0.004\%$$

$$E_{r_3}=\frac{-0.0001}{0.2365}\times100\%=-0.04\%$$

由此看出，尽管测量的绝对误差相同，但由于被测量的量的大小不同，其相对误差也不同。被测量的量较大时，相对误差较小，测量的准确度较高。

1.6.1.2 精密度和偏差

在实际工作中，由于真实值不知道，通常是在同一条件下进行多次正确测量，求出其算术平均值代替真实值，或者以公认的手册上的数据作为真实值。

在多次测量中，如果每次测量结果的数值比较接近，就说明测定结果的精密度比较高。可见精密度是表示各次测量结果相互接近的程度。精密度的高低用偏差表示。偏差愈小，精密度愈高。偏差有不同表示方法。

(1) 单次测量结果的绝对偏差（d_i）

$$d_i = x_i - \bar{x}$$

式中，x_i 是指一组平行测定中的某次测定结果；$\bar{x}$ 是指这组平行测定结果的平均值。

(2) 单次测量结果的相对偏差（d_r）

$$d_r = \frac{d_i}{\bar{x}} \times 100\%$$

对于一组平行测定，一般用整组数据对平均值的离散程度来表示精密度。这时，用平均偏差（$\bar{d}$）和相对平均偏差（$R\bar{d}$）能较好地表示精密度。

(3) 平均偏差（$\bar{d}$）

$$\bar{d} = \frac{|d_1| + |d_2| + \cdots + |d_n|}{n}$$

式中，d_1、d_2、…、d_n 等分别代表各次测定结果的绝对偏差的绝对值；n 代表一组平行测定的测量次数。

(4) 相对平均偏差（$R\bar{d}$）

$$R\bar{d} = \frac{\bar{d}}{\bar{x}} \times 100\%$$

相对平均偏差能表示结果中偏离平均值程度所占的分数，所以常用以表示精密度。

(5) 标准偏差及相对标准偏差　用平均偏差表示精密度比较简单，但由于在一系列的测定结果中，小偏差占多数，大偏差占少数。如果按总的测定次数求算术平均偏差，所得的结果会偏小，大的偏差得不到应有的反映。标准偏差的数学严格性高，可靠性大，能显示出较大的偏差，是表示偏差的最好方法。

有限次数测定的标准偏差称为样本的标准偏差（S），计算式如下：

$$S = \sqrt{\frac{\sum_{i=1}^{n}(x_i - \bar{x})^2}{n-1}}$$

为了计算方便，也可用下面的等效式计算：

$$S = \sqrt{\frac{\sum_{i=1}^{n} x_i^2 - \frac{(\sum x_i)^2}{n}}{n-1}} = \sqrt{\frac{\sum_{i=1}^{n} x_i^2 - n\bar{x}^2}{n-1}}$$

相对标准偏差又名变异系数，用 CV 表示：

$$CV = (S/\bar{x}) \times 100\%$$

与平均偏差相比，标准偏差能更好地反映出离散度大的数据，所以能更好地表示精密度。例如，有两组数据：(1) 2.9，2.9，3.0，3.1，3.1；(2) 2.8，3.0，3.0，3.0，3.2。

第二组数据离散度更大，但是计算得到的平均偏差都等于0.8，反映不出两者精密度的高低，而计算标准偏差可得：$S_1=0.10$；$S_2=0.14$。能清楚地表示出两者的精密度。

1.6.1.3 准确度与精密度的关系

准确度表示测定结果与真实值接近的程度，用误差表示。精密度表示几次平行测定结果之间的接近程度，用偏差表示。二者的关系见图1-1。

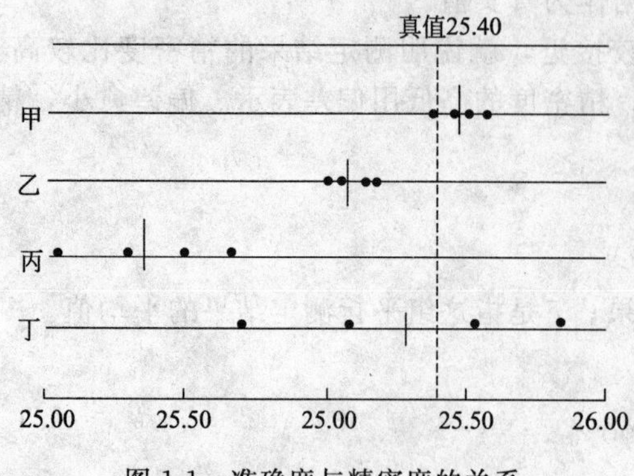

图1-1 准确度与精密度的关系

由图1-1可见，甲的测定结果的准确度和精密度都好，结果可靠；乙的实验结果的精密度虽然很高，但准确度较低；丙的实验结果的精密度和准确度都很差；丁的实验结果的精密度很差，平均值虽然接近真值，但这是由于大的正、负误差相互抵消的结果，因此，丁的实验结果也是不可靠的。

由此可见，精密度是保证准确度的必要条件。精密度好，准确度不一定好，可能有系统误差存在；精密度不好，衡量准确度就无意义了。在确定消除了系统误差的前提下，精密度可以表达准确度。

1.6.1.4 误差产生的原因

误差产生的原因很多，一般分为系统误差和偶然误差两大类。

(1) 系统误差 是测量过程中某种经常性的原因所引起的。这些误差对测量结果的影响比较固定，会在同一条件下的多次测量中反复显示出来，使测量结果系统偏高或偏低。例如：用未经校正的砝码称量时，由于砝码的值不准确，故在多次测量中使误差重复出现且误差大小不变。另外，在观测条件改变时，误差按某一确定的规律变化，这种观测误差也称为系统误差，它对测量结果的影响并不是固定的。例如，标准溶液会因其体积随温度变化而改变，而且有确定的规律，因此，对于浓度的变化，可以进行适当的校正。总之，对于系统误差，不论是固定或不固定的，如能找到其来源，就可设法加以控制或消除。

系统误差主要来源于以下几个方面。

① 方法误差 由测量方法引入的误差。例如，借助于从溶液中形成沉淀的方法确定某元素的含量时，由于沉淀物有一定的溶解度而造成的损失所带来的误差，就是方法误差。

② 仪器误差 仪器本身的制造精度有限而产生的误差。

③ 试剂误差 由试剂或试液（包括常用溶剂：水）引入一些对测量有干扰的杂质所造成的误差。

④ 人员误差 由实验人员的生理缺陷和生理定势所引入的误差。例如，有的人对颜色的变化不甚敏感，在比色或光度的测量中引起的误差。测量者个人的习惯和偏向引起的误差。例如，有的人读数偏高或偏低。

(2) 偶然误差 是由某些难于觉察的偶然原因所造成的误差。例如，外界条件（温度、湿度、振动和气压等）波动引起瞬间微小变化。或者实验仪器性能（灵敏度）的微小变化，以及实验者对各份试样处理的微小差别等。由于引起误差的原因是偶然性的，就单个误差值的出现情况而言是可变的，有时大，有时小，有时正，有时负，因此，既不可预料也没有确定的规律，它随具体的偶然的不同而不同。但是在相同条件下，对同一个量进行大量重复的测量而得到的一系列偶然误差来说，则显示出如下的统计分布规律：

① 绝对值相等的正误差和负误差出现的机会相等；

② 绝对值小的误差比绝对值大的误差出现的机会大；

③ 误差超出一定范围的机会很小。

根据上述特点可知，在同一测量条件下，随着测量次数的增加，偶然误差的算术平均值将趋近于零。也就是说，多次测量结果的算术平均值更接近于真实值。

从以上的分析可以看出，系统误差和偶然误差对测量结果所产生的影响是不同的。精密度是反映偶然误差大小的程度，而准确度是反映系统误差大小的程度。但在实际测量中，往往两类误差对测量结果都有影响。

此外，还可能由于实验人员粗枝大叶，不遵守操作规程，以致造成不应有的过失。例如，器皿未洗净、试液丢失、试剂误用、记录及运算错误等。如果已发现有错误的测量，应该取消，不能参与总测量结果的计算。因此，对于初学者来说，从一开始就必须严格遵守操作规程，养成一丝不苟的良好科学实验习惯。

1.6.1.5 提高实验精确度的方法

虽然误差在定量实验中总是客观存在的，但必须设法尽量减小。减小误差的方法有以下几方面。

(1) 选择合适的测量方法　各种测量方法的相对误差和灵敏度是不同的（灵敏度是在测量的条件下所能测得的最小值）。例如，重量法和仪器测量法，前者相对误差比较小（一般为±0.2%），但灵敏度低；后者相对误差比较大（一般为±2%），但灵敏度高。因此，测量含量较高的元素可用重量法，而测量含量低的元素时，重量法的灵敏度一般达不到要求，应采用灵敏度高的仪器测量法。

(2) 减少测量误差　应根据不同的方法、不同的仪器和不同的要求确定待测量的最小实验量。在重量法中，主要操作是称量。由于一般分析天平称量的绝对误差为±0.0002g。如果使测量时的相对误差在0.1%以下，试样的质量就不能太小，因为：

$$相对误差=\frac{绝对误差}{试样质量}\times 100\%$$

$$试样质量=\frac{绝对误差}{相对误差}\times 100\% =\frac{0.0002}{0.1\%}\times 100\%=0.2\ (g)$$

此时要求试样的质量必须在0.2g以上。

不同的测量任务要求的准确度不同。如用仪器测量法，称取试样0.5g，试样的称量误差不大于0.5g×2%=0.01g即行，不必强调称准到0.0001g。

(3) 减小偶然误差　在系统误差很小的情况下，平行测量的次数越多，所得的平均值就越接近真实值，偶然误差对平均值的影响也就越小。通常要求平行测量2～4次以上，以获得较准确的测量结果。

(4) 改进实验方法　为消除固定性的系统误差（其数值和符号在测量时总是保持恒定的），常采用交换抵消法，即进行两次测量，在这两次测量中将测量中的某些条件（例如被测物所处的位置等）相互交换，使产生系统误差的原因对两次测量的结果起相反的作用，从而使系统误差抵消。例如，通过交换被测物与砝码的位置，取两次称量结果的平均值作为被测物的质量，可以抵消等臂天平由于实际不等臂而引起的系统误差。

(5) 对照实验　用标准样品作对照实验。校测后以修正值的方式加入测量值中，以消除系统误差。

也常用空白实验的方法，来减小系统误差。即从试样测量结果中扣除空白值，就得到比较可靠的结果。

此外，对于仪器不准所引起的系统误差，可通过校准仪器来减小其影响。例如，砝码、滴定管和移液管等的校正。

1.6.2 测定数据的取舍

在定量分析中，常用统计的方法来评价实验所得的数据，决定测定数据的取舍就是其中一个内容。

1.6.2.1 置信水平和置信区间

多次测定的平均值比单次测定的更可靠，测定次数愈多，所得平均值愈可靠。但是平均值的可靠性是相对的，仅有一个平均值不能明确说明测定结果的可靠性。如果再求出平均值的标准偏差（$S_{\overline{X}}=S/\sqrt{n}$），以$\overline{X}\pm S_{\overline{X}}$来表示测定结果会更好一些。但是要使所有测定结果落在以$\overline{X}+S_{\overline{X}}$这个范围内的机会有多大呢？从误差的概率分布可知，这个机会，即概率约为 68%，也就是说能有 68%的测定结果是在$\overline{X}\pm S_{\overline{X}}$范围内，这 68%称为置信水平，$\pm S_{\overline{X}}$称为置信区间。但是置信水平为 68%对化学分析的要求来说是不够的，因为还有约 1/3 的测定结果不在此范围内。通常在化学分析中，都按置信水平为 95%或 99%来要求。

1.6.2.2 可疑数据舍弃的实质

若置信水平确定为 95%，有一个可疑数据，如在 95%的范围内，则可取；如在 5%范围内，可认为这个数据的误差不属于偶然误差，而属于过失误差，故这个可疑数据应舍弃。由此可见，可疑数据的舍弃问题，实质上就是区别偶然误差和过失误差。

1.6.2.3 数据取舍的方法

数据取舍的方法通常有：4d 准则、Q 检验法、Dixon 检验法和 Grubbs 检验法。由于 Grubbs 检验法较合理，且适用性强，故简要介绍此法。

Grubbs 检验法又称 Smiroff-Grubbs 检验法，应用此法处理数据时，按下述三种不同情况来处理。

（1）只有一个可疑数据　有 n 个测定数据，$X_1<X_2<X_3<\cdots<X_n$，X_1 为可疑数据时，统计量 T 的计算式为

$$T_1=\frac{\overline{X}-X_1}{S}$$

X_n 为可疑数据时，统计量计算式为

$$T_n=\frac{X_n-\overline{X}}{S}$$

（2）可疑数据有两个或两个以上，且都在平均值的同一侧，例如，X_1 和 X_2 都为可疑数据，则先检验最内侧的一个数据，即 X_2，通过计算 T_2 来检验 X_2 是否应舍弃。如 X_2 可舍弃，则 X_1 自然也应舍弃。在检验 X_2 时，测定次数应作为少了一次。

（3）可疑数据有两个或两个以上，而又在平均值两侧，例如 X_1 和 X_n 都为可疑数据，那么应分别先后检验 X_1 和 X_n 是否应舍弃。如果有一个数据决定舍弃，则另一个数据检验时，测定次数应作为少了一次，此时，应选择 99%的置信水平。

当统计量 $T\geqslant T_{临}$ 时（$T_{临}$ 的值见表 1-3），则可疑值应舍去。

例： 测定碱灰总碱量 w（Na_2O）得到了 6 个数据，按其大小次序排列：46.25，46.15，46.14，46.13，46.12，45.86，若首尾两数据为可疑值，试用 Grubbs 检验法判断是否应舍弃。

解：

$$\overline{X}=(46.25+46.15+46.14+46.13+46.12+45.86)/6$$
$$=46.11$$

$$S=\sqrt{\frac{\sum(X_i-\overline{X})^2}{n-1}}=0.130$$

$$T_6=(46.11-45.86)/0.130=1.92$$

查表 1-3 Grubbs 检验法临界值，测定次数为 6 时，95%的临界值为 1.89，故 45.86 这个可疑值应舍弃。再检验 46.25 这个数据是否应舍弃，求得：

$$\overline{X}=(46.25+46.15+46.13+46.12+46.14)/5=46.16$$

$$S=0.0526$$

$$T_1=1.71$$

测定次数为 5，99%的临界值是 1.76，故 46.25 这个数据不应舍去。

表 1-3　Grubbs 检验法的临界值

测定次数	置信界限		测定次数	置信界限	
	95%	99%		95%	99%
3	1.15	1.15	15	2.55	2.81
4	1.48	1.50	15	2.55	2.81
5	1.71	1.76	17	2.62	2.89
6	1.89	1.97	18	2.65	2.93
7	2.02	2.14	19	2.68	2.97
8	2.13	2.27	20	2.71	3.00
9	2.21	2.39	21	2.73	3.03
10	2.29	2.48	22	2.76	3.06
11	2.36	2.56	23	2.78	3.09
12	2.41	2.64	24	2.80	3.11
13	2.46	2.70	25	2.82	3.14
14	2.51	2.76			

1.6.3　有效数字及其运算规则

分析工作中实际能测量到的数字叫有效数字。它不仅表示数值的大小，也反映测量数据的精确程度。例如，使用 50mL 的滴定管滴定，最小刻度为 0.10mL，所得到的体积读数为 25.87mL，表示前三位是准确的，只有第四位是估计读出来的，属于可疑数字。那么，这四位数字都是有效数字，它不仅表示滴定的体积是 25.87mL，而且说明计量的精确度为 ±0.01mL。

1.6.3.1　确定有效数字的原则

在定量分析中，一般确定有效数字的原则如下。

(1) 分析结果最后只保留一位可疑数字。

(2) 0～9 都是有效数字，但 0 作为定小数点位置时，不是有效数字。作为普通数字 0 是有效数字。例如，某标准物质的质量为 0.0566g 这一数据中，数字前面的 0 只起定位作用，与所取的单位有关，若以毫克为单位，则为 56.6mg。

(3) 首位数字为 8 或 9 时，可按多一位处理。例如，8.37 虽然只有三位数字，但可看作四位有效数字。

(4) 不能因为改变单位而改变有效数字的位数。例如，

2.3L＝2.3×10^3mL；20.3L＝2.03×10^4mL；1.0mL＝0.001L。

(5) 常数、系数等自然数的有效数字位数可以认为没有限制。例如，π，e 等。

(6) 对数的有效数字的位数由小数部分（尾数）数字的位数决定。例如，pH＝11.20

有效数字位数为两位，pM=5.0 有效数字位数为一位。

1.6.3.2 有效数字的修约

在处理数据的过程中，涉及的各测量值的有效数字位数可能不同，因而需要按下面所述的修约规则确定各测量值有效数字的位数。各测量值有效数字的位数确定之后，就要将它后面多余的数字舍去，舍去多余数字的过程称为“数字的修约”。目前一般采用“四舍六入五成双”规则。

(1)“四舍六入五成双”规则规定，当测量值中被修约的那个数字等于或小于 4 时，该数字舍去；等于或大于 6 时进位；等于 5 时，如进位后末位数为偶数则进位，进位后末位数为奇数则舍去。例如：将下列数字修约为四位有效数字。

0.10574，0.10575，0.10576，0.10585，0.105851（修约前）

0.1057，0.1058，0.1058，0.1058，0.1059（修约后）

(2) 一次修约，即只允许对测量值一次修约到所需要的位数，不能分次修约。

例如，将 2.5491 修约为 2 位有效数字，不能先修约为 2.55，再修约为 2.6，而应一次修约为 2.5。

平均值的有效数字位数通常与测量值相同。

1.6.3.3 有效数字的运算规则

(1) 加减法　几个数据相加或相减，结果的有效数字位数应以小数点后位数最少（即绝对误差最大）的数字为准。

例如，0.0121+25.64+1.05782=？

由于每个数据中最后一位数有±1 的绝对误差，即：

0.0121 的绝对误差为±0.0001；

25.64 的绝对误差为±0.01；

1.05782 的绝对误差为±0.00001。

其中 25.64 的绝对误差最大，在计算结果中总的绝对误差值取决于该数，故有效数字位数根据它来修约，使每个数小数点后的位数相同。

$$0.01+25.64+1.06=26.71$$

(2) 乘除法　在乘除法的运算中，结果的有效数字的位数应以几个数中有效数字位数最少（即相对误差最大）的数字为准。

例如，$\dfrac{0.1056\times7.36\times159.7}{0.2568\times2\times1000}=0.2417=0.242$

其中，各数字的相对误差为：

$$\pm\frac{0.0001}{0.1056}\times100\%=\pm0.09\%$$

$$\pm\frac{0.01}{7.36}\times100\%=\pm0.14\%$$

$$\pm\frac{0.1}{159.7}\times100\%=\pm0.06\%$$

$$\pm\frac{0.0001}{0.2568}\times100\%=\pm0.04\%$$

由此可见，以 7.36 的相对误差最大，应以它为标准将其他各数均修约为三位有效数字，然后相乘除。

在运算过程中，若利用计算器进行运算，可运算后再修约。一般分析结果的有效数字位数如下。

(1) 若被测组分的含量 $w \geqslant 10\%$，保留四位有效数字；$1\% < w < 10\%$，保留三位有效数字；$w < 1\%$，保留两位有效数字。

(2) 标准溶液的浓度为四位有效数字。

(3) 各种误差、偏差保留 1～2 位有效数字。

1.6.4 作图法处理实验数据

利用图形表达实验结果，能直观地表现出各变量之间的关系。例如数据中的极大、极小、转折点、周期性等。并能利用图形作进一步的处理，求得斜率、截距、内插值、外推值、切线等。另外，根据多次测试的数据所描绘的图像，一般只有“平均”的意义，从而也可以发现和消除一些偶然误差。所以图解法在数据处理上是一种重要的方法。

下面简单介绍作图的步骤和方法。

(1) 坐标纸、坐标轴的分度选择　最常用的坐标纸是直角坐标纸，有时根据需要也用对数坐标纸。坐标纸大小选择要合适。既不要太小，以致影响原数据的有效位数，又不要太大而超过原数据的精密度。习惯上以横坐标表示自变量，纵坐标表示因变量。

坐标轴的分度（即每条坐标线所代表的数值大小）要考虑以下几点。

① 能表示出全部有效数字，以图中读出的物理量的精密度应与测量的精密度一致。通常可采取读数的绝对误差在图纸上相当于 0.5～1 个小格（最小分度），即 0.5～1mm。例如用分度为 1℃的误差，则选择的比例尺寸应使 0.1℃相当于 0.5～1 小格。

② 坐标标度应取容易读数的分度，即每单位坐标格子应代表 1、2 或 5 的位数，而不要采用 3、6、7、9 的倍数。而且应把数字标示在图纸逢五或逢十的粗线上。

③ 坐标的原点不一定要定为变量的零点，要考虑图纸的充分利用。因此，常用低于最低值的某一整数作起点，而将高于最高值的某一整数作终点，使图形占满整张坐标纸。如果作直线或接近于直线的曲线，则应使直线与横坐标的夹角在 45°左右。

④ 分度确定后，画上坐标轴，在轴旁注明该轴变量的名称及单位，并在纵轴的左面和横轴的下面，每隔一定距离写明该处变量的值，以便于作图和读数。

(2) 根据数据作点　把对应于各组数据的点画到坐标纸上，每一个点不仅要标出测出的数据，还要能表示该数据的误差范围。如果自变量和因变量的误差范围相近，习惯上就用圆点符号○表示，圆心表示测得的数据，圆的半径为误差范围。如果两者的误差范围相差较大，则可在点的周围用矩形框出它的误差范围。

如果在同一图中要画出几组不同的数据，则各组的点应该用不同的符号标出。代表某一读数的点可用⊕、⊙、○、×、△等不同符号表示。决不可只点一小点“•”表示。

(3) 作曲线　根据坐标纸上各点的分布情况作一曲线。作线时，不一定需要全部通过各个点，只要不在线上的点均匀分布在线的两侧附近即可。作出的曲线应是光滑的，它不应具有含意不清的不连续点或奇异点。

如果发现有个别点远离曲线，又不能判断被测物理量在此区域会发生突变，就要分析一下是否有偶然性的过失误差，如属这一情况时可不考虑该点。但不可毫无理由地随意把某些点丢弃不顾。

(4) 求直线的斜率　求直线的斜率时，要从线上取点。对直线 $y = mx + b$，斜率 $m = \frac{Y_2 - Y_1}{X_2 - X_1}$。即将两个点 (X_1, Y_1)、(X_2, Y_2) 的坐标值代入即可算出。为了减少误差，所取两点不宜相隔太近。特别要注意的是，所取之点必须在线上，不能取实验中的两组数据代入计算（除非这两组数据代表的点恰在线上且相距足够远）。计算时应注意是两点坐标差之比，不是纵横坐标线段长度之比，因为纵横坐标的比例尺可能不同，以线段长度之比求斜率，必然导出错误的结果。

直线的斜率与截距可用最小二乘法求出。此法计算虽然繁，但结果准确，对直线 $y=mx+b$，其 m 和 b 可由下列公式算出：

$$m=\frac{\sum x\sum y-n\sum xy}{(\sum x)^2-n\sum x^2},\ b=\frac{\sum xy\sum x-n\sum y\sum x^2}{(\sum x)^2-n\sum x^2}$$

1.7 基础化学实验常用器材介绍

见表 1-4。

表 1-4 基础化学实验常用器材

仪器	规格	作用	注意事项
普通试管 离心试管	玻璃质。分硬质试管、软质试管；普通试管、离心试管 无刻度的普通试管以管口外径(mm)×管长(mm)表示。离心试管以容量(cm^3)表示	用作少量试剂的反应容器，便于操作和观察。也可用于少量气体的收集 离心试管主要用于沉淀分离	普通试管可直接用火加热。硬质试管可加热至高温 加热时应用试管夹夹持。离心试管只能用水浴加热
试管夹	由木料或粗金属丝、塑料制成。形状各有不同	夹持试管	防止烧损和锈蚀
烧杯	玻璃质，分普通型、高型；有刻度、无刻度。规格以容量(mL)表示	用作较大量反应物的反应容器，反应物易混合均匀。也用作配制溶液时的容器	加热时应置于石棉网上，使受热均匀。刚加热后不能直接置于桌面上，应垫以石棉网
锥形烧杯	玻璃质。规格以容量(mL)表示	反应容器，振荡方便，适用于滴定操作	加热时应置于石棉网上，使受热均匀。刚加热后不能直接置于桌面上，应垫以石棉网

续表

仪器	规格	作用	注意事项
圆底烧瓶	玻璃质。有普通型和标准磨口型。规格以容量(mL)表示。磨口的还以磨口标号表示，如 10、14、19 等	反应物较多，且需长时间加热时常用作反应容器	加热时应放置在石棉网上。竖放桌面上时，应垫以合适器具，以防滚动而打破
蒸馏烧瓶	玻璃质。规格以容量(mL)表示	用于液体蒸馏，也可用作少量气体的发生装置	加热时应放置在石棉网上。竖放桌面上时，应垫以合适器具，以防滚动而打破
量筒	玻璃质。规格以刻度所能量度的最大容积(mL)表示 上口大下部小的称做量杯	用于量度一定体积的液体	不能加热。不能量热的液体。不能用作反应容器
移液管　吸量管	玻璃质 移液管为单刻度，吸量管有分刻度 规格以刻度最大标度(mL)表示	用于精确移取一定体积的液体	不能加热。用后应洗净，置于吸管架(板)上，以免沾污
酸式滴定管　碱式滴定管　碱式滴定管滴头	玻璃质，分酸式和碱式两种，管身颜色为棕色或无色 规格以刻度最大标度(mL)表示	用于滴定，或用于量取较准确体积的液体	不能加热及量取热的液体 不能用毛刷洗涤内管壁 酸、碱管不能互换使用。酸管与酸管的玻璃活塞配套使用，不能互换

续表

仪器	规格	作用	注意事项
容量瓶	玻璃质 规格以刻度以下的容积(mL)表示 有的配以塑料瓶塞	配制准确浓度的溶液时用	不能加热,不能用毛刷洗刷。瓶的磨口瓶塞配套使用,不能互换
称量瓶	玻璃质。分高型和矮型。规格以外径×瓶高表示	需要准确称取一定量的固体样品时用	不能直接用火加热。盖与瓶配套,不能互换
干燥器	玻璃质 分普通干燥器和真空干燥器 规格以上口内径(mm)表示	内放干燥剂,用作样品的干燥和保存	小心盖子滑动而打破 灼烧过的样品应稍冷后才能放入,并在冷却过程中要每隔一定时间开一开盖子
坩埚钳	金属(铁、铜)制品 有长短不一的各种规格。习惯上以长度(寸、cm)表示	夹持坩埚加热,或往热源(煤气灯、电炉、马福炉)中取、放坩埚	使用前钳尖应预热;用后钳尖应向上放在桌面或石棉网上
药勺	由牛角或塑料制成,有长短各种规格	拿取固体药品用。视所取药量的多少选用药勺两端的大、小勺	不能用以取用灼热的药品。用后应洗净擦干备用
滴瓶 细口瓶 广口瓶	玻璃质,带磨口塞或滴管,有无色和棕色 规格以容量(mL)表示	滴瓶、细口瓶用于盛放液体药品。广口瓶用于盛放固体药品	不能直接加热。瓶塞不能互换。盛放碱液时要用橡皮塞,防止瓶塞被腐蚀粘牢

续表

仪　器	规　格	作　用	注意事项
表面皿	玻璃质 规格以口径(mm)表示	盖在烧杯上,防止液体迸溅或其他用途	不能用火直接加热
漏斗	玻璃质或搪瓷质。分长颈、短颈 以斗径(mm)表示	用于过滤操作以及倾注液体	不能用火直接加热
吸滤瓶和布氏漏斗	布氏漏斗为瓷质,规格以容量(mL)或斗径表示 吸滤瓶为玻璃质,规格以容量(mL)表示	两者配套,用于无机制备晶体或粗颗粒沉淀的减压过滤	不能用火直接加热
砂芯漏斗	又称烧结漏斗、细菌漏斗 漏斗为玻璃质。砂芯滤板为烧结陶瓷 其规格以砂芯板孔的平均孔径(μm)和漏斗的容积(cm^3)表示	用作细颗粒沉淀以及细菌的分离。也可用于气体洗涤和扩散实验	不能用于含氢氟酸、浓碱液及活性炭等物质系的分离,避免腐蚀而造成微孔堵塞或沾污 不能用火直接加热。用后应及时洗涤
分液漏斗	玻璃质 规格以容量(mL)和形状(球形、梨形、筒形、锥形)表示	用于互不相溶的液-液分离。也可用于少量气体发生器装置中加液	不能用火直接加热。玻璃活塞、磨口漏斗塞子与漏斗配套使用不能互换
蒸发皿	瓷质,也有用玻璃、石英或金属制成的。规格以口径(mm)或容量(mL)表示	蒸发浓缩液体用。随液体性质不同可选用不同质地的蒸发皿	能耐高温但不宜骤冷。蒸发溶液时一般放在石棉网上。也可直接用火加热

续表

仪器	规格	作用	注意事项
坩埚	有瓷、石英、铁、镍、铂及玛瑙等材质。规格以容量(mL)表示	灼烧固体用，随固体性质之不同而选用	可直接灼烧至高温
石棉网	由铁丝编成，中间涂有石棉。规格以铁网边长(cm)表示，如16×16、23×23等	加热时垫在受热仪器与热源之间，能使受热物体均匀受热	用前检查石棉是否完好，石棉脱落的不能使用。不能与水接触或卷折
铁架台	铁制品。烧瓶夹也有用铝或铜制成的	用于固定或放置反应容器 铁环还可代替漏斗架使用	使用前检查各旋钮是否可旋动 使用时仪器的重心应处于铁架台底盘中部
三脚架	铁制品 有大小高低之分	放置较大或较重的加热容器，作仪器的支承物	
研钵	用瓷、玻璃、玛瑙或金属制成 规格以口径(mm)表示	用于研磨固体物质及固体物质的混合。按固体物质的性质和硬度选用	不能用火直接加热 研磨时，不能舂碎，只能碾压。不能研磨易爆物质
水浴锅	铜或铝制品	用于间接加热。也可作粗略控温实验	加热时防止锅内水烧干，损坏锅体 用后就将水倒出，洗净干锅体，使其免受腐蚀

续表

仪器	规格	作用	注意事项
点滴板	透明玻璃质、瓷质。分黑釉和白釉两种 按凹穴的多少分有四穴、六穴、十二穴等	用作同时进行多个不需分离的少量沉淀反应的容器；根据生成的沉淀以及反应溶液的颜色选用黑、白或透明点滴板	不能加热 不能用于含氢氟酸溶液和浓碱液的反应
碘量瓶	玻璃质。瓶塞、瓶颈部为磨砂玻璃 规格以容量(mL)表示	主要用作碘的定量反应的容器	瓶塞与瓶配套使用

1.8 常用工具书和参考书

化学文献是世界各国有关化学方面的科学研究、生产实践等的记录与总结，查阅化学文献是化学工作者从事科学研究的重要方面，也是每个科学工作者应具备的基本功之一。文献种类繁多，按内容一般可分原始文献，如期刊、专利等；检索原始文献的工具书，如各种文摘及其相关索引；将原始文献数据归纳整理而成的综合资料，如百科全书、手册等。

在进行实验之前，搞清楚有关物质的性状和物理常数，对于解释实验现象、保证实验正常进行、预测实验结果等有着重要的意义，因此，我们应该善于查阅有关辞典、手册和参考书等，以获取我们所需的数据和相关资料。

1.8.1 常用的工具书

(1)《新编化学化工大辞典》，唐敖庆等编，长春出版社，1996。

这是一部化学化工类综合性工具书，主要解释了无机化学、分析化学、有机化学、物理化学、高分子化学、生物化学、环境化学、化学工程等专业的名词术语，介绍了物质的物理性质、化学性质、用途、简单制取过程等。

(2)《CRC Handbook of Chemistry and Physics》。

这本《CRC 化学和物理手册》是美国化学橡胶公司（Chemical Rubber Co.，简称CRC）出版的一部著名的化学和物理学科的工具书，初版于 1913 年，以后逐年改版，内容不断完善更新。该手册分十六部分，涉及基本物理常数、单位、命名法、物质的物理常数、热力学、分析化学、分子结构和光谱等。

(3)《Gmelin Handbook of Inorganic and Organometallic Chemistry》。

这本《格梅林无机和有机金属化学手册》是收集无机物资料最完全、最系统的手册，原以德文出版，书名为《格梅林无机化学手册》，20 世纪 80 年代只以英文出版，1990 年改为现名。手册将所有化学元素分为 73 个系统号，某一化合物的资料应在组成该化合物所有各元素中系统号最大的元素卷中查找。内容涉及物质的物理性质、热力学生成数据、生成或制备、化学反应等，同时还涉及化学史、分析化学、矿物学、冶金学等领域。

(4)《无机化学丛书》，张青莲主编，科学出版社，1982。

该丛书是大型无机化学工具书，共18卷41个专题。

(5)《Treatises on Analytical Chemistry》，I. M. Kolthoff，P. J. Elving；Wiley；2nd ed.；1978。

这本《分析化学大全》对分析化学各个领域作了全面、系统的论述，提供了各种无机和有机化合物的分析程序及测定、评价商品产品特征及组成的各种方法。全书分三篇：第一篇为理论与实践；第二篇为无机和有机化合物的分析化学；第三篇为工业分析化学。

(6)《分析化学手册》，杭州大学化学系分析化学教研室等编，化学工业出版社。

第二版《分析化学手册》在第一版的基础上做了较大幅度的调整、增删和补充。全套书由10个分册构成：基础知识与安全知识、化学分析、光谱分析、电分析化学、气相色谱分析、液相色谱分析、核磁共振波谱分析、热分析、质谱分析和化学计量学。

1.8.2 主要实验参考书

(1) 武汉大学．分析化学实验（第三版）．北京：高等教育出版社，1994。

(2) 成都科学技术大学分析化学教研组、浙江大学分析化学教研组．分析化学实验（第二版）．北京：高等教育出版社，1989。

(3) 南京大学大学化学实验教学组．大学化学实验．北京：高等教育出版社，1999。

(4) 北京大学化学系分析化学教研组．基础分析化学实验．北京：北京大学出版社，1998。

(5) 大连理工大学无机化学教研室．无机化学实验．北京：高等教育出版社，1990。

(6) 徐功骅，蔡作乾．大学化学实验. 北京：清华大学出版社，1997：27～29。

(7) 奚旦立，孙裕生，刘秀英．环境监测（修订版）．北京：高等教育出版社，1995。

(8) 古凤才，肖衍繁．基础化学实验教程．北京：科学出版社，2000。

第2章 基础化学实验基本操作

2.1 常用玻璃仪器的洗涤和干燥

2.1.1 仪器的洗涤

化学实验必须在干净的反应容器中进行，才能得到正确可靠的结果。因此，在开始实验之前，必须把仪器洗涤干净。

洗涤仪器的方法很多，应根据实验的要求、污物的性质和沾污的程度来选用。一般说来，附着在仪器上的污物既有可溶性物质，也有尘土和其他不溶性物质，还有油污和有机物质。针对不同情况，可以分别采用下列洗涤方法。

(1) 用水刷洗　用毛刷就水刷洗，可洗去可溶性物质，使附着在仪器上的尘土和不溶性物质脱落下来，但往往洗不去油污和有机物质。

(2) 用去污粉或合成洗涤剂洗　去污粉中含有碳酸钠，合成洗涤剂含有表面活性剂，它们都能除去仪器上的油污。去污粉中还含有白土和细沙，刷洗时起摩擦作用，使洗涤效果更好。刷洗后，再用自来水反复冲洗，以除去附着在仪器内外壁上的白土、细沙或洗涤剂。

(3) 用铬酸洗液洗　对于口颈细小的仪器，如容量瓶、吸管、滴定管、称量瓶等，很难用上述方法洗涤，可用铬酸洗液洗。

铬酸洗液的配制：4g重铬酸钾溶解在100mL温热的浓硫酸中。铬酸洗液具有很强的氧化性，对有机物和油污的去污能力特别强。

洗涤时，在仪器中加入少量洗液，倾斜容器，来回旋转，使器壁全部被洗液润湿，稍等片刻，待洗液与污物充分作用，然后把洗液倒回原瓶，再用自来水把残留洗液冲洗干净。如果用洗液把仪器浸泡一段时间，或用热的洗液洗，则效果更好。

使用洗液时必须注意下列各点。

① 尽量把待洗容器内的积水去掉，再注入洗液，以免让水把洗液冲稀。

② 使用后的洗液应倒回原来瓶内，可以反复使用至失效为止。失效的洗液呈绿色（重铬酸钾还原为硫酸铬的颜色）。

③ 决不允许将毛刷放入洗液中刷洗。

④ 洗液具有很强的腐蚀性，会灼伤皮肤和损坏衣物。若不慎把洗液洒在皮肤、衣物或实验桌上，应立即用水冲洗。

⑤ Cr(Ⅵ) 有毒，残液排放下水道，污染环境，造成公害，要尽量避免。若使用时，清洗器壁的第一、二遍残液回收处理，不要直接排放下水道［处理方法：加入 $FeSO_4$ 使 Cr(Ⅵ) 还原成无毒 Cr(Ⅲ) 再排放］。

近来有使用市售厨房用洗洁精代替铬酸洗液刷洗仪器，效果很好。厨房用洗洁精是以一种非离子表面活性剂为主要成分的中性洗液，具有较强的去污去油能力。使用时配成1%～

2%的溶液，按常规方法刷洗。

(4) 用有机溶剂洗涤　一些有机溶剂如丙酮、苯、二氯乙烷等或工业碱的酒精溶液常常是洗涤有机污垢的良好洗涤液。由于有机溶剂成本较高，同时存在一定的危险性，一般只在特殊情况下使用。

(5) 用超声波清洗　有机合成实验中常用超声波清洗器来洗涤玻璃仪器，该法省时、方便。把用过的玻璃仪器放在配有洗涤剂的溶液中，利用声波的振动和能量，即可达到清洗仪器的目的。

(6) 特殊物质的去除　应根据沾在器壁上的污物的性质，采取“对症下药”的方法进行处理。如 MnO_2 用 $NaHSO_3$ 或草酸溶液洗净，AgCl 沉淀可用氨水处理，难溶的硫化物沉淀可用硝酸加盐酸溶解，银镜反应沾附的银或铜可用硝酸处理，有机合成实验中不易洗涤的焦油状物可用回收的有机溶剂浸泡。

用以上各种方法洗涤后的仪器，经自来水冲洗后，往往还残留有 Ca^{2+}、Mg^{2+}、Cl^- 等离子，如果实验中不允许有这些杂质存在，则应该用蒸馏水或去离子水把它们洗去，一般以冲洗 3 次为宜。每次用量不必太多，采用“少量多次”的洗涤方法效果更佳，既洗得干净又不致浪费。

已洗净的仪器，可以被水润湿，将水倒出后并把仪器倒置，可观察到仪器透明，器壁不挂水珠，否则仪器尚未洗净。

已经洗净的仪器不能用手指、布或纸擦拭内壁，以免重新沾污容器。

2.1.2　仪器的干燥

洗净的仪器如需要干燥可采用以下方法。

(1) 加热烘干　洗干净的仪器可以放在电烘箱（控制在 105℃左右）内烘干（图 2-1），仪器放入之前应尽量把水倒净，然后小心放入，应注意仪器口朝下倒置，不稳的仪器应平放，并在烘箱下层放一个搪瓷盘，以承接从仪器上滴下的水珠。

图 2-1　电烘箱

一般常用的烧杯、蒸发皿等可置于石棉网上用小火烤干（外壁水珠应先揩干）。试管可以直接用小火烤干。操作时，试管口要略为向下倾斜，以免水珠倒流炸裂试管。火焰不要集中于一部位，可从底部开始缓慢向下移至管口。如此烘烤到不见水珠时，再使试管口朝上，以便把水汽赶尽。

(2) 晾干　不急用的洗净的仪器可倒置放在实验柜内或仪器架上，任其自然晾干。

(3) 吹干　用压缩空气或吹风机把仪器吹干。

(4) 用有机溶剂干燥　带有刻度的计量仪器，不能用加热的方法进行干燥，因为加热会影响仪器的精密度。可以加一些易挥发的有机溶剂（最常用的是酒精或酒精与丙酮按体积比 1∶1 的混合物）到洗净的仪器中，倾斜并转动仪器，使器壁上的水与这些有机溶剂互相溶解混合，然后倾出它们，少量残留在仪器中的混合物，很快就挥发而干燥。若用吹风机往仪器中吹风，会干得更快。

2.2 加热

2.2.1 加热装置及其使用方法

2.2.1.1 煤气灯

煤气灯的式样虽多，但构造原理基本相同。最常用的煤气灯的构造如图 2-2。它由灯座和金属灯管两部分组成，金属灯管下部有螺旋，可与灯座相连，灯管下部还有几个圆孔，为空气的入口，旋转金属灯管可改变圆孔大小，以调节空气的进入量。灯座侧面有煤气的入口，可用橡皮管把它和煤气阀门相连，把煤气导入灯内。另一侧面有一螺旋针，用以调节煤气的进入量。松开螺旋针，灯座内进入煤气的孔道放大，煤气的进入量即增加，反之则减少。

使用煤气灯时，旋转金属灯管，关闭空气入口，擦燃火柴，打开煤气阀门，把煤气点着。调节煤气阀门或灯座上的螺旋针，使火焰保持适当的高度。若煤气燃烧不完全，会部分分解产生炭粒，这时，火焰呈黄色（系炭粒发光所产生的颜色），温度不高。旋转金属灯管，调节空气的进入量，使煤气燃烧完全，火焰由黄色变为蓝色，这时的火焰，称为正常火焰（图 2-3）。正常火焰分为 3 层。

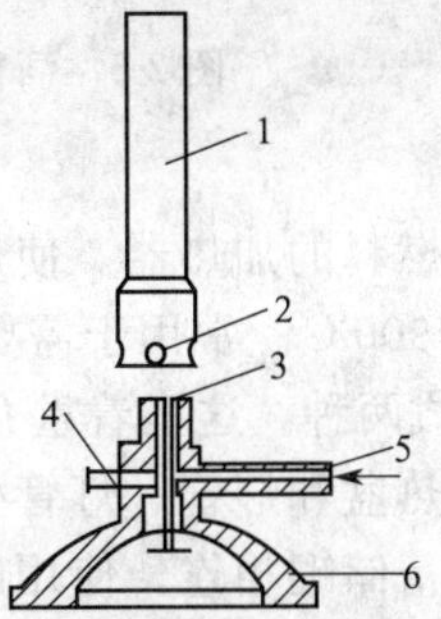

图 2-2 煤气灯

1—灯管；2—空气入口；3—螺旋；4—针阀；5—煤气入口；6—灯座

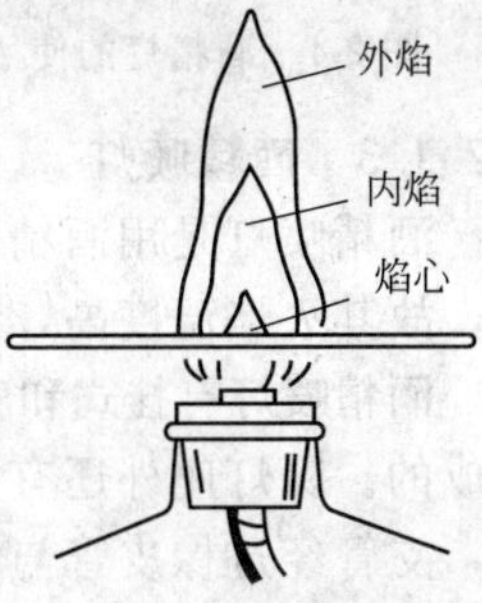

图 2-3 正常火焰

焰心（内层）——煤气与空气混合物，并未完全燃烧，温度低，约 300℃。

还原焰（中层）——煤气仅燃烧成 CO，这部分火焰具有还原性，称“还原焰”，呈淡蓝色，温度较高。

氧化焰（外层）——煤气完全燃烧，过剩的空气使这部分火焰具有氧化性，称“氧化焰”，温度最高。最高温度可达 800～900℃，火焰呈淡紫色。实验时，一般都用氧化焰来加热。

空气和煤气的进入量不合适，会产生不正常的火焰。当煤气和空气的进入量都很大时，火焰临空燃烧，称“临空火焰”。这种火焰不稳定，易熄灭。当煤气量很小、空气量很大时，煤气在灯管内燃烧，还会产生吼声，在管口只见一细长的火焰，这种火焰叫“侵入火焰”。

无论遇到哪种不正常情况，都应立即关闭煤气阀门，待灯管冷却后重新调节和点燃。

2.2.1.2 酒精灯

酒精灯的加热温度为 400～500℃，适用于温度不太高的实验。

酒精灯是由灯帽、灯芯和盛有酒精的灯壶所组成。灯的颈口与灯头（瓷套管）连接是活动的。使用酒精灯时应注意（图 2-4）以下各点。

（1）灯内酒精不可装得太满，一般不应超过酒精灯容积的 2/3，以免移动时洒出或点燃时受膨胀而溢出。

（2）点燃酒精灯之前，先将灯头提起，吹去灯内的酒精蒸气。

（3）点燃酒精灯时，要用火柴引燃，不能用燃着的酒精灯引燃（图 2-5），避免灯内的酒精洒在外面，着火而引起事故。

（4）熄灭酒精灯时要用灯罩盖熄火焰。待火焰熄灭片刻，还需再提起灯盖一次，通一通气再罩好，以免下次使用时揭不开盖子。

(5) 添加酒精时，应把火焰熄灭，然后借助于漏斗把酒精加入灯内。

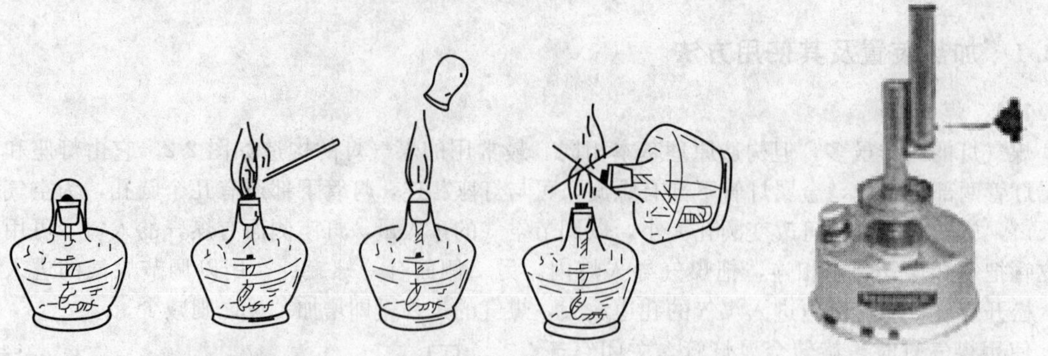

图 2-4　酒精灯的使用　　图 2-5　酒精灯错误的点燃　　图 2-6　挂式酒精喷灯

2.2.1.3　酒精喷灯

酒精喷灯是用酒精作燃料的加热器。使用时，先将酒精汽化后与空气混合，点燃混合气体，故其火焰温度高，约 900℃。常用于需要温度高的实验。

酒精喷灯有挂式和座式两种，这里着重介绍挂式酒精喷灯（图 2-6）。其喷灯部分是金属制成的。除灯座外还有预热盆和灯管。灯管处有一蒸气开关，预热盆下方有一支管为酒精入口，支管经过橡皮管与酒精储罐相连。使用时，先将储罐悬挂在高处，打开储罐下的开关，在预热盆中注上酒精并点燃，以预热灯管。待盆内酒精将近燃完时，开启蒸气开关，由于灯管已被灼热，进入灯管的酒精即行汽化，酒精蒸气与气孔进来的空气混合，即可在管口点燃。调节灯管处的蒸气开关可控制火焰的大小。使用完毕，关上蒸气开关及储罐下的酒精开关，火焰即自行熄灭。

必须注意以下各点。

(1) 在点燃前，灯管必须充分预热，否则酒精在管内不能完全汽化，开启蒸气开关时，会有液态酒精从管口喷出，形成“火雨”，四处洒落酿成事故。这时应立即关闭蒸气开关，重新预热。

(2) 酒精蒸气喷出口应经常用特制的金属针穿通，以防阻塞。

(3) 不用时，必须将储罐口用盖子盖紧，关好储罐酒精开关，以免酒精漏失造成危险。

2.2.1.4　水浴、油浴和沙浴

当被加热物质要求受热均匀，温度在 100℃以下，可用水浴加热。例如蒸发浓缩溶液时，把溶液放在蒸发皿中，将蒸发皿置于水浴锅上，煮沸锅中的水，利用蒸汽加热。实验室中也常用大烧杯代替水浴锅使用。

使用水浴锅加热应注意以下几点。

(1) 水浴中的水量不要超过容量的 2/3。水量不足时用少量的热水补充，绝对不能把水烧干。

(2) 水浴锅上根据承受不同的器皿，选择不同的铜圈，但应注意增大器皿的受热面积，保持水浴的严密。

(3) 在水浴上受热的蒸发皿不能浸入水里。烧杯或锥形瓶，可直接浸入水浴中但不能触及锅底，以防因受热不均匀而破裂。

当被加热物质要求受热均匀，温度需高于 100℃时，可使用油浴或沙浴。沙浴是一个铺有一层均匀细沙的铁盘，加热铁盘，把被加热的器皿的下部埋置在细沙中。若要测量温度，

可把温度计插入沙中。

2.2.1.5 电加热

常用电加热器包括电炉、管式炉（图 2-7）和马弗炉（图 2-8）等。

（1）电炉　用于一般加热。

（2）马弗炉　是一种用电热丝或硅碳棒加热的炉子。它的炉膛是长方体，试样置于坩埚或其他耐高温的器皿中，将器皿放入炉膛加热。最高使用温度可达 1300℃。

（3）管式炉　有一管状炉膛，也是用电热丝或硅碳棒来加热，温度可调节，最高使用温度可达 1300℃。炉膛中可插入一根耐高温的瓷管或石英管，加热试样放在瓷管或瓷盘中，并推入炉膛加热。试样可在空气气氛或其他气氛中受热。

图 2-7　管式炉

图 2-8　马弗炉

马弗炉和管式炉的温度测量，不是用一般玻璃质的温度计，而是用热电偶高温计。将两种不同的金属丝或不同成分的合金丝（例如一根是镍铬丝，另一根是镍铝丝）两端焊好，构成闭合回路。当这两个焊接端温度不同时，回路中就产生电动势，称温差电动势（或称热电势），并有电流流过，这一金属或合金的组合体就称为热电偶。对确定的热电偶，其热电势只与两焊接端的温度差有关。如果将一焊接端置于冰水混合液中以保持 0℃。另一端置于待测的物体中，用毫伏计测出回路中的热电势，就可求出待测温度。

马弗炉和管式炉带有温度控制器，可以把炉温控制在某一温度附近。只要把热电偶和温度控制器连接起来，待炉温升到所需温度时，控制器就会把电源自动切断，使炉子的电热丝断电停止工作，炉温就停止上升。由于炉子的散热，当炉温略低于所需温度时，控制器又把电源接通，使电热丝工作，则炉温上升，不断交替，就可把炉温控制在某一温度附近。

2.2.2 常用的加热操作

（1）加热烧杯、烧瓶中的液体　液体一般不超过容器容量的一半。

（2）直接加热试管中的液体　在火焰上直接加热试管中的液体操作如图 2-9 所示。

① 用试管夹夹住试管的中上部，不要用手拿住试管加热，以免烫手。

② 试管应稍微倾斜，管口向上。加热过程中管口不能对着自己或别人，以免在溶液煮沸时迸溅而造成烫伤。

③ 液体量不能超过试管高度的 1/3。

④ 先加热液体的中上部再慢慢往下移动，然后不时地上下移动，使溶液各部分受热均匀。

（3）直接加热试管中的固体　在火焰中直接加热试管中的固体操作如图 2-10 所示。试管口略向下倾，防止释放出来而冷凝的水珠流到试管的灼热处，而使试管破裂。

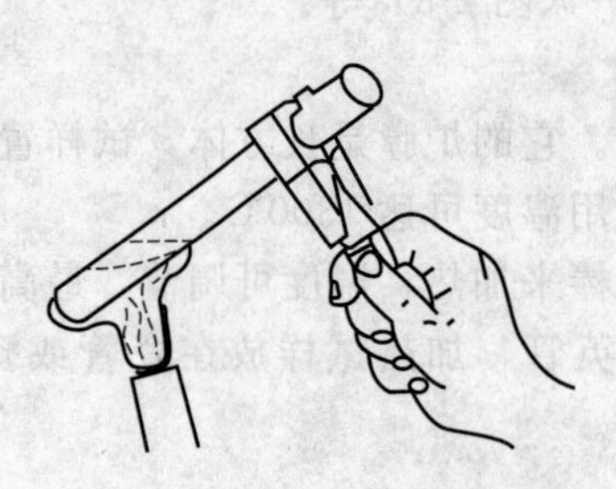

图 2-9　直接加热试管中的液体

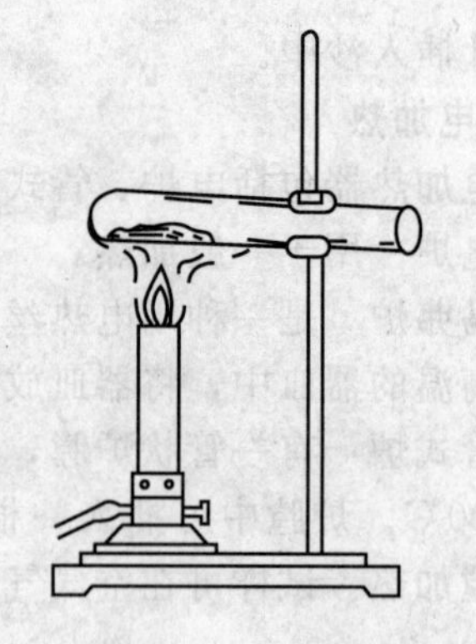

图 2-10　直接加热试管中的固体

（4）灼烧　当需要在高温加热固体时，可以把固体放在坩埚中灼烧（图 2-11）。首先用小火预热坩埚，再用灯的氧化焰灼烧。应避免让还原焰接触埚底，以免在埚底结成炭黑。

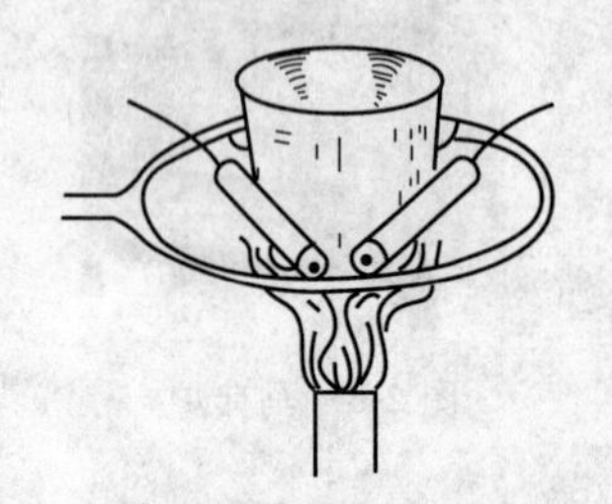

图 2-11　坩埚的灼烧

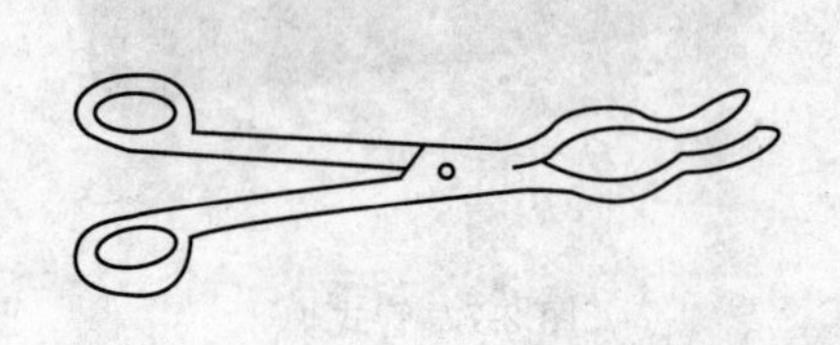

图 2-12　坩埚钳放法

要夹取高温下的坩埚时，必须使用干净的坩埚钳，使用前先把坩埚钳放在火焰上预热片刻。坩埚钳用后应平放在石棉网上（图 2-12）。

当加热较多固体时，可把固体放在蒸发皿中进行。但应注意充分搅拌，使固体受热均匀。

2.3　玻璃操作和塞子钻孔

2.3.1　玻璃管（棒）的截断和圆口

（1）第一步锉痕　如图 2-13 所示。将玻璃管平放在实验桌边缘上，左手拇指按住要切割地方的左侧，右手持三角锉，用锉刀的棱边在要切割的部位用力锉出一道凹痕，应向一个方向锉，不要来回锉。锉出来的凹痕应与玻璃管垂直，以保持折断后的截面是平整的。

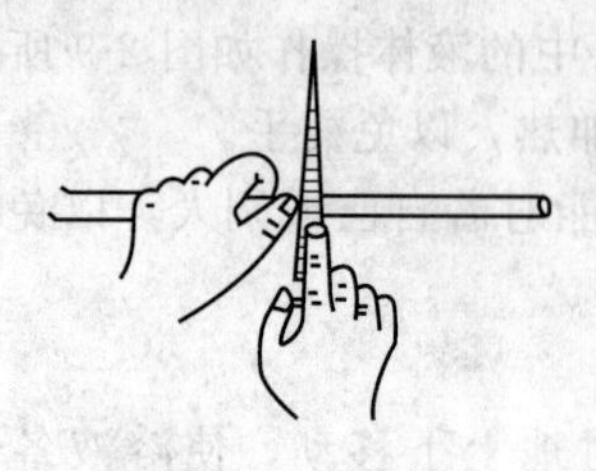

图 2-13　锉痕

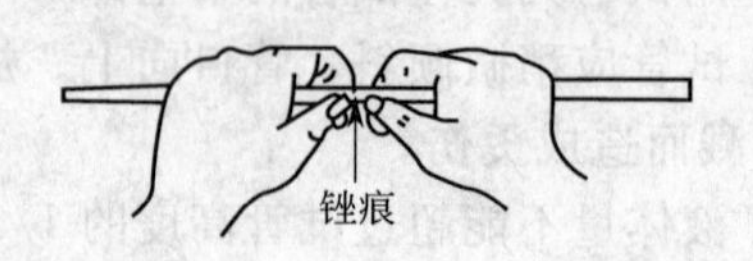

图 2-14　截断玻璃管

（2）第二步截断　双手持玻璃管，使凹痕朝外，两手拇指放在凹痕的后面（图 2-14），轻轻向前推，同时用食指和拇指把玻璃管向外拉，以折断玻璃管。

(3) 第三步圆口　玻璃管的截断面很锋利，容易划破皮肤或橡皮管，且难以插入塞子的圆孔内，需要熔烧后使之平滑，这一操作称为圆口（图 2-15）。把截断面斜插入氧化焰中，缓慢转动玻璃管，使受热均匀直到管口光滑为止。注意加热时间不能太长，以免管口口径缩小。熔烧后的玻璃管应放在石棉网上冷却，不可直接放在桌上。更不要用手去摸，以免烫伤。

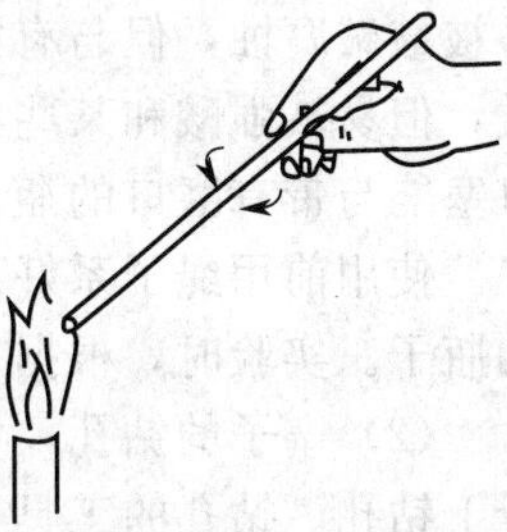

玻璃棒的截断和熔烧的操作与玻璃管相同。

图 2-15　圆口

2.3.2　玻璃管的弯曲

(1) 第一步烧管　先用布把玻璃管擦净，双手持玻璃管，用小火预热要弯曲的部分，然后把要弯曲的部位斜插入氧化焰内，以扩大玻璃管的受热面积。缓慢而均匀地转动玻璃管，使四周受热均匀，两手用力均等，转速要一致，不要让玻璃管在火焰中扭曲。加热到玻璃管发黄变软（图 2-16）。

(2) 第二步弯管　自火焰中取出玻璃管，稍等 1～2s 后，使各部分温度均匀，然后把它弯成一定的角度。弯管的正确手法是“V”字形，两手在上方，玻璃管的弯曲部分在两手中间下方（图 2-17）。

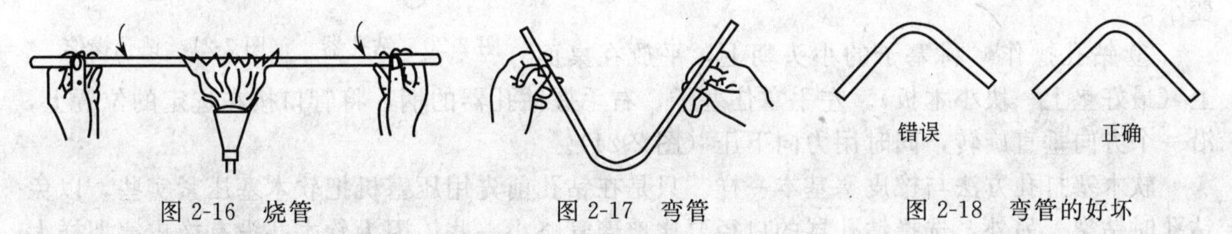

图 2-16　烧管　　图 2-17　弯管　　图 2-18　弯管的好坏

120℃以上的角度，可以一次弯成。较小的角度可以分几次弯成。先弯成一个较大的角度，然后在第一次受热部位的偏左或偏右处进行第二次、第三次加热和弯管，直到弯成所需的角度为止。

玻璃管弯成后，弯曲部分应平滑、均匀、角度准确，整个玻璃管应在同一平面上（图 2-18）。否则就是错误的。

已软化了的玻璃管极易变形，因此不能一次就把它弯成很小角度。更不能在火焰中弯曲，否则会使玻璃管弯曲处的内径变得很小。

2.3.3　玻璃管的拉细

拉玻璃管时，加热方法与弯玻璃管基本一样，只是要把玻璃烧得更软一些，受热面积可以不比弯管时那样大。玻璃管必须烧到红黄色时才从火焰中取出，顺着水平方向边拉边来回转动（图 2-19）。将玻璃管拉到所需要的细度时，一手持玻璃管让其垂直下垂片刻。若制作滴管时，要求细管部分具有一定的厚度，必须在烧软玻璃管过程中一边加热一边两手轻轻向中间用力挤压，使中间受热部分管壁加厚，然后按上述方法拉细。

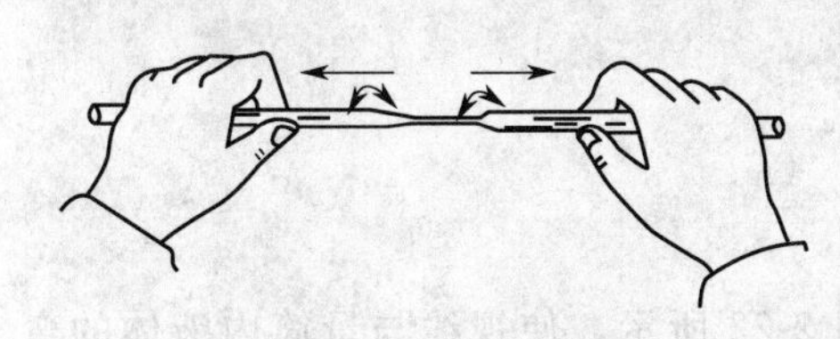

图 2-19　玻璃管的拉细

2.3.4　塞子的种类和钻孔

(1) 塞子的种类　容器上常用的塞子有软木塞、橡皮塞、塑料塞和玻璃磨口塞。软木塞易被酸碱腐蚀，但与有机物的作用较小。橡皮塞可以把瓶子塞得很严密，并可耐强碱性的物质，但易被强酸和某些有机物质（如汽油、苯、氯仿、丙酮、二硫化碳等）所侵蚀。玻璃磨口塞能与带有磨口的瓶子很好地密合，但在瓶子之间不能随意调换磨口瓶塞，以免密合不好。使用前用绳子系好。玻璃磨口瓶塞适用于除碱和氢氟酸以外的一切盛放液体或固体物质的瓶子。实验时，根据不同需要，选择合适的塞子。

（2）塞子的钻孔　实验时，有时需要在塞子上插入玻璃管或安装温度计，这时必须在塞子上钻孔。钻孔的工具是钻孔器（图 2-20）或钻孔机。钻孔器是一组直径不同的金属圆管，一端有柄，另一端的管口很锋利，可用来钻孔。另外还有一根带头的铁条，用来捅出钻孔时嵌入钻孔器中的橡皮或软木。

钻孔的步骤如下。

① 塞子大小的选择　塞子的大小应与容器的口径相适合。塞子进入瓶颈或管颈部分不能少于其本身高度的 1/2，也不能多于 2/3。

② 钻孔器的选择　在橡皮塞子上打孔时，要选择一个比要插入橡皮塞的玻璃管口径略粗一些的钻孔器，因为橡皮塞有弹性，孔道钻成后会收缩，使孔径变小。

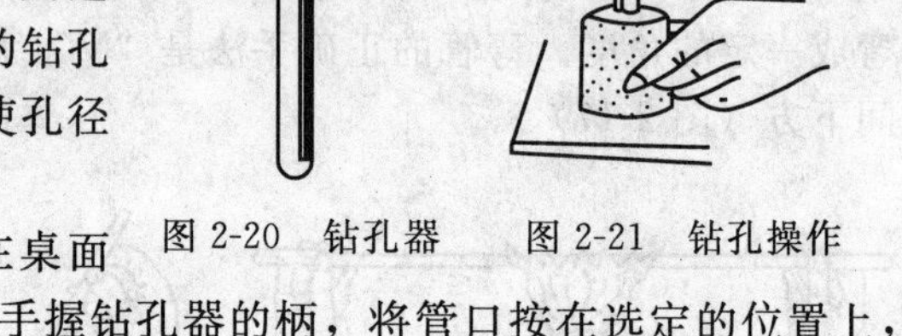

图 2-20　钻孔器　　图 2-21　钻孔操作

③ 钻孔操作　将塞子的小头朝上，平放在桌面上（最好垫上一块小木板）。左手拿住塞子，右手握钻孔器的柄，将管口按在选定的位置上，沿一个方向垂直旋转，同时用力向下压（图 2-21）。

软木塞打孔方法与橡皮塞基本一样。只是在钻孔前先用压塞机把软木塞压紧实些，以免钻孔时钻裂。另外，选择钻孔器的口径要比玻璃管略小一些，因为软木塞没有橡皮塞那样大的弹性。

钻孔时必须注意：应在钻孔器的前端涂凡士林或甘油，以减少摩擦力。钻孔器必须与塞子的平面垂直，钻孔时不要左右摆动，以免把孔钻斜了。转孔后应检查孔道是否合适，若塞孔稍小或不光滑时，可用圆锉修整。如果玻璃管毫不费力地插入塞孔内，说明塞孔太大，应换塞重钻。

④ 玻璃管插入橡皮塞的方法　用甘油或水把玻璃管的前端湿润后，先用布包住玻璃管，然后用手握住玻璃管的前半部，缓慢嵌入塞孔内合适的位置。如果用力过猛或手离橡皮塞太远都可能把玻璃管折断，以致伤手。

2.4　容量仪器及其应用

实验中用于量度液体体积常用以下几种容量仪器。

2.4.1　量筒

常用于液体体积的一般量度。量取液体时要按图 2-22 所示，使视线与量筒内液体的弯月面的最低处保持水平，偏高或偏低都读不准而造成较大的误差。

2.4.2　移液管

要求准确地移取一定体积的液体时，可用各种不同容量的移液管（图 2-23）。每支移液管上都标有它的容量和使用温度。另外还有一种带有分刻度的移液管用于移取非整数或

10mL 以下的液体。这种移液管称为吸量管。

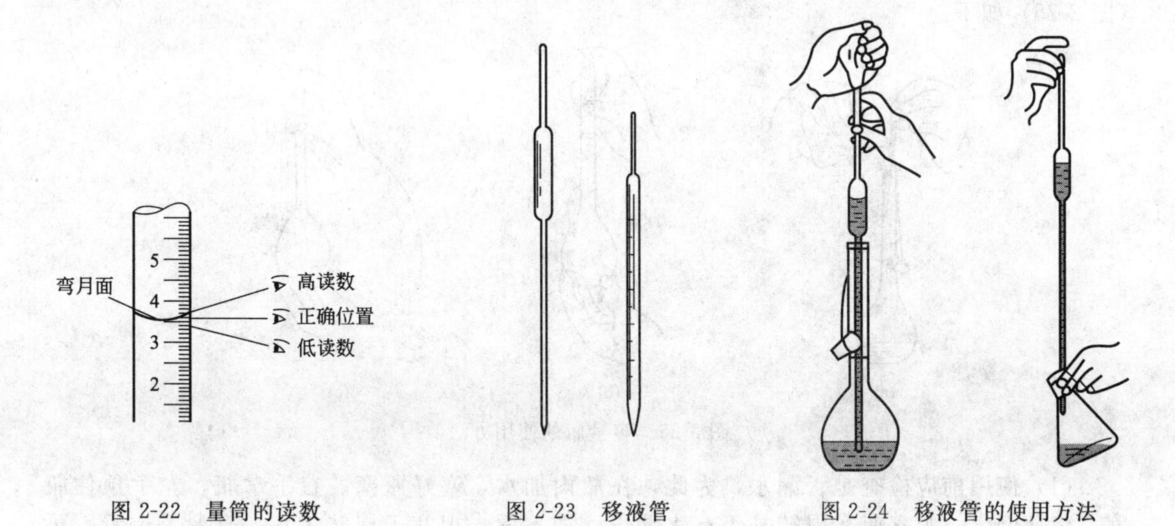

图 2-22 量筒的读数　　图 2-23 移液管　　图 2-24 移液管的使用方法

移液管的使用方法如下（图 2-24）。

(1) 依次用自来水、洗液、自来水洗涤移液管（可用洗耳球将洗液等吸入移液管内进行洗涤），直至管内壁不挂水珠。然后用蒸馏水荡洗 3 次，用滤纸将移液管下端内外的水吸去，再用被移取的液体洗 3 次（每次用量不必太多，吸液体至刚进球部即可）以确保被移取的溶液的浓度不变。

(2) 把移液管下端伸入所吸溶液面下 1～2cm（伸入太深，管外壁黏附溶液过多，伸入太浅，则易吸入空气），右手拇指及中指拿住管标线以上的地方，左手拿洗耳球，并将其捏瘪排除空气后，将洗耳球对准移液管的上口，按紧不漏气，然后慢慢松开洗耳球，使溶液慢慢上升至标线以上。移开洗耳球，用右手的食指按住管口，将移液管下口提出液面，靠在容器壁上，然后稍微放松食指，或轻轻移动移液管使液面缓慢平稳地下降，直到液体弯月面最低点与标线水平相切时立即按紧食指，使溶液不再流出，取出移液管。

(3) 把移液管的尖端靠在接收容器的内壁上放松食指，令液体自然流出，这时应使接收容器倾斜而使移液管直立。等液体不再流出时，还要稍等片刻（约 15s），再移开移液管（使管内壁沾附的液膜每次厚薄一致，以保证量度的准确性），但不要把留在移液管尖端的残留液吹出（除非吸管上注明“吹”字），因为在标定移液管的体积时，并未把这部分液体计算在内。

(4) 用以上方法操作，从移液管中自然流出的液体正好是移液管上标明的体积。如果实验所要求的准确度较高，还要对移液管进行校正。

吸量管使用方法与移液管相似。移取溶液时，应尽量避免使用尖端处的刻度，可以使用分度截取所吸溶液的准确量。

2.4.3 容量瓶

容量瓶是用来配制准确浓度溶液的容器。一般容量瓶分为“量入”式和“量出”式两类。“量入”式在瓶上标有 E 字样，目前统一用 In 表示。它表示在标明温度下，液体充满到标度线时，瓶内液体体积恰好与瓶上标明的体积相同。“量出”式瓶上标有 A，目前统一用 Ex 表示。它表示在标明温度下，液体充满到标度线时，按一定方法倒出液体时，其体积与瓶上标明的体积相同。对于精确分析，使用“量入”式容量瓶更适合。容量瓶的使用方法（图 2-25）如下。

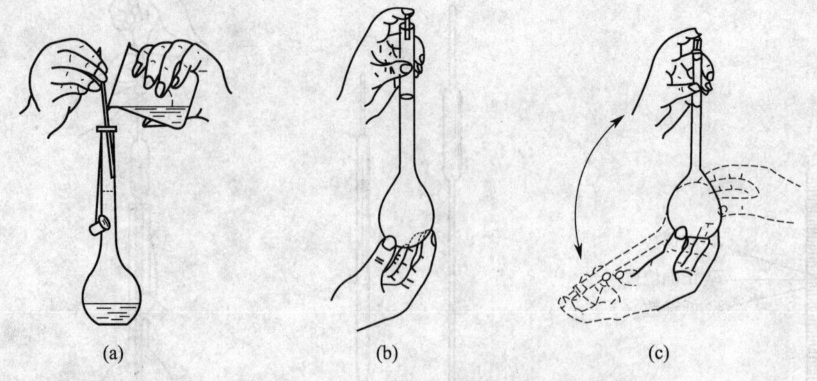

图 2-25　容量瓶的使用方法

（1）使用前应检查是否漏水，为此，在瓶内加水，塞好瓶塞，右手拿瓶，左手顶住瓶塞，将瓶倒立，观察瓶塞周转是否有水漏出。如不漏，把塞子旋转 180°，塞紧，倒置，再检查这个方向是否漏水。合适的瓶塞要用小绳系在瓶颈上，以免打碎或遗失。

（2）用固体物质配制溶液，要先在烧杯里把固体溶解，再把溶液转移到容量瓶中，然后用蒸馏水洗涤烧杯和玻璃棒，洗液一并转入容量瓶中，如此重复多次，完成定量转移。用洗瓶慢慢加入蒸馏水，至离标线约 1cm 处，稍等片刻，让附在瓶颈上的水流下，改用滴管滴加水至标线（小心勿过标线）。加水时，视线要平行标线。然后塞好塞子，用食指顶住瓶塞，用另一只手指顶住瓶底（较小的容量瓶不必用手指顶住瓶底），将瓶倒转和摇动多次，使溶液混合均匀。

（3）热溶液要冷至室温才能倾入容量瓶中，否则溶液的体积会有误差。

（4）必要时，容量瓶的体积也应进行校正。

2.4.4　滴定管

滴定管主要用于定量分析，有时也用于精确加液。

（1）滴定管分酸式和碱式两种（图 2-26）。酸式滴定管可盛放除碱性溶液以外的其他溶液。管下有一玻璃活塞，用于控制滴定时的液滴。碱式滴定管用来盛放碱性溶液，管下端用橡皮连接一个一端有尖嘴的小玻璃管，橡皮管内装一个玻璃圆球以代替玻璃活塞（图 2-27）。

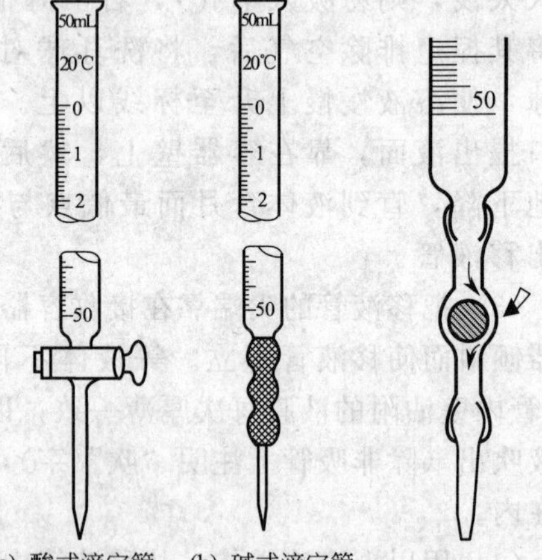

(a) 酸式滴定管　(b) 碱式滴定管

图 2-26　滴定管

图 2-27　碱式滴定管滴头

由于玻璃磨口旋塞控制滴速的酸式滴定管在使用时易堵易漏，而碱式滴定管的乳胶管易老化，因此，一种酸碱通用滴定管，即聚四氟乙烯活塞滴定管得到了广泛的使用。

（2）活塞涂油的方法　滴定管洗涤前必须检查是否漏水，活塞转动是否漏水，活塞转动是否灵活。若活塞渗漏或转动不灵活，可将活塞取下，用滤纸或布擦净活塞和塞槽，然后在活塞两头涂一薄层凡士林。注意不要涂在活塞孔所在的那一圈，以免塞住塞孔。将活塞插入槽内，向同一方向转动，直到活塞与塞槽接触的地方透明为止（图 2-28）。

如果碱式滴定管漏水的，则更换玻璃球或橡皮管。

（3）清除活塞孔或出口管孔中凡士林的方法　如果活塞孔堵塞，可取下活塞用细铜丝捅出即可。若是出口孔堵塞，则将水充满全管，将出口管浸在热水中，温热片刻后，打开活塞使管内水突然冲下，将熔化的凡士林带出。如此法不能奏效，则用四氯化碳浸溶或用一根细铜丝捅通。

（4）洗涤方法　滴定管在使用前应按常规操作洗涤，洗净后的滴定管内壁不应附有液滴。经由蒸馏水荡洗后再用滴定用的溶液润洗 3 遍（一般第一遍用约 10mL，后两遍各用约 5mL），润洗液从下口放出。

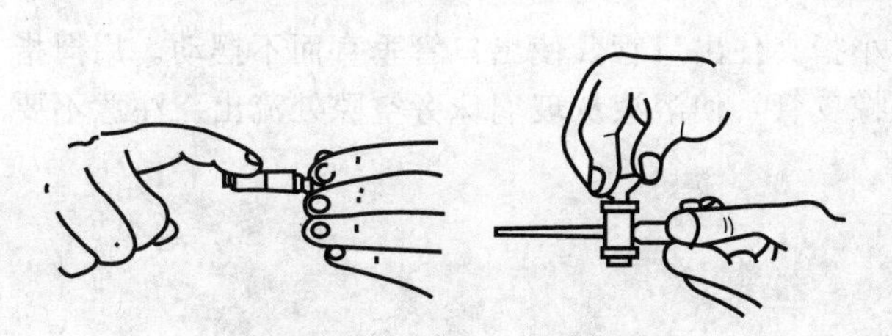

图 2-28　活塞涂油的方法

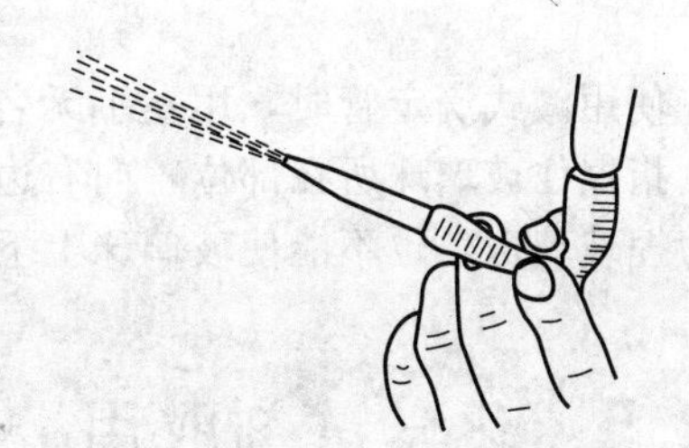

图 2-29　碱式滴定管的排气泡

（5）装溶液　将溶液加到滴定管内至刻度“0.00”以上，开启活塞或挤压玻璃球，使管下端充满溶液后，并调节液面在“0.00”刻度处。

必须注意滴定管下端不得留有气泡。如有气泡，必须排除，排除的方法是将酸式滴定管倾斜约 30°角，左手迅速打开活塞使溶液冲出，管中气泡随之被逐出。碱式滴定管可按图 2-29 所示的方法，把橡皮管向上弯曲，出口斜向上方，用手指挤压玻璃球稍上边的橡皮管，使溶液从出口管喷出，气泡就随之而逸出。

（6）读数　读数前必须等 1～2min，使附着在内壁上的溶液流下来。读数时滴定管必须保持垂直状态，视线应与液面水平，读取与弯月面下沿相切的刻度。如果溶液的颜色太深（如 $KMnO_4$ 溶液）看不清液面的下沿，则读取液面的最高点（注意：每次读数方法应一致）。常用的 25mL 或 50mL 的滴定管，刻度一般细分至 0.1mL，读数则要求准确至小数点后第二位数，如 25.92mL，1.30mL 等。

为了便于观察和读数，可采用读数卡，即在滴定管后衬一张黑色卡片，将卡片上沿移至弯月面下约 1mm，则弯月面就反射成为黑色，再行读数（图 2-30）。

对于“蓝带”滴定管中溶液的读数，无色或浅色溶液有两个弯月面尖端相交于滴定管蓝线的某一点，如图 2-31 所示，读数时视线应与此点在同一水平面上。对于深色溶液，应使视线与液面两侧最高点相切。

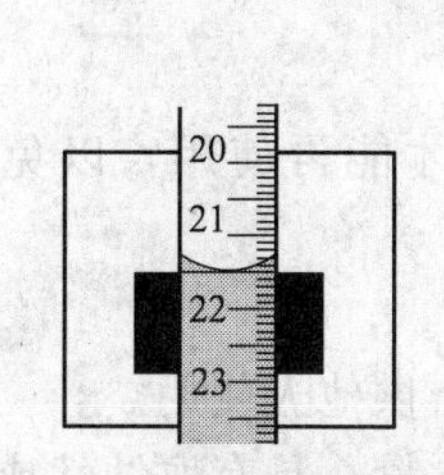

图 2-30　用读数卡读数

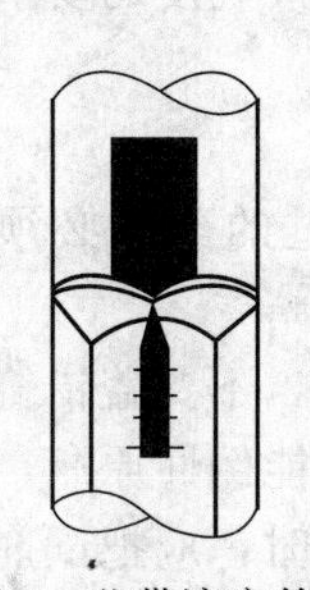

图 2-31　蓝带滴定管读数

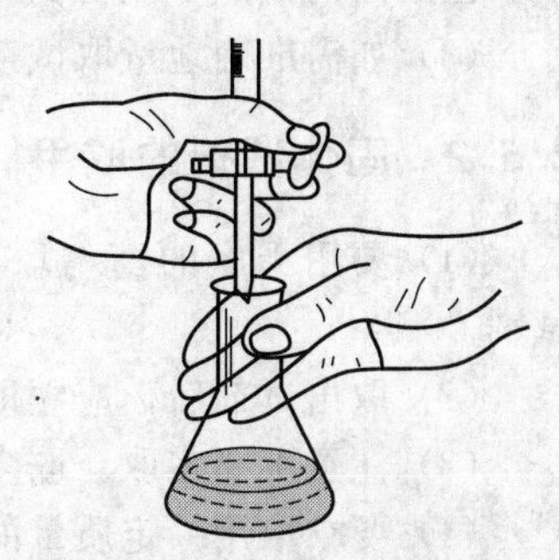

图 2-32　酸式滴定管操作

（7）滴定操作　使用酸式滴定管时，必须左手控制滴定管活塞，大拇指在管前，食指和中指在管后，三指平行地轻轻拿住活塞柄，无名指和小指向手心弯曲，轻贴出口管（图 2-32），注意不要顶出活塞，造成漏水。滴定时，右手持锥形瓶，将滴定管下端伸入锥形瓶口约 1cm，然后边滴加溶液边摇动锥瓶（应向同一方向旋转）。滴定速度在前期可稍快，但不能滴成“水线”。接近终点时改为逐滴加入，即每加 1 滴，摇动后再加，最后应控制半滴加入，将活塞稍稍转动，使半滴悬于管口，用锥形瓶内壁将其沾落，再用洗瓶吹洗内壁，摇匀。如此重复操作直到颜色变化在半分钟内不再消失为止，即可认为达到终点。

每次滴定最好都是将溶液装至滴定管“0.00”mL 刻度或稍下一点，这样可提高精密度。

使用碱式滴定管时，用左手无名指和小指夹住出口管，使出口管垂直而不摆动。用拇指和食指捏住玻璃珠所在部位，向右边挤压橡皮管，使溶液从玻璃珠旁空隙处流出。注意不要用力捏玻璃珠，也不能使玻璃珠上下移动。

2.5 化学试剂取用

在实验室分装试剂时，一般把固体试剂装在广口瓶内；液体试剂盛在细口瓶或滴瓶中；见光易分解的试剂（如硝酸银、高锰酸钾）则应装在棕色瓶内。装碱液的瓶塞要用软木塞或橡皮塞。每个试剂瓶上都应贴有标签，写明试剂的名称和规格，液体试剂应标明浓度和配制日期。

2.5.1 液体试剂的取用

（1）取滴瓶中的液体试剂时，要用滴瓶中的专用滴管，滴头不要与接收容器的器壁接触，更不应把滴管伸入到其他液体中。滴管不能平握或倒置，以免试剂倒灌入橡皮帽。放回滴管时，管内试剂要排空。

（2）用倾注法取液体试剂时，应将瓶塞反放在桌上，以免沾污。用手心握住瓶上贴有标签的一面，倒出的试剂应沿一干净的玻璃棒流入容器（图 2-33），或沿试管壁流下。取出所需的量后，慢慢竖起试剂瓶，把瓶口剩余的那滴试剂“碰”到容器内，以免液滴沿瓶子外壁流下。已取出的试剂不能再倒回试剂瓶。倒入容器的液体不应超过容器容量的 2/3。

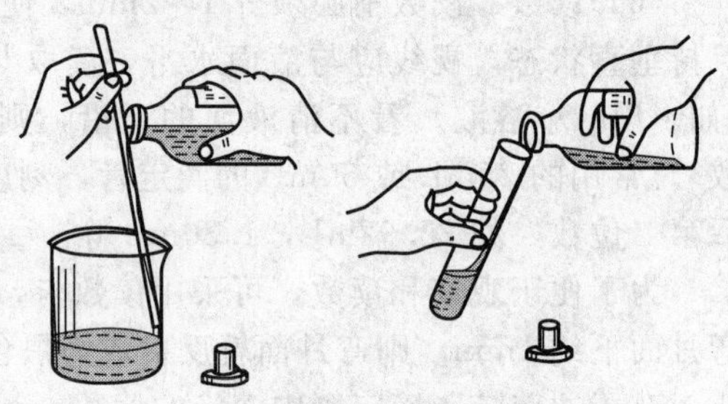

图 2-33 倾注法取液体试剂

（3）如需准确地量取试剂，则根据准确度的要求，选用量筒、移液管或滴定管。

2.5.2 固体试剂的取用

（1）要用干净的药勺取试剂。用过的药勺必须洗净和擦干后才能再使用，以免沾污试剂。

（2）取出试剂后，应立即盖紧瓶盖，不要盖错盖子。

（3）注意不要多取。取多的药品不能倒回原瓶，可放在指定容器供他人使用。

（4）要求取用一定质量的固体试剂时，应把试剂放在称量纸上称量。具有腐蚀性或易潮解的试剂必须放在表面皿或玻璃容器内称量。

（5）往试管（特别是湿试管）中加入粉末状固体试剂时，可用药匙或将取出的药品放在对折的纸上，伸进平放的试管中约 2/3 处，然后把试管竖直，让试剂滑下去。

(6) 加入块状固体试剂时，应将试管倾斜使其沿管壁慢慢滑下，不得垂直悬空投入以免击破管底。

(7) 固体试剂的颗粒较大时，可在洁净而干燥的研钵中研碎，然后取用。

(8) 有毒的药品要在教师指导下取用。

2.6 称量

实验室常用称量仪器是托盘天平和分析天平。

2.6.1 托盘天平

托盘天平（也称台秤，图 2-34）用于精确度不高的称量。最大载荷为 200g 的托盘天平，能称准至 0.1g（即感量 0.1g）；最大载荷为 500g 的托盘天平，能称准至 0.5g（即感量 0.5g）。在称量前，首先检查托盘天平的指针是否停在刻度盘上中间位置。如果不在中间位置，可通过调节平衡螺丝，使指针正好停在中间的位置上，此时指针的位置称之为零点。称量时，左盘放称量物，右盘放砝码，10g（或 5g）以下的砝码是通过移动标尺上的游码来添加的。当添加砝码到托盘天平两边平衡时，即指针停在中间的位置，此时指针的位置称之为停点。停点和零点之间允许偏差在 1 小格之内。这时，砝码所示的质量就是称量物的质量。称量时必须注意以下几点。

图 2-34 托盘天平

(1) 托盘天平不能称量热的物体。

(2) 称量物不能直接放在托盘上，可根据情况将称量物放在纸上、表面皿或其他容器中。吸湿或有腐蚀性的药品，必须放在玻璃容器内。

(3) 称量完毕，放回砝码，使托盘天平各部分恢复原状。

(4) 经常保持托盘天平的整洁，托盘上有药品或其他污物时立即清除。

2.6.2 分析天平

2.6.2.1 分析天平的分类

分析天平是进行精确称量时最常用的仪器，根据天平的结构特点，可分成等臂天平、不等臂天平和电子天平三大类。称量的精确程度一般可达 0.001g（即 1mg）、0.0001g（即 0.1mg）或 0.00001g（即 0.01mg）。

2.6.2.2 天平的性能

天平作为精密的衡量仪器，必须具有适当的灵敏度、准确性、稳定性和示值变动性等性能。

(1) 灵敏性　天平平衡后，每加 1mg 砝码时，指针在标牌上移动的距离，称为灵敏度，用分度/mg 表示。对于电光天平，以分度/10mg 表示，即加 10mg 砝码时，光幕标牌移动多少分度。

天平的灵敏度是天平灵敏性的一种量度。指针移动的距离愈大（即偏转的分度数愈多），灵敏度愈高。有时也使用“分度值”这一概念，旧称感量。它是指天平的平衡位置在读数标牌上移动一个分度所需质量的量值，也就是标牌上每一个小分度所体现的质量量值。灵敏度与分度值互为倒数关系：

$$分度值=1/灵敏度$$

(2) 天平的准确性　天平的准确性系指天平的等臂性而言。由于制造工艺的原因，两臂的长度并非绝对相等。用等臂天平称量时，由于天平的不等臂引起的误差属于系统误差，在精密衡量中可采用替代法称量，以抵消不等臂引起的误差。

(3) 稳定性　稳定性是指当天平的状态被扰动后，仍能恢复原来平衡状态的能力。天平的稳定性主要与天平梁的重心、支点的位置以及天平梁上一个支点刀刃和两个承重刀刃在平面上的距离有关。一般来说，重心愈低，天平愈稳。但是，天平的灵敏性随重心下降而减低，因此对天平的灵敏性和稳定性都要兼顾，才能使之处于最佳状态。

(4) 示值变动性　示值变动性是用多次开启天平时，天平指针平衡后在标牌上位置的最大值与最小值之差来表示。

2.6.2.3　分析天平的构造原理

天平是根据杠杆原理制成的，它用已知质量的砝码来称量被称物体的质量。

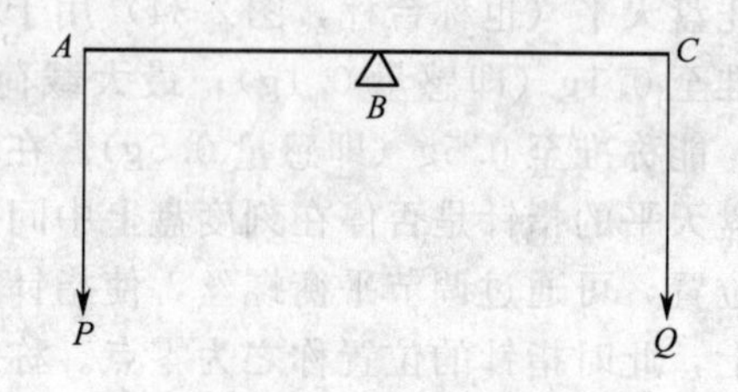

图 2-35　分析天平的构造原理

在图 2-35 中，杠杆 ABC 的支点为 B，力点分别在 A 和 C。A、C 两点所悬重物 P 和 Q（即物体质量和砝码质量）。当杠杆处于平衡状态时，力矩相等。

$$P \times AB = Q \times BC$$

如果 $AB=BC$，则 $P=Q$，即当天平达到平衡状态时，如果两臂臂长相等，物体的质量就等于砝码的质量，这样的天平叫等臂天平。

分析天平中的横梁即起杠杆作用，3 个玛瑙三棱体的尖锐棱边（叫做刀口）即是支点 B 与力点 A 和 C。

2.6.2.4　半自动电光分析天平

(1) 结构与主要部件　以广泛使用的 TG-328B 型电光天平为例（图 2-36），简要介绍该天平的结构。

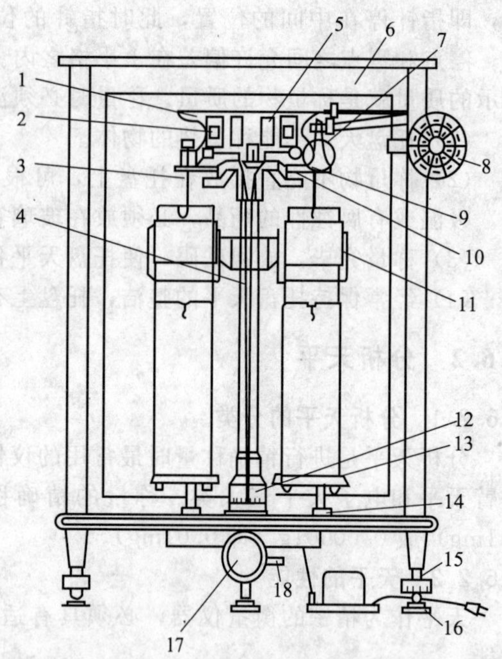

图 2-36　TG-328B 型电光天平

1—天平梁；2—平衡螺丝；3—吊耳；4—指针；5—支点刀；6—框罩；7—圈码；8—指数盘；9—支柱；10—托梁架；11—阻尼器；12—光屏；13—秤盘；14—盘托；15—螺旋足；16—垫足；17—升降旋钮；18—扳手

① 天平梁 1　这是天平的主要部件，在梁的中下方装有细长而垂直的指针 4。梁的中间和等距离的两端装有三个玛瑙三棱体。中间三棱体刀口向下，两端三棱体刀口向上。三个刀口的棱边必须相互平行且位于同一水平面上。刀口的尖锐程度决定分析天平的灵敏度，因此保护刀口是十分重要的。梁的两边装有两个平衡螺丝 2，用来调节梁的平衡位置（也即调节零点）。

② 天平柱（支柱 9）　位于天平正中。柱的上方嵌有玛瑙平板，它与梁中央的玛瑙刀口接触。天平柱上部装有能升降的托梁架（托叶）10。天平不用时，用托梁架托住天平梁，使玛瑙刀口与平板离开，以减少磨损保护玛瑙刀口和平板。

③ 蹬 3　蹬也称吊耳。两把边刀通过吊耳承受秤盘、砝码和被称物体。

④ 空气阻尼器 11　是两个套在一起的铝制圆筒。外筒固定在天平上，内筒倒挂在蹬钩上。两圆筒间有均匀的空隙，使内筒能自由地上下移动。利用筒内空气的阻力产生阻尼作用，使天平很快达到平衡状态，停止摆动。左右两个内筒上刻有“1”和“2”的标记，不能挂错。

⑤ 天平盘托 14　位于秤盘 13 的下面，装在天平底板上。不用天平时，盘托上升，把天平盘托住。左右两个盘托也刻有“1”和“2”标记。

⑥ 指针 4　固定在天平梁的中央，天平摆动时，指针也跟着摆动。指针下端装有缩微标尺。

如图 2-37 所示，光源通过光学系统将缩微标尺的刻度放大，反射到光屏上，从光屏上就可看到标尺的投影。光屏的中央有一条垂直的刻线，标尺投影与刻线的重合处即为天平的平衡位置。调屏拉杆（扳手）18 可将光屏左右移动一定距离。在天平未加砝码和重物时，打开升降旋钮 17，可拨动调屏拉杆使标尺的 0.00 与刻线重合，达到调整零点的目的。

⑦ 升降旋钮（升降枢）17　连接着托梁架、盘托和光源。使用天平时，打开升降旋钮，可使3部分发生变动：

降下托梁架，使三个玛瑙刀口与相应的玛瑙平板接触；

盘托下降，使天平盘自由摆动；

打开光源，在光屏上可以看到缩微标尺的投影。

如果关上升降旋钮，则梁和盘被托住，刀口与平板脱离，光源切断。

⑧ 水平调节螺旋　天平盒下有三只足，在前方的两只足上装有调节螺旋，可使足升高或降低，以调节天平的水平位置。天平柱的后上方装有气泡水平仪。气泡居于水平仪中心，则天平处于水平位置。

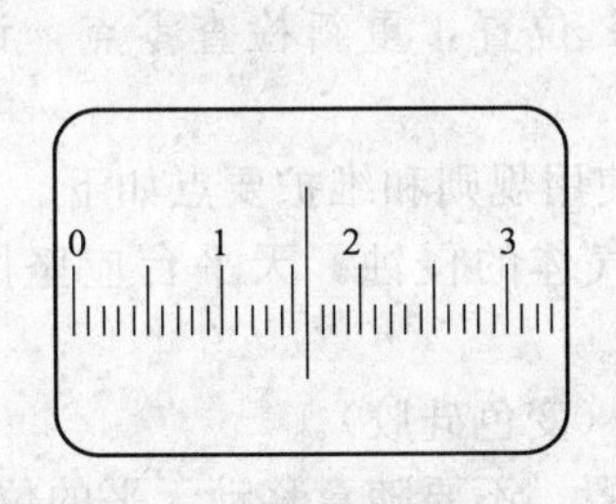

图 2-37　缩微标尺

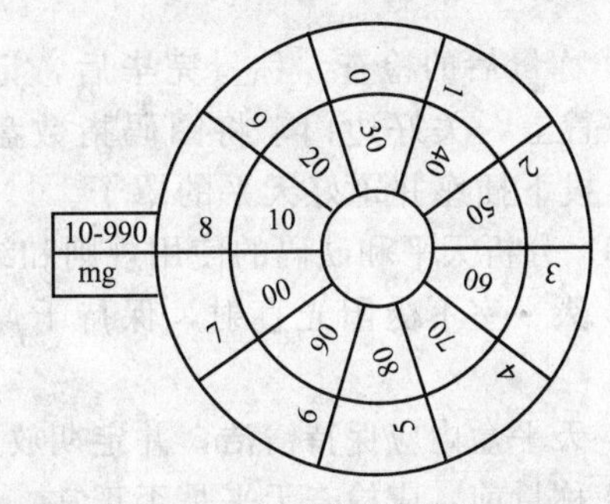

图 2-38　圈码指数盘

⑨ 圈码指数盘 8　指数盘上刻有圈码质量的数值，分内、外两层，其中内层由 10～90mg 砝码组成，外层由 100～900mg 砝码组成。转动此盘时可往天平架上加 10～990mg 的砝码。天平达到平衡时，可由标线处直接读出圈码的质量。图 2-38 所示为加 810mg 圈码后的读数。

⑩ 天平盒（框罩）6　由木柜和玻璃制成，可以防止污染和因空气流动对称量带来的影响。两边的门用来取、放砝码和称量物。前面的门只在安装和修理时才打开。关好门才能称量和读数。

⑪ 砝码盒　每台天平都附有 1 盒砝码。1g 以上的砝码都按固定位置有规则地装在盒里，以免沾污、碰撞而影响砝码质量。对最大载荷为 200g 的天平，每盒砝码一般由以下一组砝

码组成：100g 1 个、50g1 个、20g2 个、10g1 个、5g1 个、2g2 个、1g1 个。

(2) 使用方法

①称量前的检查　天平是否水平（若不水平，可调节天平箱下的螺旋脚）；圈码是否挂好，圈码指数盘是否指在“0.00”位置；两盘是否干净，盘上若有灰尘等污物，可用小毛刷将天平盘清扫干净。另外，还须检查干燥剂是否仍有效。

② 灵敏度的调节　对于电光天平来说，在承码架上增加一个 10mg 圈码时，在投影屏上零点应从标线移到 9.9～10.1mg 的刻度范围，如不合格，则应调节灵敏度。

③ 零点的调节　接通电源，开动升降旋钮，这时可以看到缩微标尺的投影在光屏上移动。当投影稳定后，如果光屏上的刻线不和标尺的 0.00 重合，可以通过调屏拉杆移动光屏的位置，使刻线与标尺 0.00 重合，零点即调好。如果将光屏移到尽头后，刻线还不能与标尺 0.00 重合，则需调节天平上的平衡螺丝。

④ 称量　将称量物放在左盘正中并关上左侧门，估计被称物的大致质量（初学者可在托盘天平上粗称），在右盘上放入砝码，缓慢地开启旋钮，观察指针偏移的方向。根据“指针偏向轻盘，标尺投影向重盘方向移动”来决定增减砝码。为使称量迅速，在选取砝码时应遵循“由大到小，中间截取，逐级实验”的原则。例如，加 10g 太重，则改加 5g（不是加 9g），如加 5g 又太轻，则改加 7g 或 8g（不是加 6g）。这样可较快地找到物体的质量范围。当变换到 1g 以下的砝码时，旋转指数盘，用与加砝码相同的方法调节圈码，直到投影屏上的标线与标尺投影上某一读数重合为止。

⑤ 读数　当光屏上的标尺投影稳定后，就可以从标尺上读出 10mg 以下的质量。有的天平标尺上只有正值刻度；有的天平标尺上既有正值的刻度，也有负值的刻度。称量时一般都使刻线落在正值的范围内（即读数时加上这部分数），而不取负值，以免计算总质量时有加有减发生错误（注意：读数时升降旋钮一定要打开到底）。

标尺上 1 大格为 1mg，1 小格为 0.1mg，应读为 1.2mg。读完数后，应立即关上升降旋钮。

⑥ 称量后的检查　称量完毕后，记下物体质量，将物体取出，砝码放回砝码盒中原来的位置上，关好边门，将圈码指数盘恢复到“0.00”位置，重新检查零点，记录零点漂移。拔下插座并罩好天平的罩子。

(3) 分析天平和砝码的使用规则和维护　分析天平使用规则和维护要点如下。

① 天平室不受阳光直射，保持干燥，不受腐蚀性气体的侵蚀。天平台应坚固而不受振动。

② 天平盒内应保持清洁，并定期放置和更换干燥剂（变色硅胶）。

③ 称量前，应检查天平是否正常，是否处在水平位置。不要随意移动天平的位置。

④ 应从左右两门取放砝码和称量物。称量物和砝码必须放在盘中央。决不允许超过天平的负载。

⑤ 每次加减砝码、圈码或取放称量物时，一定要先关闭升降旋钮，使天平横梁托起。开启升降旋钮时，一定要轻起轻放，如指针已摆出标尺以外，应立即关闭升降旋钮，以免造成脱蹬和损伤玛瑙刀口。

⑥ 天平不能称量热的物体。因为秤盘附近空气受热膨胀，上升的气流将使称量的结构不准确。天平横梁也会因热膨胀影响臂长而产生误差。

⑦ 称湿的和腐蚀性物体时应放在密闭容器内。称量时要把门关严。

⑧ 为了减少称量误差，在作同一实验时，所有称量要使用同一台天平和同一组砝码。

砝码的使用和维护要点如下。

① 每架分析天平都有固定的砝码，不能随便借用其他天平的砝码。

② 每个砝码在砝码盒中都有固定的位置，用完后应放回原处。

③ 砝码只能放在砝码盒和天平盘两个地方，不允许放在桌上或记录本上。

④ 砝码只能用镊子夹取，绝不允许用手去拿，这样做会改变砝码的质量。

⑤ 转动圈码读数盘时，动作要轻而缓慢，以免圈码跳落或变位。

⑥ 称量完毕后，应检查盒内砝码是否完整、无缺和清洁。

2.6.2.5 全自动电光分析天平

TG-328A 型全自动电光分析天平的结构与 TG-328B 型半自动电光分析天平基本相同，见图 2-39，与半自动电光分析天平差别主要有两点。

(1) 砝码分成三组：10g 以上；1～9g；10～990mg，全部由指数盘控制加减。

(2) 指数盘在左边，因此称量时试样必须放在右边。

图 2-39 全自动电光分析天平

2.6.2.6 称样方法

(1) 直接称量法　对于洁净干燥的器皿、金属及不易潮解或升华的固体样品，可用直接法称量。称样时将样品放在干洁的表面皿上或硫酸纸上，一次称取一定质量的样品。

(2) 指定质量称量法　对于可用直接法称量的样品，若需称取指定质量的样品，可采用指定质量称量法。其称量方法如下：首先准确称出称量器皿的质量，然后在右秤盘上加相当于待称试样质量的砝码，在左盘的称量器皿中加入略少于欲称质量的试样，然后轻轻振动牛角勺，逐渐往称量器皿中增加试样，使平衡点达到所需的数值。

(3) 递减称样法（差减法）　有些试样易吸水和二氧化碳或在空气中易被氧化，对于这些试样，要用差减法称量。

差减法常用的称量器皿是称量瓶。称量瓶为带有磨口塞的小玻璃瓶。将试样装入瓶内，可以直接在天平上称量。使用称量瓶时，不能直接用手拿取，应该用洁净的纸条将瓶套住，再用手捏住纸条，以防手的温度高或沾有汗污等影响称量的准确度。其称量的方法如下。

首先将称量瓶放在托盘天平上粗称后，装入比需要量稍多的试样，并盖上瓶盖，然后将瓶放入天平盘，准确称取瓶加试样质量，记为 m_1(g)。

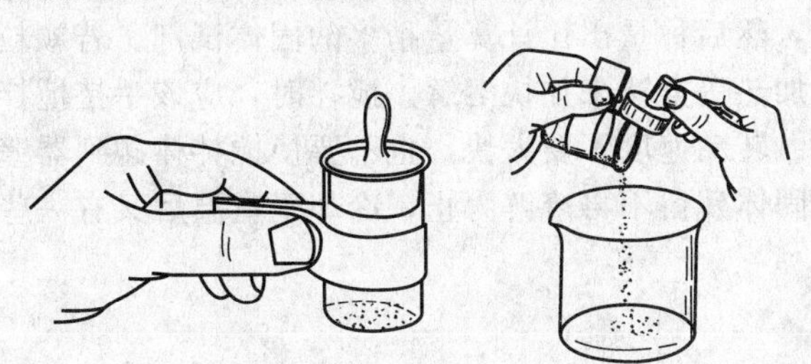

图 2-40 递减称样法

然后取出称量瓶，按图 2-40 所示放在容器上方，将称量瓶倾斜，用称量瓶盖轻敲瓶口内缘，使试样慢慢落入容器中。当倾出的试样已接近所需的质量时，慢慢地将瓶竖起，再用称量瓶盖轻敲瓶口上部，使粘在瓶口的试样落在容器中，然后盖好瓶盖（上述操作都应在容器上方进行，防止试样丢失）。将称量瓶放回天平盘，准确称得质量为 m_2(g)，该份试样质量$=m_1-m_2$(g)。如此继续进行，可连续称取多份试样。

必须注意：如果一次倾出的试样不足所需要的质量范围时，可按上述的操作继续倾出。

但是，如超出所需的质量范围，不准将倾出的试样再倒回称量瓶中。此时只能弃去倾出的试样，洗净容器，重新称量。

2.6.2.7 电子天平

电子天平（图 2-41）是天平中最新发展的一种，目前应用主要有顶部承载式和底部承载式两种。前者是根据电磁力补偿工作原理制造的，它采用石英管梁制造，可保证天平具有极佳的机械稳定性和热稳定性。梁上固定电容传感器和力矩线圈，一端挂有秤盘和机械减码装置，称量时横梁围绕支承偏转，传感器输出电信号，经整流放大反馈到力矩圈中，使横梁恢复零位，力矩线圈中电流被放大并模拟质量数字显示。电子天平较昂贵，但它称量快速、简便，几乎立即显示质量，并可与打印机、记录仪联用，还可直接用计算机处理信息。

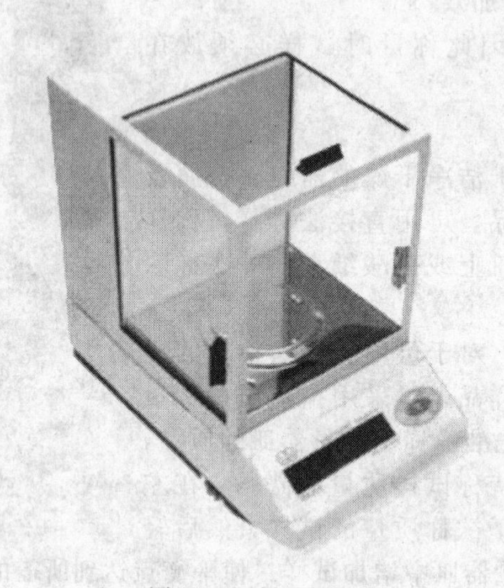

图 2-41 电子天平

2.7 溶液的配制

2.7.1 饱和溶液的配制

若配制硫化氢、氯气等气体的饱和溶液，只要在常温下把产生出来的硫化氢、氯气等气体通入蒸馏水一段时间即可。若配制某固体试剂的饱和溶液时，先按试剂在室温下的溶解度数据计算出配制时所需的试剂量和蒸馏水量，然后称量出比计算量稍多的固体试剂。若颗粒较大，则用研钵磨碎。溶解时，常用搅拌、加热等方法来加快溶解。搅拌时，应该手持搅拌棒并转动手腕，使搅拌棒在液体中均匀转圈。转动速度不要太快，也不要使搅拌棒碰到器壁和器底，以免打碎烧杯。加热到一定温度而固体残留不再溶解为止，冷却至室温后又有一些固体析出，这种溶液就是饱和溶液。

2.7.2 易水解盐的溶液的配制

氯化锡（Ⅱ）、氯化锑（Ⅲ）、硝酸铋（Ⅲ）等盐，极易水解成氢氧化物或碱式盐，所以要配制它们的水溶液时，必须把它们溶解在相应的稀酸溶液中，以抑制水解才能得到透明的溶液。

2.8 气体的发生、净化、干燥和收集

2.8.1 气体的发生

实验室中常用启普发生器（图 2-42）来制备氢气、二氧化碳和硫化氢等气体。

$$Zn + 2HCl \xlongequal{} ZnCl_2 + H_2 \uparrow$$

$$CaCO_3 + 2HCl \xlongequal{} CaCl_2 + H_2O + CO_2 \uparrow$$

$$FeS + H_2SO_4 \xlongequal{} FeSO_4 + H_2S \uparrow$$

仪器由一个葫芦状的玻璃容器和球形漏斗组成。固体药品放在中间圆球内，可在固体下面放些玻璃丝或有孔橡皮块来承受固体，以免固体掉至下部球内。酸从球形漏斗加入。使用时只要打开活塞，由于压力差，酸液自动下降而进入中间球内，与固体接触而产生气体。要停止使用时，只要关闭活塞，继续发生的气体会把酸从中间球内压入下球及球形漏斗内，使酸液与固体不再接触而停止反应。下次使用时，只要重新打开活塞，又会产生气体。

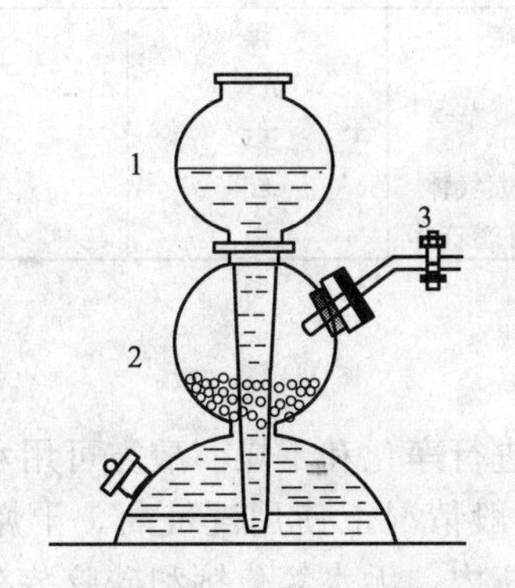

图 2-42 启普发生器

1—球形漏斗；2—葫芦状容器；3—旋塞导管

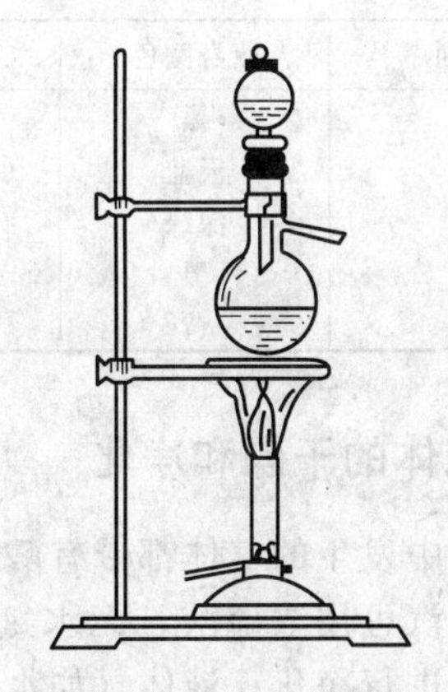

图 2-43 气体发生装置

发生器中的酸液长久使用后会变稀。此时，可从下球侧口倒掉废酸，再向球形漏斗中加入新的酸液。若固体需要更换时，先倒出酸液或在酸与固体脱离接触的情况下，选一橡皮塞将球形漏斗上口塞紧，再从中间球侧口将固体残渣取出，更换新的固体。

启普发生器不能加热，装入的固体反应物又必须是较大的块粒，不适用于小颗粒或是粉末的固体反应物。所以氯化氢、氯气、二氧化硫气体等就不能使用启普发生器制备，而改用图 2-43 所示的气体发生装置。

$$MnO_2 + 4HCl(浓) \xlongequal{} MnCl_2 + 2H_2O + Cl_2 \uparrow$$

$$NaCl + H_2SO_4(浓) \xlongequal{} NaHSO_4 + HCl \uparrow$$

$$Na_2SO_3 + 2H_2SO_4(浓) \xlongequal{} 2NaHSO_4 + H_2O + SO_2 \uparrow$$

把固体加在蒸馏瓶内，酸液装在分液漏斗中。使用时，打开分液漏斗下面的活塞，使酸液均匀地滴加在固体上，就产生气体。当反应缓慢或不发生气体时，可以微微加热。如加热后仍不起反应，则需要换固体药品。

在实验室，还可以使用气体钢瓶直接获得各种气体。气体钢瓶是储存压缩气体特制的耐压

钢瓶。使用时，通过减压器（气压表）有控制地放出。由于钢瓶的内压很大（有的高达 $150\times 10^5 Pa$），而且有些气体易燃或有毒，所以在使用钢瓶时一定要注意安全，操作要特别小心。

使用钢瓶时的注意事项如下。

(1) 钢瓶应存放在阴凉、干燥、远离热源（如阳光、暖气、炉火）的地方。可燃性气体钢瓶必须与氧气钢瓶分开存放。

(2) 绝对不可使油或其他易燃性有机物沾在气瓶上（特别是气门嘴和减压器）。也不得用棉、麻物堵漏，以防止燃烧而引起事故。

(3) 使用钢瓶中的气体时，要用减压器（气压表）。可燃性气体的钢瓶，其气门螺纹是反扣的（如氢气、乙炔气）。不燃或助燃性气体钢瓶，其气门螺纹是正扣的。各种气体和气压表不得混用。

(4) 钢瓶内的气体绝不能全部用完，一定要保留 0.5kg 以上的残留压力（表压）。可燃性气体如乙炔应剩余 2～3kg。

(5) 为了避免把各种气瓶混淆而用错气体，通常在气瓶外面涂以特定的颜色以便区别，并在瓶上写明瓶内气体的名称。表 2-1 为我国气瓶常用的标记。

表 2-1　我国气瓶常用的标记

气体类别	瓶身颜色	标字颜色	气体类别	瓶身颜色	标字颜色
氮	黑	黄	二氧化碳	黑	黄
氧	天蓝	黑	氯	黄绿	黄
氢	深绿	红	乙炔	白	红
空气	黑	白	其他一切可燃气体	红	白
氨	黄	黑	其他一切不可燃气体	黑	黄

2.8.2　气体的干燥和净化

实验室中发生的气体都带有酸雾和水汽，有时需要进行净化和干燥。酸雾可用水或玻璃棉除去；水汽可用浓硫酸、无水氯化钙或硅胶吸收。一般情况下使用洗气瓶、干燥塔或 U 形管等仪器进行净化。液体（如水、浓硫酸）装在洗气瓶内，无水氯化钙和硅胶装在干燥塔或 U 形管内，玻璃棉装在 U 形管内。气体中如还有其他杂质，应根据具体情况分别用不同的洗涤液或固体吸收。

具有还原性或碱性的气体如硫化氢、氨气等，不能用浓硫酸来干燥，可用氯化钙干燥硫化氢或氢氧化钠固体干燥氨。注意：氨气不能用无水氯化钙来干燥。

2.8.3　气体的收集

(1) 在水中溶解度很小的气体（如氢气、氧气）可用排水集气法收集。

(2) 易溶于水而比空气轻的气体（如氨）可用瓶口向下排气法收集。

(3) 易溶于水而比空气重的气体（如氯气和二氧化碳）可用瓶口向上的排气法收集。

2.9　溶解、蒸发和结晶

2.9.1　溶解和熔融

把固体物质溶于水、酸或碱等溶剂中制备成溶液称为溶解。应根据固体物质的性质选择合适的溶剂。溶解固体物质时可采用加热、搅拌等方法加速溶解。

把固体物质与固体熔剂混合，置高温下加热，让固体物质转化为可溶于水或酸（碱）的化合物，称为熔融。利用酸性熔剂分解碱性物质称为酸熔法；利用碱性熔剂分解酸性物质称为碱熔法。因熔融是在很高的温度下进行，所以必须根据熔剂的性质选用合适的坩埚（如铂坩埚、镍坩埚、铁坩埚等），先把固体物质与熔剂放入坩埚中混匀，然后放入马弗炉中灼烧熔融，冷却后用去离子水或酸（碱）溶液浸取溶解。

2.9.2 蒸发和浓缩

当物质的溶解度很大，溶液很稀时，要使溶质结晶析出，必须通过加热让溶剂蒸发，使溶液浓缩。蒸发到一定程度后冷却，即可析出晶体。

蒸发通常是在蒸发皿中进行（有时也可在烧杯中加热蒸发）。蒸发皿所盛的溶液不要超过容量的2/3。如果物质对热较稳定，溶剂又不易燃烧，可将蒸发皿放在石棉网上用火直接加热，否则用水浴间接加热蒸发。

蒸发浓缩的程度，根据溶质溶解度的大小和结晶时对浓度的要求而定。但不得蒸至干涸。如果溶质的溶解度较小或其溶解度随温度变化较大，则蒸发到一定程度即可停止。如果溶质的溶解度较大，则应蒸发到溶液表面出现晶膜为止。如果结晶时希望得到较大的晶体，溶液就不能浓缩得太浓。

2.9.3 结晶和重结晶

结晶是指当溶质超过其溶解度时，晶体从溶液中析出的过程。通常采用蒸发减少溶剂、改变溶剂或改变温度等方法，使溶液变成过饱和状态而析出结晶。

析出晶体颗粒的大小与条件有关。如果溶液浓度较高，溶质的溶解度较小，快速冷却，并不时搅拌溶液，摩擦器壁，则析出的晶体就较小。如果溶液的浓度不高，投入一小粒晶体后，静置溶液，缓慢冷却（如放在温水浴上冷却），这样就可得到较大的结晶。

晶体颗粒的大小要适当。颗粒较大且均匀的晶体挟带母液较少，易于洗涤，有利于提高产品的纯度。晶体太小且大小不均时，能形成稠厚的糊状物，挟带母液较多，不易洗净，影响产品的纯度。只得到几粒大晶体时，母液中剩余的溶质较多，损失较大。所以结晶颗粒大小适宜且较均匀，则有利于物质的纯度。

当第一次结晶物质的纯度不符合要求时，可在加热的情况下，用尽可能少的溶剂重新溶解成为饱和溶液，趁热滤去不溶性杂质，冷却后，溶液呈过饱和状态，析出溶质的晶体，而可溶性杂质含量少仍留在母液中。这种操作方法称为重结晶。

2.10 结晶（沉淀）的分离和洗涤

2.10.1 倾析法

当结晶的颗粒较大或沉淀的密度较大，静置后能沉降至容器底部时，可用倾析法分离和洗涤。

按图2-44所示，把沉淀上部的溶液倾入另一容器后，然后往盛着沉淀的容器内加入少量洗涤液（如蒸馏水）充分搅拌后，沉降，倾去洗涤液。如此重复操作3遍以上，即可把沉淀洗净。

2.10.2 过滤法

图 2-44 倾析法

过滤是最常用的固液分离方法之一。当溶液和结晶（沉淀）的混合物通过过滤器（如滤纸）时，结晶（沉淀）就留在过滤器上，溶液则通过过滤器进入承接器中，过滤后所得的溶液称滤液。

溶液的温度、黏度、过滤时的压力、过滤器的孔隙大小和沉淀物的状态等都会影响过滤的速度。热溶液比冷溶液易过滤，溶液黏度愈大，过滤愈慢。减压过滤比常压过滤快。过滤器的孔隙要选择合适，太大会通过沉淀，太小则被沉淀堵塞，使过滤难于进行。呈胶状的沉淀物必须用加热的办法来破坏它，否则会透过滤纸。总之，要考虑上述各因素来选用不同的过滤方法。常用的过滤方法有下列几种。

（1）常压过滤　使用普通玻璃漏斗和滤纸进行过滤。玻璃漏斗锥体角度应为 60°，但有的稍有偏差，使用时应注意。

滤纸分定性滤纸和定量滤纸两种，两者差别在于灼烧后的灰分质量不同，定量滤纸的灰分很低，1g 滤纸灰分量低于 0.1mg，小于分析天平的感量，在重量分析中可忽略不计，又称无灰滤纸。按照孔隙大小，滤纸又可分为“快速”、“中速”和“慢速”3 种。应该根据实际需要，选用不同规格的滤纸（注意：在使用滤纸前，应把手洗干净、擦干）。

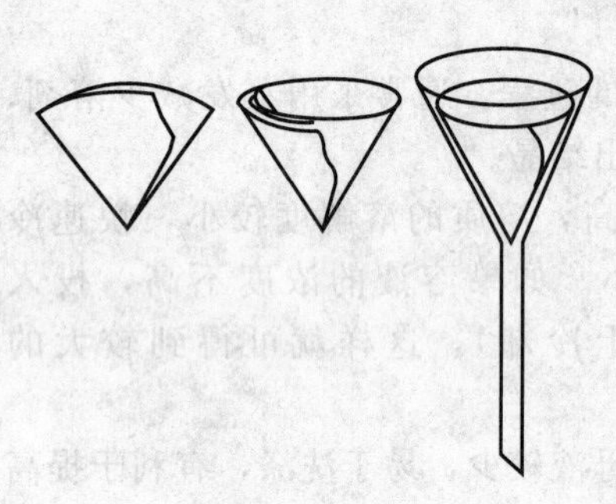
图 2-45 滤纸的折叠

过滤时，先按图 2-45 所示，把圆形滤纸或方形滤纸折叠成 4 层（方形滤纸还要剪成扇形），然后在 3 层厚的外层滤纸折角处撕去一角，把滤纸展开成锥形，用食指把滤纸按在玻璃漏斗的内壁上，再用水润湿滤纸，并使它紧贴在玻璃漏斗的内壁上。滤纸的边缘应略低于漏斗的边缘。有的玻璃漏斗的锥角略大或略小于 60°，则在折叠滤纸时要作相应的校正。如果滤纸贴在漏斗壁后，两者之间有气泡，应该用手指轻压滤纸，把气泡赶掉。在这种情况下过滤时，漏斗颈内可充满滤液，滤液以本身的重力拽引漏斗内液体下漏，使过滤大为加速。

过滤时应注意以下各点。

① 漏斗应放在漏斗架上，漏斗颈紧靠在接收容器的内壁上，使滤液顺着容器壁流下，不致溅开来。

② 用倾析法过滤，先转移溶液，后转移沉淀，以免沉淀堵塞滤纸的孔隙而减慢过滤的速度。

③ 转移溶液时，应借助玻璃棒引流，把溶液滴在 3 层滤纸处。

④ 每次加入漏斗中的溶液不要超过滤纸高度的 2/3。

如果需要洗涤沉淀，则等溶液转移完毕后，往盛沉淀的容器中加入少量洗涤剂，充分搅拌并静置，待沉淀下沉后，把上层清液倾入漏斗内，如此重复操作两三遍，再转移沉淀到滤纸上。洗涤时要按照少量多次的原则，才能提高洗涤效率。

检查滤液中的杂质，判断沉淀是否已经洗净。

（2）减压过滤（抽滤或吸滤）　对于大颗粒的沉淀或欲使沉淀较干燥，可采用抽滤以加快过滤。胶状沉淀和颗粒很细的沉淀不宜用减压过滤。减压过滤的装置如图 2-46 所示。它由漏斗、抽滤瓶、安全瓶和水泵组成。

① 漏斗　按材料分为布氏漏斗和玻璃砂芯漏斗等。

ⅰ. 布氏漏斗（或称瓷孔漏斗）　上面有很多瓷孔，下端颈部装有橡皮塞，借以与吸滤瓶相连。橡皮塞塞入吸滤瓶的部分一般不得超过橡皮塞高度的1/2。

ⅱ. 玻璃砂芯漏斗　底部是用玻璃砂在873K左右烧结成的多孔片，有漏斗式和坩埚式，见图2-47，过滤作用是通过熔接在漏斗中具有微孔的烧结玻璃片上进行的。根据玻璃片的孔径大小，可分为不同种规格，用Px表示，其中x为与孔径有关的数字，如P1.6、P4、P10、P16、P40、P100、P160、P250等，P40表示孔径大于16μm，但小于等于40μm。可根据不同需要分别选用。

② 吸滤瓶　用来承受被过滤下来的液体，并有支管与安全瓶短管相连。安全瓶的长管与水泵相连。

③ 安全瓶　当因减压过滤完毕而关闭水泵时，或者当水的流量突然加大后又变小时，都会由于吸滤瓶内的压力低于外界的压力而使自来水溢入吸滤瓶内（这一现象称为倒吸）。所以操作时要在吸滤瓶和水泵之间装上一安全瓶，作为缓冲。

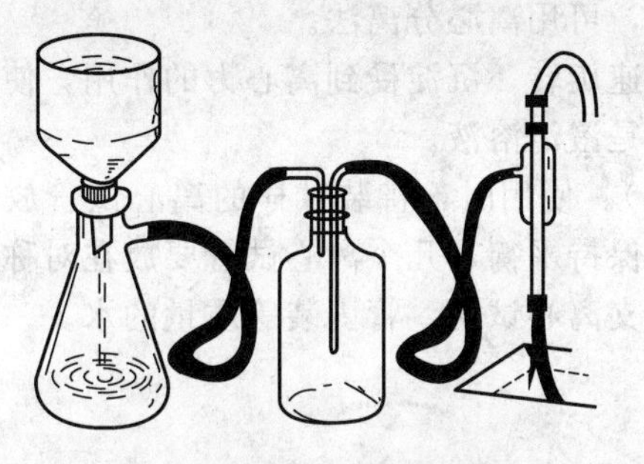

图2-46　减压过滤的装置

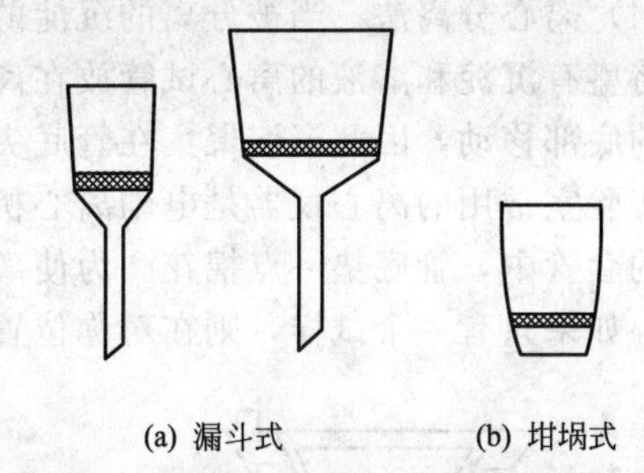

图2-47　玻璃砂芯漏斗

④ 水泵　在泵内有一窄口，当水急剧流至窄口时，水即把空气带出，而使与水泵相连的仪器减压。

抽滤操作与注意事项如下。

① 按图2-46所示，安装抽滤装置。

② 布氏漏斗的斜口应与吸滤瓶的支管相对。

③ 滤纸应略小于布氏漏斗的内径，以盖住瓷板上的小孔为宜。先用少量蒸馏水润湿滤纸，微启水泵使滤纸紧贴瓷板。

④ 用倾析法转移液体，加入的溶液不要超过漏斗容积的2/3，待溶液漏完后，再将沉淀移入滤纸的中间。

⑤ 过滤时，吸滤瓶内的液面应低于支管的位置，否则滤液会被水泵抽出。当液面快升到支管时应拔出橡皮管，取下漏斗，从吸滤瓶的上口倒出滤液，此时应注意其支管必须向上。

⑥ 在布氏漏斗内洗涤沉淀时，应停止吸滤，待洗涤剂通过沉淀后再继续吸滤，但过滤速度不宜太快。

⑦ 在抽滤过程中，不得突然关闭水泵以防倒吸。若需暂时停止吸滤或过滤完毕，应先拆下吸滤瓶上的橡皮管，再关闭水泵。

⑧ 取出沉淀时，将漏斗的颈口朝上，轻轻敲打漏斗边缘或在漏斗口用力一吹，沉淀即可脱离漏斗。也可用玻璃棒轻轻揭起滤纸边，以取下滤纸和沉淀。

瓶内溶液从吸滤瓶上口倒出，不得从瓶的支管口倒出。

⑨ 有些强酸性、强碱性或强氧化性的溶液过滤时不宜用滤纸，因为溶液会和滤纸作用而破坏滤纸。这时就需要在布氏漏斗上铺石棉纤维或用尼龙布来代替滤纸。先将石棉纤维在水中浸泡一段时间后，把它搅匀，倾入布氏漏斗内，再减压使石棉纤维紧贴在漏斗上。石棉纤维要铺得均匀些，不要太厚。但由于过滤时沉淀会夹杂有石棉纤维，所以此法较适用于过

滤后只要滤液的情况。

⑩ 如果过滤后既要滤液又要沉淀，可用玻璃砂漏斗。玻璃砂漏斗不适用于过滤强碱性的溶液，也不宜用硫酸、盐酸或洗液去洗涤。可能生成不溶性的硫酸盐和氯化物会把烧结玻璃片的微孔堵塞。通常用水洗去可溶物，然后在 $6mol \cdot L^{-1}$ 硝酸溶液中浸泡一段时间，再用水冲洗干净。

(3) 热过滤　如果溶液中溶质在冷却后析出，又不希望这些溶质在过滤过程中析出而留在滤纸上，就需要趁热过滤。为此，在过滤前把漏斗放在水浴上用水蒸气加热（抽滤时吸滤瓶也需加热），然后再进行过滤。

常压过滤时，可把玻璃漏斗放在铜质的热漏斗内（图 2-48）。

热漏斗内装有热水，以维持溶液的温度。另外要选用玻璃漏斗的颈部愈短愈好，不至于使滤液在颈内停留过久因散热降温而析出晶体，使颈部堵塞。

(4) 离心分离法　当被分离的沉淀的量很少时，可用离心分离法。

将盛有沉淀和溶液的离心试管放在离心机中高速旋转，沉淀受到离心力的作用，使向离心管的底部移动，因此沉淀聚集在管底尖端，上面是澄清溶液。

实验室常用的离心仪器是电动离心机（图 2-49）。使用时，将装试样的离心试管放在离心机的套管中，管底垫一点棉花。为使离心机旋转保持平衡，几个离心试管要放在对称的位置上。如果只有一个试样，则在对称位置也要放一支离心试管，管内装等质量的水。

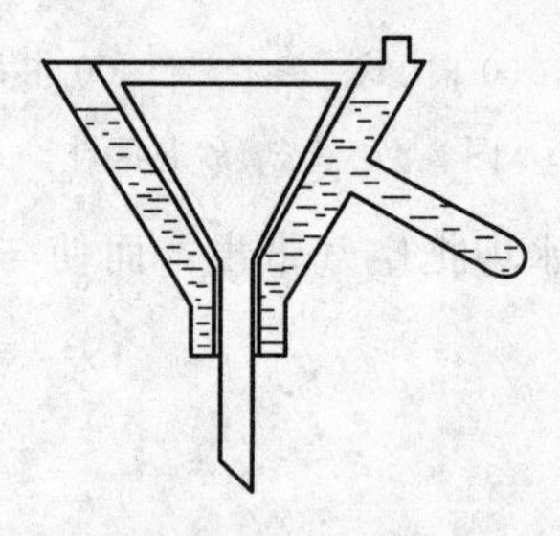

图 2-48　热漏斗

图 2-49　电动离心机

电动离心机转动极快，要注意安全。放好离心试管后，应把盖子盖上。开始时，把变速器放在最低挡，然后逐渐加速。停止时，任其自然停下，绝不可以用手强制它停止转动。

离心沉降后，欲将沉淀和溶液分离，可用左手斜持离心管，右手拿毛细吸管，用手捏紧吸管上橡皮乳头以排除其中的空气，然后把毛细吸管伸入离心管，直到毛细吸管的末端恰好进入液面为止。这时慢慢减小手对橡皮乳头上的挤压力量，清液即进入毛细吸管。随着离心管中的清液的减少，毛细吸管应逐渐下移，至全部清液吸入毛细吸管为止。

沉淀和溶液分离后，沉淀表面仍含有少量溶液，必须洗涤，往盛沉淀的离心管中加入适量的蒸馏水或其他洗涤剂，用搅拌棒充分搅拌后，再进行离心沉降。用毛细吸管将上层清液吸出，再用上法操作 2～3 次即可。

2.11　试纸的使用

2.11.1　几种常用的试纸

试纸的作用是通过其颜色变化来测试溶液的性质，主要用于定性或定量的分析，其特点是简易、方便、快速，并具有一定的精确度。目前我国生产的各种用途的试纸已达到几十种。在无机实验室中常用的有酚酞试纸、红色或蓝色石蕊试纸、醋酸铅试纸以及碘化钾-淀粉试纸等。

(1) 酚酞试纸在碱性溶液中变红色，而红色石蕊试纸在碱性溶液中变蓝，蓝色石蕊试纸在酸性溶液中变红。

(2) pH 试纸分广泛 pH 试纸和精密 pH 试纸。广泛 pH 试纸用以粗略地检验溶液 pH 值，变色范围是 pH=1～14。而精密 pH 试纸能较精细地检验溶液的 pH 值，变色范围是 pH=3.8～5.4、pH=8.2～10 等，可根据待测溶液的酸碱性，选用某范围的试纸。

(3) 醋酸铅试纸用以检查硫化氢，作用时，试纸由白色变黑色。

(4) 碘化钾-淀粉试纸用以检查氧化剂（特别是游离卤素以及亚硝酸和臭氧等），作用时变蓝色（有时某些气体的氧化性很强且浓度很大时，可将 I_2 继续氧化为 IO_3^- 而使蓝色的试纸又褪色）。

2.11.2 试纸的使用方法及其注意事项

(1) 用石蕊试纸或酚酞试纸检验溶液的酸碱性时，可先将试纸剪成小块，放于干燥洁净的表面皿上，再用玻璃棒蘸取待测的溶液，滴在试纸上，在半分钟以内观察试纸颜色的变化。不得将试纸投入溶液中进行实验。

(2) 使用 pH 试纸的方法与 (1) 同。差别在于当 pH 试纸显色后半分钟以内，须将所显示的颜色与标准色标相比较，方能知其具体 pH 值。广泛 pH 试纸的色阶变化为“1”个 pH 值单位。精密 pH 试纸的色阶变化小于“1”个 pH 值单位。

(3) 检查挥发性物质时，可将所用的试纸用蒸馏水润湿，然后悬空放在气体的出口处，通过观察试纸颜色的变化来检查挥发性物质的性质或确定某种物质的存在。

(4) 试纸应密闭保存，不要用沾有酸性或碱性的湿手去取试纸，以免变色。

(5) 注意节约，尽量将试纸剪成小块使用。

第 3 章　常用仪器使用说明

3.1　气压表

测定大气压力的仪器称为气压计（或气压表），它的种类很多。下面介绍的是福廷式气压计和数字式压力计。

3.1.1　福廷式气压计

福廷式气压计是借助于一端封闭、另一端插入水银槽内的玻璃管中的水银柱高度来测量大气压力的，其构造如图 3-1 所示。主要部件由一支盛有汞的玻璃管倒置于汞槽 3 中组成，玻璃管顶部为真空。汞槽底部连通一个羚羊皮囊 6，下方被螺丝 7 顶着，旋转螺丝即可调节汞槽内液面的高低。盛汞的玻璃管外部套一黄铜管，黄铜管上部一侧刻有表明汞柱高度的标线，在标线区域，前后对应开两个长方形的槽窗，以供观察玻璃管中汞柱的顶端高度。黄铜管的刻度标尺 2 为主尺，槽缝中镶嵌着一个活动的与主尺严密接触的游标尺 1 为副尺。气压计应垂直安装，若偏离垂直 1°，便会使气压计的读数带来误差。使用步骤如下。

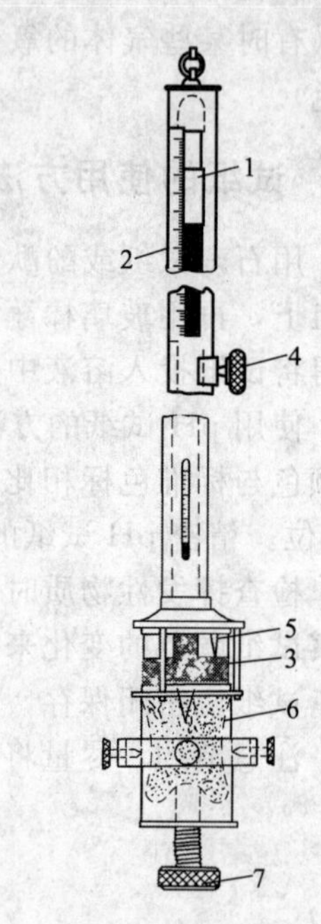

图 3-1　福廷式气压计

1—游标尺；2—刻度标尺；3—汞槽；4—游标旋钮；5—象牙针；6—羚羊皮囊；7—螺丝

（1）记录气压计上温度计的读数。

（2）调节汞槽内汞面高度。旋动螺丝 7，使槽内汞面恰与象牙针 5 的尖端相接触。黄铜管上的刻度读数是以象牙针尖端为零点开始计算的。

（3）调节游标尺　旋转游标旋钮 4，使游标尺的下沿略高于汞柱液面，然后慢慢下降，使游标尺的下沿与汞弯月面相切并与视线处于同一水平线上。

（4）读数　先根据与游标尺零点相对应的黄铜标尺（主尺）的刻度，读出接近游标尺零点以下的刻度值，如 101.2（图 3-2），再从游标尺上找出与主尺刻度线吻合得最好的一条刻度线的数值，如为 5，则气压计读数为 101.25kPa。

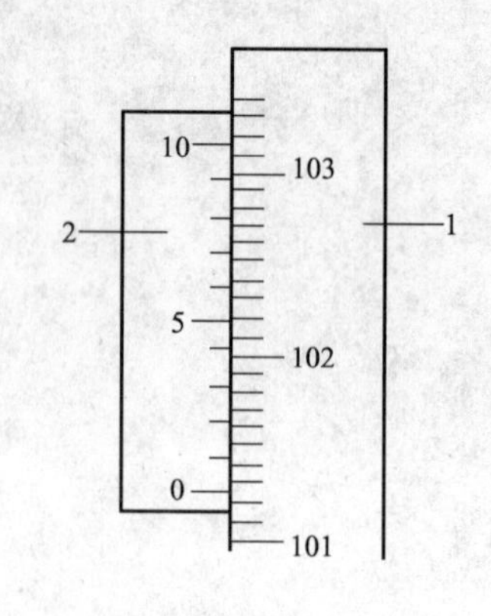

图 3-2　气压计的读数

（5）读数毕，应向下转动螺丝 7，使汞液面离开象牙针2～3cm。

3.1.2　数字式压力计

内部采取 CPU 对压力传感器数据进行非线性补偿和零位自动校正，使得仪器具有操作简单、显示直观清晰等特点。

3.2 酸度计

实验室常用的酸度计有雷磁 pHS-25 型、pHS-2 型等。它们的原理相同，结构略有差别，下面主要介绍 pHS-2 型酸度计、pHS-25 型酸度计。

3.2.1 测量原理

酸度计测 pH 值的方法是电位测定法。将测量电极（玻璃电极）与参比电极（甘汞电极）一起浸在被测溶液中，组成一个原电池（现也常用一只复合电极代替玻璃电极和甘汞电极，介绍见后）。甘汞电极的电极电势不随溶液 pH 值变化，在一定的温度下是一定值；而玻璃电极的电极电势随溶液 pH 值的变化而变化，所以它们组成的电池的电动势也随溶液 pH 值的变化而变化。

设电池电动势为 E，则 25℃时：

$$\begin{aligned}E&=\varphi_{甘汞}-\varphi_{玻}=\varphi_{甘汞}-(K+0.0592\lg a_{H^+})\\&=\varphi_{甘汞}-K-0.0592\lg a_{H^+}\\&=K^*+0.0592\text{pH}\end{aligned}$$

酸度计的主体是一个精密电位计，用来测量上述原电池的电动势，并直接用 pH 刻度值表示出来，因而从酸度计上可以直接读出溶液的 pH 值。

3.2.2 电极

(1) 甘汞电极　通常用的都是饱和甘汞电极（图 3-3）。它由金属汞、Hg_2Cl_2 和饱和 KCl 溶液组成。它们的电极反应是：

$$Hg_2Cl_2+2e^-=\!=\!=2Hg+2Cl^-$$

饱和甘汞电极的电极电势不随溶液酸碱性的改变而变化，在一定的温度下，它的电极电势是不变的，在 25℃时，为 0.2415V。如果温度不为 25℃时，电极电势与温度［t(℃)］的关系为：

$$饱和甘汞电极\ \varphi(\text{V})=0.2415-0.0076(t-25)$$

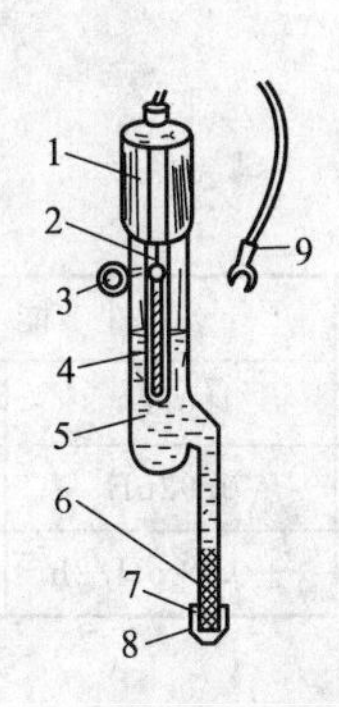

图 3-3　饱和甘汞电极

1—胶木帽；2—铂丝；3—橡皮塞；
4—汞、甘汞内部电极；5—饱和 KCl 溶液；
6—KCl 晶体；7—陶瓷芯；
8—橡皮帽；9—电极引线

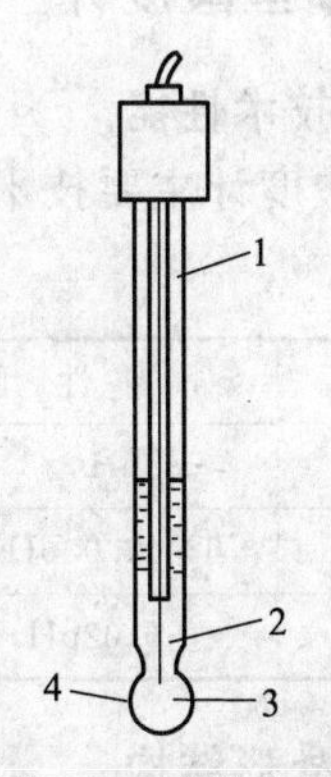

图 3-4　玻璃电极

1—外壳；2—Ag-AgCl 电极；
3—盐酸溶液；4—玻璃球泡

(2) 玻璃电极　玻璃电极（图 3-4）主要部分是头部的球泡，它由厚度约为 0.2mm 的敏感玻璃膜组成，对氢离子有敏感作用。当它浸入被测溶液内，被测溶液的氢离子与电极球泡表面水化层进行离子交换，球泡内层也同样产生电极电势。由于内层氢离子不变，而外层氢离子在变化，因此内外层的电势差也在变化，它的大小决定于膜外层溶液的氢离子浓度。玻璃电极具有以下优点。

① 可用于测量有色的、浑浊的或胶态的溶液的 pH 值。

② 测定时，pH 值不受氧化剂或还原剂的影响。

③ 测量时不破坏溶液本身，测量后溶液仍能使用。

它的缺点是头部球泡非常薄，容易破损。

安装玻璃电极时，其下端玻璃球泡必须比甘汞电极陶瓷芯端稍高一些，以免在下移电极或摇动溶液时被碰破。新使用或长期不用的玻璃电极，在使用前应浸泡在蒸馏水内活化 48h。电极插头应保持清洁干燥，切忌与污物接触。使用甘汞电极时，应把上面的小橡皮塞及下端橡皮套拔去，以保持液位压差，不用时才把它们套上。

(3) 复合电极　复合电极是由玻璃电极（指示电极）和银-氯化银电极（参比电极）组合在一起的塑壳可充式电极。图 3-5 是 E-201-C9 复合电极示意图。

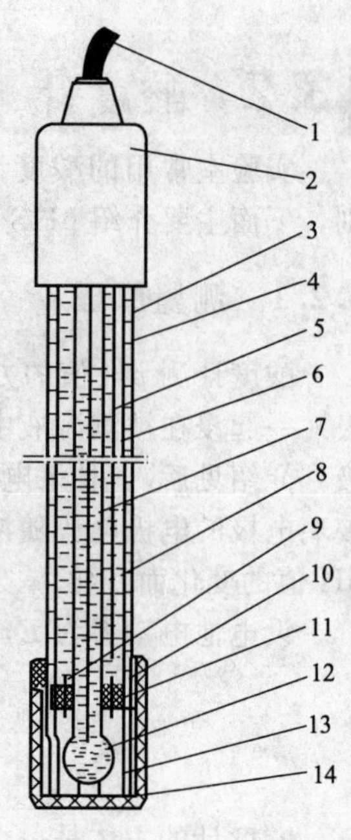

图 3-5　复合电极

1—电极导线；2—电极帽；3—塑壳；4，5—内、外参比电极；6—支持杆；7，8—内、外参比溶液；9—液接界；10—密封圈；11—硅胶圈；12—球泡；13—球泡护罩；14—护套

复合电极在溶液中组成如下电池：

－)内参比电极|内参比溶液|电极球泡||被测溶液|外参比溶液|外参比电极(＋

复合电极的电动势 E 为以上各界面电势之和，在一定条件下：

$$E=K+\frac{2.303RT}{F}\text{pH}$$

式中，K 随各电极和各种测量条件而变，因此，只能用比较法，即用已知 pH 的标准缓冲溶液定位，通过酸度计中的定位调节器消除式中的常数 K，以便保持相同的测量条件来测量被测溶液的 pH。

3.2.3　pHS-2 型酸度计

3.2.3.1　主要技术性能

pHS-2 型酸度计主要技术性能见表 3-1。

表 3-1　pHS-2 型酸度计主要技术性能

性能指标	性能参数		性能指标	性能参数	
	pH	mV		pH	mV
测量范围	0～14.00pH	0～1400mV	最小分度	0.02pH	2mV
精确度	±0.02pH	±2mV	稳定性	±0.02pH/2h	

3.2.3.2　仪器外形结构

仪器用高输入阻抗集成运算放大器组成的同相直流放大电路，对电极系统的电势进行 pH 值转换，以达到精确测量溶液中氢离子浓度的目的。下面介绍仪器面板上各调节旋钮的作用（图 3-6）。

“温度”调节旋钮是用于补偿由于溶液温度不同时对测量结果产生的影响，因此在进行

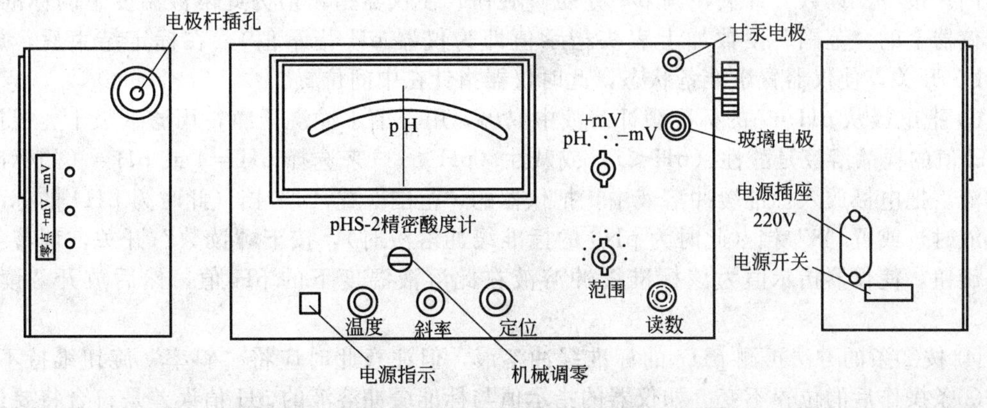

图 3-6　pHS-2 型酸度计面板

溶液 pH 值测量及 pH 校正时，必须将此旋钮调至该溶液温度值上。在进行电极电位 mV 值测量时，此旋钮无作用。

“斜率”调节旋钮是用于补偿电极转换系数。由于实际的电极系统并不能达到理论上转换系数（100%），因此，设置此调节旋钮便于操作者用两点校正法对电极系统进行 pH 校正，使仪器能更精确测量溶液 pH 值。

由于当玻璃电极（零电位 pH 值为 7）和银-氯化银电极浸入 pH=7 缓冲溶液中时，其电势并不都是像理论上的 0mV，而有一定值，其电位差称之为不对称电位。这个值的大小取决于玻璃电极材料的性质、内外参比体系、测量溶液和温度等因素，“定位”调节旋钮就是用于消除电极不对称电位对测量结果所产生的误差。

“斜率”、“定位”调节旋钮仅在进行 pH 值测量及校正时有作用。

“读数”按钮开关：当要读取测量值时，按下此开关；当测量结束时，再按一次此开关，使仪器指针在中间位置，且不受输入信号的影响，以免打坏表针。

“选择”开关供操作者选定仪器的测量功能。

“范围”开关供操作者选定仪器的测量范围。

3.2.3.3　pHS-2 型酸度计使用方法

(1) 仪器的安装　仪器电源为 220V 交流电，在使用此仪器时，请把仪器机箱支架撑好，使仪器与水平面成 30°角。在未用电极测量前应把配件 Q9 短路插入电极插口内，这时仪器的量程放在“6”，按下读数开关调定位钮，使指针指在中间即 pH=7，表明电计工作基本正常。

(2) 电极安装　把电极杆装在机箱上，如电极杆不够长，可以把接杆旋上。将复合电极插在塑料电极夹上。把此电极夹装在电极杆上，将 Q9 短路插头拔去，复合电极插头插入电极插口内。在进行测量时，请把电极上近电极帽的加液口橡胶管下移使小口外露，以保持电极内 KCl 溶液的液位差。在不用时，橡胶管上移将加液口套住。

(3) pH 校正（两点校正方法）　由于每支玻璃电极的零电位转换系数与理论值有差别，而且各不相同。因此，如要进行 pH 值测量，必须对电极进行 pH 校正，其操作过程如下。

① 开启仪器电源开关。如要精密测量 pH 值，应在打开电源开关 30min 后进行仪器的校正和测量。将仪器面板上的“选择”开关置“pH”挡，“范围”开关置“6”挡，“斜率”旋钮顺时针旋到底（100%处），“温度”旋钮置此标准缓冲溶液的温度。

② 用蒸馏水将电极洗净以后，用滤纸吸干。将电极放入盛有 pH=7 的标准缓冲溶液的

烧杯内。按下“读数”开关，调节“定位”旋钮，使仪器指示值为此溶液温度下的标准 pH 值（仪器上的“范围”读数加上表头指示值即为仪器 pH 指示值），在标定结束后，放开“读数”开关，使仪器置于准备状态，此时仪器指针在中间位置。

③ 把电极从 pH=7 的标准缓冲溶液中取出，用蒸馏水冲洗干净，用滤纸吸干。根据要测 pH 值的样品溶液是酸性（pH<7）或碱性（pH>7）来选择 pH=4 或 pH=9 的标准缓冲溶液。把电极放入标准缓冲溶液中，把仪器的“范围”置“4”挡（此时为 pH4 的标准缓冲溶液时）或置“8”挡（此时为 pH9 的标准缓冲溶液时），按下“读数”开关，调节“斜率”旋钮，使仪器指示值为该标准缓冲溶液在此溶液温度下的 pH 值，然后放开“读数”开关。

④ 按②条的方法再测 pH7 的标准缓冲溶液，但注意此时应将“斜率”旋钮维持不动，在按③条操作后的位置不变。如仪器的指示值与标准缓冲溶液的 pH 值误差是符合将要进行 pH 测量时的精度要求，则可认为此时仪器已校正完毕，可以进行样品测量。

若此误差不符合将要进行 pH 测量时的精度要求，则可调节“定位”旋钮至消除此误差，然后再按③条顺序操作，则可认为此时仪器已校正完毕，可以进行样品测量。

在一般情况下，两种标准缓冲溶液的温度必须相同，以获得最佳 pH 校正效果。

(4) 样品溶液 pH 值测量

① 在进行样品溶液的 pH 值测量时，必须先清洗电极，并用滤纸吸干，在仪器已进行 pH 校正以后，绝对不能再旋动“定位”、“斜率”旋钮，否则必须重新进行仪器 pH 校正。一般情况下，一天进行一次 pH 校正已能满足常规 pH 测量的精度要求。

② 将仪器的“温度”旋钮旋至被测样品溶液的温度值。将电极放入被测溶液中。仪器的“范围”开关置于此样品溶液的 pH 值挡上，按下“读数”开关。如表针打出左面刻度线，则应减少“范围”开关值。如表针打出右面刻度线，则应增加“范围”的开关值。直至表针在刻度上，此时表针所指示的值加上“范围”开关值，即为此样品溶液 pH 值。请注意，表面满刻度值为 2pH，最小分度值为 0.02pH。

被测样品溶液的温度和用于仪器 pH 校正的标准缓冲溶液的温度应相同，这样能减小由于电极而引起的测量误差，提高仪器测量精度。

(5) 电极电位的测量

① 测量电极插头芯线接“－”，参比电极连线接“＋”，复合电极插头芯线为测量电极，外层为参比电极，在仪器内参比电极接线柱已与电极插口外层相接，不必另连线。如测量电极的极性和插座极性相同时，则仪器的“选择”置“＋mV”挡。否则，仪器的“选择”置“－mV”挡。

② 将电极放入被测溶液，按“读数”开关。如仪器的“选择”置“＋mV”时，当表针打出右面刻度时，则增加“范围”开关值，反之，则减少“范围”开关值，直至表针在表面刻度上。如仪器的“选择”置“－mV”时，当表针打出右面刻度时，减少“范围”开关值。反之，则增加“范围”开关值。

③ 将仪器的“范围”开关值，加上表针指示值，其和再乘以 100，即得电极电位值，单位为：mV。电极电位值的极性，当仪器的“选择”开关置“＋mV”挡，则测量电极极性相同于插座极性，反之，则测量电极极性为“－”。

3.2.4 pHS-25 型酸度计

3.2.4.1 主要技术性能

pHS-25 型酸度计主要技术性能见表 3-2。

表 3-2　pHS-25 型酸度计主要技术性能

性能指标	性能参数		性能指标	性能参数	
	pH	mV		pH	mV
测量范围	0～14.0pH	0～1400mV	最小分度	0.1pH	10mV
精确度	±0.1pH	±10mV	稳定性	±0.05pH/2h	

3.2.4.2　使用方法

(1) 仪器使用前的准备　仪器在电极插入之前输入端必须插入 Q9（复合电极插口）短路插，使输入端短路以保护仪器。仪器供电电源为交流电，把仪器的三芯插头插在 220V 交流电源上，并把电极安装在电极架上。然后将 Q9 短路插头拔去，把复合电极插头插在仪器的电极插座上，电极下端玻璃球泡较薄，以免碰坏。电极插头在使用前应保持清洁干燥，切忌与污物接触，复合电极的参比电极在使用时应把上面的加液口橡皮套向下滑动使口外露，以保持液位压差。在不用时仍将橡皮套将加液口套住。

仪器选择开关置“pH”挡或“mV”挡，开启电源，仪器预热 30min，然后按下面标定。

(2) 仪器的标定　仪器在使用之前，即测被测溶液之前，先要标定。但这不是说每次使用之前，都要标定，一般的说来在连续使用时，每天标定一次已能达到要求。仪器的标定可按如下步骤进行。

① 拔出测量电极插头，插入短路插头，置“mV”挡。

② 仪器读数应在±0mV±1 个字。

③ 插上电极，置“pH”挡。斜率调节在 100％位置（顺时针旋到底）。

④ 先把电极用蒸馏水清洗，然后把电极插在一已知 pH 值的缓冲溶液中（如 pH＝7），调节“温度”调节器使所指示的温度与溶液的温度相同，并摇动烧杯使溶液均匀。

⑤ 调节“定位”调节器使仪器读数为该缓冲溶液的 pH 值（如 pH＝7）。

经标定的仪器，“定位”电位器不应再有变动。不用时电极的球泡最好浸在蒸馏水中，在一般情况下 24h 之内仪器不需要标定。但遇到下列情况之一，则仪器最好事先标定：

ⅰ. 溶液温度与标定时的温度有较大的变化时；

ⅱ. 干燥过久的电极或新换的电极；

ⅲ. “定位”调节器有变动，或可能有变动时；

ⅳ. 测量浓酸（pH＜2）或浓碱（pH＞12）之后；

ⅴ. 测量过含有氟化物的溶液而酸度在 pH＜7 的溶液之后和较浓的有机溶液之后。

(3) 测量 pH 值　已经标定过的仪器，即可用来测量被测溶液的 pH。

① 当被测溶液和定位溶液温度相同时

ⅰ. “定位”保持不变；

ⅱ. 将电极夹向上移出，用蒸馏水清洗电极头部，并用滤纸吸干；

ⅲ. 把电极插在被测溶液之内，摇动烧杯使溶液均匀后读出该溶液的 pH 值。

② 当被测溶液和定位溶液温度不同时

ⅰ. “定位”保持不变；

ⅱ. 用蒸馏水清洗电极头部，用滤纸吸干，测出被测溶液的温度值；

ⅲ. 调节“温度”调节器，使指示在该温度值上；

ⅳ. 把电极插在被测溶液内，摇动烧杯使溶液均匀，读出该溶液的 pH 值。

(4) 测量电极电位（mV 值）

① 校正

ⅰ. 拔出测量电极插头，插上短路插头，置“mV”挡；

ⅱ. 使读数在±0mV±1 个字（温度、斜率调节器在测 mV 值时不起作用）。

② 测量

ⅰ. 接上各种适当的离子选择电极；

ⅱ. 用蒸馏水清洗电极，用滤纸吸干；

ⅲ. 把电极插在被测溶液内，将溶液搅拌均匀后，即可读出该离子选择电极的电极电位（mV 值）并自动显示±极性。

3.2.5 仪器的维护

(1) 仪器的输入端（即玻璃电极插口）必须保持清洁，不用时将接续器插入，以防灰尘侵入。在环境湿度较高时，应把电极插子用净布擦干。

(2) 玻璃电极球泡的玻璃很薄，因此勿使它与烧杯等硬物相碰，防止球泡破碎，一般安装时，甘汞电极头部应高出球泡头部，以便在摇动时球泡不会碰到烧杯底。

(3) 使用玻璃电极和甘汞电极时，必须注意内电极与泡之间及内电极和陶瓷芯之间是否有气泡停留，如果有，则必须除掉。

(4) 玻璃电极球泡勿接触污物，如发现沾污，可用医用棉花轻擦球泡部分或用 0.1mol·L^{-1}盐酸清洗之。

(5) 在按下读数开关时，如果发现指针严重甩动时，应放开读数开关，检查分挡开关位置及其他调节器是否适当，电极头是否浸入溶液。

(6) 转动温度调节旋钮时勿用力太大，以防止移动紧固螺丝位置，造成误差。

(7) 当被测讯号较大，发生指针严重甩动的现象时，应转动分挡开关使指针在刻度以内，并需等待 1min 左右，使指针稳定为止。

(8) 测量完毕时，必须先放开读数开关，再移去溶液。如果不放开读数开关就移去溶液，则指针甩动厉害，影响后面测定的准确性。

3.2.6 标准缓冲溶液及单点法定位

在对准确度要求不高时，可用单点法定位测定 pH 值，方法如下。

调节“温度”旋钮指向室温。用蒸馏水将电极洗净以后，用滤纸吸干。将电极放入盛有标准缓冲溶液的烧杯内。按下“读数”开关，调节“定位”旋钮，使仪器指示值为此标准缓冲溶液的 pH 值。然后，再用蒸馏水将电极洗净以后，用滤纸吸干。将电极放入盛有待测溶液的烧杯内。按下“读数”开关，即可读出待测溶液的 pH 值。注意，在仪器已进行定位以后，测量过程中绝对不能再旋动“定位”旋钮。

仪器附有 3 种标准缓冲溶液，可根据情况，选用一种与被测溶液的 pH 值较接近的缓冲溶液对仪器进行定位。

① pH＝4.01 的酸性缓冲溶液　将 10.21gG.R. 邻苯二甲酸氢钾［$C_6H_4(COOK)(COOH)$］配制成 1000mL 水溶液。

② pH＝6.86 的中性缓冲溶液　将 3.14gG.R. 磷酸二氢钾（KH_2PO_4）、3.55gG.R. 磷酸氢二钠（Na_2HPO_4）配制成 1000mL 水溶液。

③ pH＝9.18 的碱性缓冲溶液　将 3.81gG.R. 硼砂（$Na_2B_4O_7 \cdot 10H_2O$）配制成 1000mL 水溶液。

3 种缓冲溶液的 pH 值与温度的关系见表 3-3。

表 3-3 缓冲溶液的 pH 值与温度关系对照表

温度/℃	酸性缓冲溶液	中性缓冲溶液	碱性缓冲溶液
5	4.01	6.95	9.39
10	4.00	6.92	9.33
15	4.00	6.90	9.27
20	4.01	6.88	9.22
25	4.01	6.86	9.18
30	4.02	6.85	9.14
35	4.03	6.84	9.10
40	4.04	6.84	9.07

3.3 电导率仪

3.3.1 用途

DDS-11A 型电导率仪是实验室电导率测量仪表。它除能测定一般液体的电导率外，还能测量高纯水电导率。仪器有 0～10mV 讯号输出，可接自动电子电位差计进行连续记录。

3.3.2 基本原理

导体导电能力的大小，通常以电阻（R）或电导（G）表示。电导是电阻的倒数，关系式为

$$G=\frac{1}{R} \tag{3-1}$$

电阻的单位是欧姆（Ω），电导的单位是西门子（S）。

导体的电阻与导体的长度 L(m) 成正比，与面积 A(m^2) 成反比。

$$R\propto\frac{L}{A}$$

$$R=\rho\frac{L}{A} \tag{3-2}$$

式中，ρ 称为电阻率，表示长度为 1m、截面积为 $1m^2$ 时的电阻值，单位为 Ω·m。和金属导体一样，电解质水溶液体系也符合欧姆定律。当温度一定时，两极间溶液的电阻与两极间距离 L 成正比，与电极面积 A 成反比。对于电解质水溶液体系，常用电导和电导率来表示其导电能力。

$$G=\frac{1}{\rho}\times\frac{A}{L} \tag{3-3}$$

令

$$\frac{1}{\rho}=\kappa$$

则

$$G=\kappa\times\frac{A}{L} \tag{3-4}$$

式中，κ 是电阻率的倒数，称为电导率。它表示在相距 1m、面积为 $1m^2$ 的两极之间溶液的电导，其单位为 $S\cdot m^{-1}$。

对于某一电极来说，L/A 为一常数，通常称为电极常数或电导池常数。在电导池中，电极距离和面积是一定的，所以对某一电极来说，L/A 是常数。

令
$$K_{cell}=\frac{L}{A}$$

则
$$G=\kappa\times\frac{A}{L}=\kappa\times\frac{1}{K_{cell}} \tag{3-5}$$

即
$$\kappa=K_{cell}G \tag{3-6}$$

不同的电极，其电极间的距离与面积不同，因此，测出的同一溶液的电导也就不同。通过式(3-6) 可换算成电导率 κ，由于 κ 值与电极本身无关，因此，用电导率可以比较溶液电导的大小，而电解质水溶液导电能力的大小正比于溶液中电解质含量的多少，因此通过对电解质水溶液电导率的测量，可以评价水质的好坏，进行水中含盐量、水中含氧量等的测定。

3.3.3 仪器的结构

仪器的电子元件全部安装在面板上，电路元件集中地安装在一块印刷板上，印刷板被固定在面板之反面。仪器的面板外观见图 3-7，测量范围及配用电极见表 3-4。

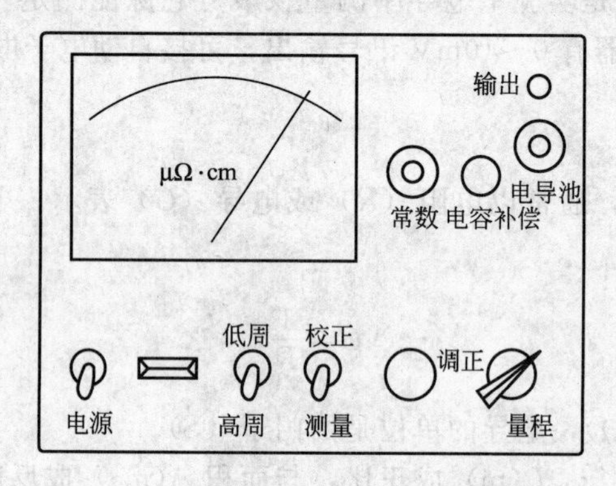

图 3-7 DDS-11A 型电导率仪的面板外观

表 3-4 DDS-11A 型电导率仪的测量范围、各量程使用的频率及配用的电极

量程	电导率/$\mu S\cdot cm^{-1}$	测量频率	配套电极
(1)	0～0.1	低频	DJS-1 型光亮电极
(2)	0～0.3	低频	DJS-1 型光亮电极
(3)	0～1	低频	DJS-1 型光亮电极
(4)	0～3	低频	DJS-1 型光亮电极
(5)	0～10	低频	DJS-1 型光亮电极
(6)	0～30	低频	DJS-1 型铂黑电极
(7)	0～10^2	低频	DJS-1 型铂黑电极
(8)	(0～3) ×10^2	低频	DJS-1 型铂黑电极
(9)	0～10^3	高频	DJS-1 型铂黑电极
(10)	(0～3) ×10^3	高频	DJS-1 型铂黑电极
(11)	0～10^4	高频	DJS-1 型铂黑电极
(12)	0～10^5	高频	DJS-10 型铂黑电极

3.3.4 使用方法

(1) 打开电源开关前，观察表针是否指零，如不指零，可调整表头上的螺丝，使表针指零。

(2) 将校正、测量开关扳在“校正”位置。

(3) 插接电源线，打开电源开关，并预热数分钟（待指针完全稳定下来为止），调节“调正”旋钮使电表满刻度指示。

(4) 当使用1～8量程来测量电导率低于300$\mu S \cdot cm^{-1}$的液体时，选用“低周”，这时将开关扳向“低周”即可。当使用9～12量程来测量电导率在300～$10^5 \mu S \cdot cm^{-1}$范围内的液体时，则将开关扳向“高周”。

(5) 将量程选择开关扳到所需要的测量范围，如预先不知被测液电导率的大小，应先将其拔在较大电导率测量挡，然后逐挡下降，以防表针打弯。

(6) 电极的使用 使用时用电极夹夹紧电极的胶木帽，并通过电极夹把电极固定在电极杆上。

① 当被测液的电导率低于10$\mu S \cdot cm^{-1}$，使用DJS-1型光亮电极。这时应把常数调节旋钮调节在与所配套电极的常数相对应的位置上。例如，若配套电极的常数为0.95，则应调节在0.95处；又如若配套电极的常数为1.1，则应调节在1.1的位置上。

② 当被测液的电导率在10～$10^4 \mu S \cdot cm^{-1}$范围，则使用DJS-1型铂黑电极。同①一样应把常数调节旋钮调节在与所配套的电极常数相对应的位置上。

③当被测液的电导率大于$10^4 \mu S \cdot cm^{-1}$，以致用DJS-1型铂黑电极测不出时，则选用DJS-10型铂黑电极。这时应把常数调节旋钮调节在与所配套电极的常数的1/10位置上。例如：若电极的常数为9.8，则应调节在0.98位置上，再将测得的读数乘以10，即为被测液的电导率。

(7) 将电极插头插入电极插口内，旋紧插口上的紧固螺丝，再将电极浸入待测溶液中。

(8) 进行校正（当用1～8量程测量时，校正时高周、低周开关扳在“低周”），即将校正、测量开关扳在“校正”，调节“调正”旋钮使指示满刻度。注意：为了提高测量精度，当使用“$\times 10^3$”$\mu S \cdot cm^{-1}$、“$\times 10^4$”$\mu S \cdot cm^{-1}$这两挡时，校正必须在电导池接妥（电极插头插入插孔，电极浸入待测溶液中）的情况下进行。

(9) 将校正、测量开关扳向“测量”，这时指示数乘以量程开关的倍率即为被测液的实际电导率。例如量程开关扳在0～0.1$\mu S \cdot cm^{-1}$一挡，指针指示为0.6，则被测液的电导率为0.06$\mu S \cdot cm^{-1}$（$0.6 \times 0.1 \mu S \cdot cm^{-1} = 0.06 \mu S \cdot cm^{-1}$）；又如量程开关扳在0～100$\mu S \cdot cm^{-1}$一挡，电表指示为0.9，则被测液的电导率为90$\mu S \cdot cm^{-1}$（$0.9 \times 100 \mu S \cdot cm^{-1} = 90 \mu S \cdot cm^{-1}$），其余类推。

(10) 当用0～0.1$\mu S \cdot cm^{-1}$或0～0.3$\mu S \cdot cm^{-1}$这两挡测量高纯水时（10MΩ以上），先把电极引线插入电极插孔，在电极未浸入溶液之前，调节“调正”旋钮使电表指示为最小值（此最小值即电极铂片间的漏电阻，由于此漏电阻的存在，使得调“调正”旋钮时电表指针不能达到零点），然后开始测量。

(11) 在使用量程选择开关的1、3、5、7、9、11各挡时，应读取表头上行的数值（0～1.0）；使用2、4、6、8、10各挡时，应读取表头下行的数（0～3）。

3.3.5 注意事项

(1) 电极的引线不能潮湿，否则将测不准。

(2) 高纯水被盛入容器后应迅速测量，否则电导率增加很快（水的纯度越高，电导率越低），因为空气中的二氧化碳溶入水里，变成碳酸根离子（CO_3^{2-}）。

(3) 盛被测溶液的容器必须清洁，无离子沾污。

3.4 分光光度计

分光光度计的型号较多，如721型、722型、752型等，这里介绍实验室常用的721型棱镜分光光度计、722型光栅分光光度计。

3.4.1 基本原理

3.4.1.1 物质对光的选择性吸收

当光束照射到物质上时，光与物质发生相互作用，产生反射、散射、吸收或透射，如图3-8所示。若被照射的是均匀溶液，则光的散射可以忽略。

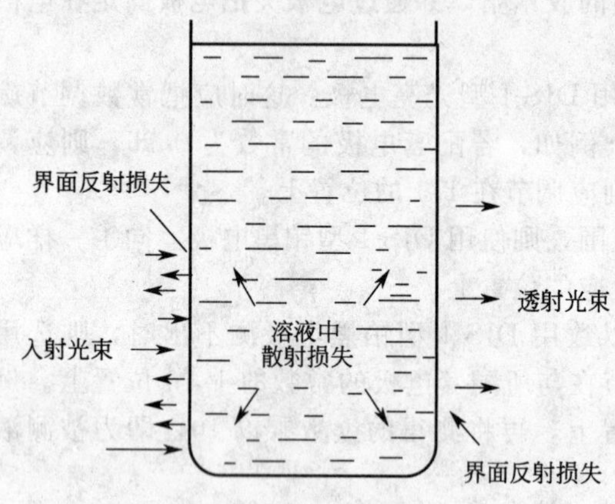

图 3-8 溶液对光的作用

当一束白光如日光或白炽灯光等通过某一有色溶液时，一些波长的光被溶液吸收，另一些波长的光则透过。透射光（或反射光）刺激人眼而使人感觉到颜色的存在。人眼能感觉到的光称为可见光。在可见光区，不同波长的光呈现不同的颜色，因此溶液的颜色由透射光的波长所决定。因为透射光和吸收光可组成白光，故称这两种光互为补色光，两种颜色互为补色。如硫酸铜溶液因吸收白光中的黄色光而呈现蓝色，黄色与蓝色即互为补色。表3-5列出了物质颜色的互补关系。

表 3-5 物质颜色与吸收颜色的互补关系

物质颜色	吸收光		物质颜色	吸收光	
	颜色	波长/nm		颜色	波长/nm
黄绿	紫	400～450	紫	黄绿	560～580
黄	蓝	450～480	蓝	黄	580～600
橙	绿蓝	480～490	绿蓝	橙	600～650
红	蓝绿	490～500	蓝绿	红	650～780
紫红	绿	500～560			

以上简单地说明了物质呈现的颜色是物质对不同波长的光选择性吸收的结果。下面再简要说明一下吸收的本质。

当一束光照射到某物质或其溶液时，组成该物质的分子、原子或离子与光子发生“碰撞”，光子的能量就转移到分子、原子上，使这些粒子由最低能态（基态）跃迁到较高能态（激发态）：

$$\underset{\text{(基态)}}{M} + h\nu \longrightarrow \underset{\text{(激发态)}}{M^*}$$

这个作用叫做物质对光的吸收。被激发的粒子约在10^{-8}s后又回到基态，并以热或荧光等形式释放出能量。

分子、原子或离子具有不连续的量子化能级，仅当照射光光子的能量（$h\nu$）与被照射物质粒子的基态和激发态能量之差相当时才能发生吸收。不同的物质微粒由于结构不同而具有不同的量子化能级，其能量差也不同。所以物质对光的吸收具有选择性。

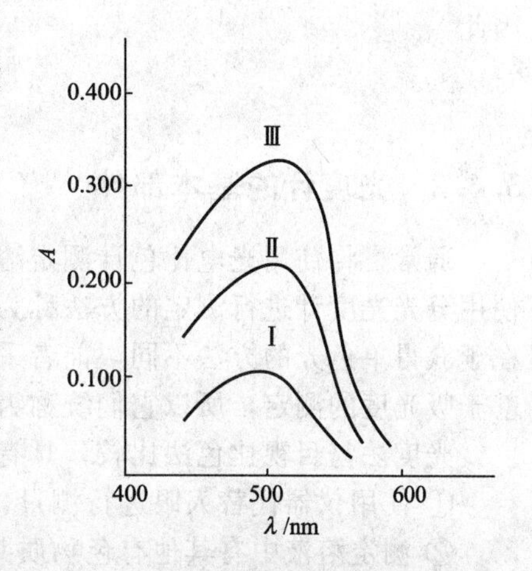

图 3-9 1,10-邻二氮杂菲亚铁溶液的吸收曲线

将不同波长的光透过某一固定浓度和厚度的有色溶液，测量每一波长下有色溶液对光的吸收程度（即吸光度），然后以波长为横坐标，以吸光度为纵坐标作图，即可得一曲线。这种曲线描述了物质对不同波长光的吸收能力，称为吸收曲线（吸收光谱），如图 3-9 所示。

图 3-9 中曲线Ⅰ、Ⅱ、Ⅲ是 Fe^{2+} 含量分别为 $0.0002mg\cdot mL^{-1}$，$0.0004mg\cdot mL^{-1}$ 和 $0.0006mg\cdot mL^{-1}$ 的吸收曲线。由图 3-9 可见，1,10-邻二氮杂菲亚铁溶液对不同波长的光吸收情况不同。对 510nm 的绿色光吸收最多，有一吸收高峰（相应的波长称最大吸收波长，用 λ_{max} 表示）。对波长 600nm 以上的橙红色光，则几乎不吸收，完全透过，所以溶液呈现橙红色，这说明了物质呈色的原因，即对光的选择性吸收。不同物质其吸收曲线的形状和最大吸收波长各不相同，根据这个特性可用作物质的初步定性分析。不同浓度的同一物质，在吸收峰附近吸光度随浓度增加而增大，但最大吸收波长不变。若在最大吸收波长处测定吸光度，则灵敏度最高。因此，吸收曲线是分光光度法中选择测定波长的重要依据。

3.4.1.2 光的吸收基本定律——朗伯-比耳定律

分光光度法的定量依据是朗伯-比耳定律。当一束平行单色光通过液层厚度为 b 的有色溶液时，溶质吸收了光能，光的强度就要减弱。溶液的浓度 c 愈大，通过的液层厚度愈大，入射光愈强，则光被吸收得愈多，光强度的减弱也愈显著。描述它们之间定量关系的定律称为朗伯-比耳定律。

用下列表示：

$$A=\lg\frac{I_0}{I}=abc \tag{3-7}$$

式中，A 为吸光度；I_0 为入射光强度；I 为透射光强度；a 为吸光系数；b 为液层厚度。如 c 以 $mol\cdot L^{-1}$ 为单位，则此时的吸光系数称为摩尔吸光系数，用符号 ε 表示，单位 $L\cdot g^{-1}\cdot cm^{-1}$。于是式(3-7) 可改写为：

$$A=\varepsilon bc \tag{3-8}$$

ε 是吸光物质在特定波长和溶剂的情况下的一个特征常数，数值上相当于 $1mol\cdot L^{-1}$ 吸光物质在 1cm 光程中的吸光度，是吸光物质吸光能力的量度。它可作为定性鉴定的参数，也可用以估量定量方法的灵敏度：ε 值愈大，方法的灵敏度愈高。由实验结果计算 ε 时，常以被测物质的总浓度代替吸光物质的浓度，这样计算的 ε 值实际上是表观摩尔吸光系数。ε 与 a 的关系为：

$$\varepsilon=Ma \tag{3-9}$$

式中，M 为物质的摩尔质量。

在吸光度的测量中，有时也用透光率 T 表示物质对光的吸收程度。透光率 T 是透射光强度 I 与入射光强度 I_0 之比，即

$$T=\frac{I}{I_0}\times100\%$$

因此

$$A=\lg \frac{I}{I_0}=-\lg T$$

3.4.2 光度计的基本部件

通常，将使用光电比色计测定溶液的吸光度以进行定量分析的方法称为光电比色法。将使用分光光度计进行测定的方法称为分光光度法。两种方法的测定原理是相同，所不同的仅在于获得单色光的方法不同，前者采用滤光片，后者采用棱镜或光栅等单色器。由于两者均基于吸光度的测定，所以它们统称为光度分析法。

光度法与目视比色法比较，具有下列优点。

① 使用仪器代替人眼进行测量，消除了人的主观，从而提高了准确度。

② 测定溶液中有其他有色物质共存时，可以选择适当的单色光和参比溶液来消除干扰，因而可提高选择性。

③ 在分析大批试样时，使用标准曲线法可简化手续，加快分析速度。

目前普遍使用国产 72 型或 721 型分光光度计进行吸光度测量。图 3-10 所示为 721 型仪器的光路示意图。

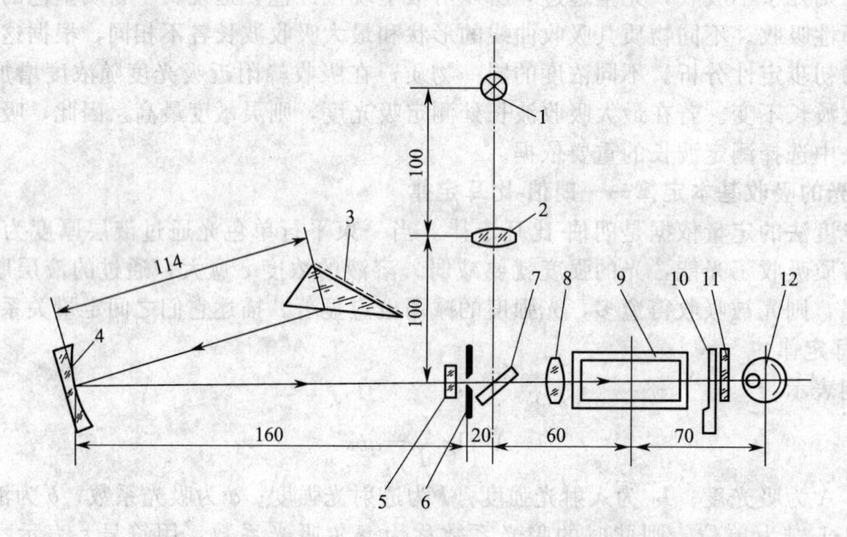

图 3-10 721 型分光光度计的光路示意图 单位：mm

1—光源灯（12V，25W）；2—聚光透镜；3—色散棱镜；4—准直镜；5—保护玻璃；6—狭缝；7—反射镜；8—聚光透镜；9—比色皿；10—光门；11—保护玻璃；12—光电管

尽管光度计的种类和型号繁多，但它们都是由下列基本部件组成的：

光源 → 单色器 → 吸收池 → 检测系统

现将各部件的作用及性能介绍如下，以便正确使用各种仪器。

(1) 光源　在吸光度的测量中，要求光源发出所需波长范围内的连续光谱具有足够的光强度，并在一定时间内能保持稳定。

在可见光区测量时通常使用钨丝灯为光源。钨丝加热到白炽时，将发生波长为 320～2500nm 的连续光谱，发出光的强度在各波段的分布随灯丝温度变化而变化。温度增高时，总强度增大，且在可见光区的强度分布增大，但温度增高，会影响灯的寿命。钨丝灯一般工作温度为 2600～2870K（钨的熔点为 3680K）。而钨丝灯的温度决定于电源电压，电源电压的微小波动会引起钨灯光强度的很大变化，因此必须使用稳压电源才能使光源光强度保持不变。在近紫外区测定时，常采用氢灯或氘灯产生 180～375nm 的连续光谱作为光源。

(2) 单色器　将光源发生的连续光谱分解为单色光的装置，称为单色器。单色器由棱镜或光栅等色散元件及狭缝和透镜等组成。此外，常用的滤光片也起单色器的作用。

① 滤光片　常用的滤光片由有色玻璃片制成，只允许和它颜色相同的光通过。得到的是近似的单色光。例如图 3-11 是一个标有“470nm”的蓝色滤光片的透光度曲线。曲线表明通过滤光片得到的是具有较窄的波长范围的光，其最大透过光波长为 470nm。滤光片的质量以“半宽度”表示，即最大透光度的一半处曲线的宽度（图 3-11 中以 *CD* 距离表示）。滤光片质量愈好，半宽度愈窄，单色性愈好。一般滤光片半宽度大于 30nm。

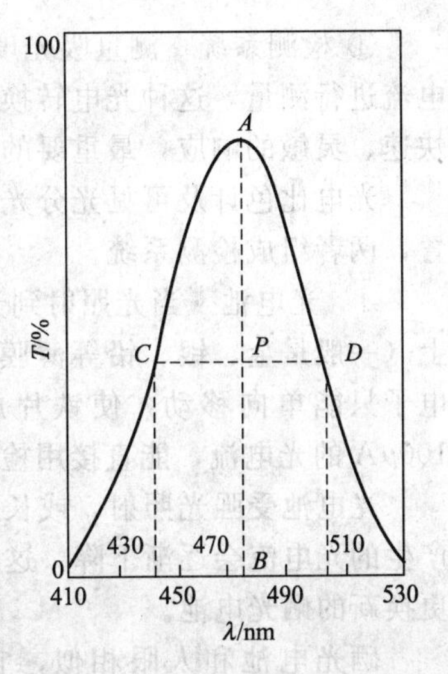

图 3-11　滤光片的透光度曲线

此外，还有一类利用光的干涉作用而产生相当窄的谱带的干涉滤光片，它可提供小到 10nm 宽的谱带和较大的透光度。

当使用有滤光片的仪器进行光度测量时，正确选用滤光片是很重要的，它影响到测定的灵敏度和准确度。选择的原则是：滤光片最易透过的光应是有色溶液最易吸收的光。

② 棱镜　图 3-12 是棱镜单色器的原理图，光通过入射狭缝，经透镜以一定角度射到棱镜上，在棱镜的两界面上发生折射而色散。色散了的光被聚集在一个微微弯曲并带有出射狭缝的表面上，移动棱镜或移动出射狭缝的位置，就可使所需波长的光通过狭缝照射到试液上。

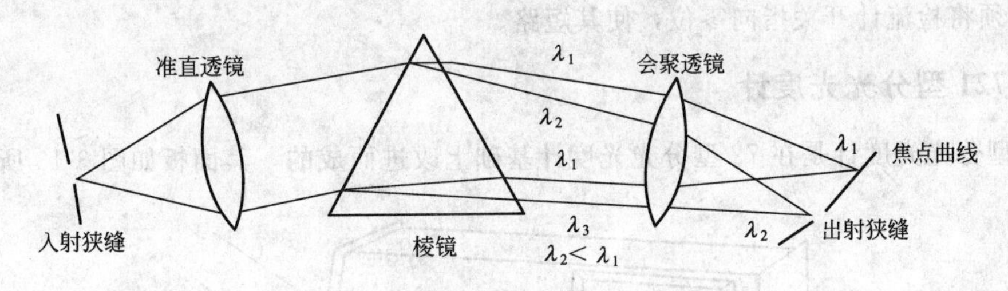

图 3-12　棱镜单色器的原理图

单色光的纯度决定于棱镜的色散率和出射狭缝的宽度，玻璃棱镜对 400～1000nm 波长的光色散较大，适用于可见光分光光度计。

通过单色器的出射光束中通常混有少量与仪器所指示波长很不一致的杂散光，其来源之一是光学部件表面尘埃的散射。杂散光的存在，会影响吸光度的测量，因此应该保持仪器光学部件的清洁。

使用棱镜等单色器可以获得纯度较高的单色光（半宽度 5～10nm），且可方便地改变测定波长，所以分光光度法的灵敏度、选择性和准确度都较光电比色法高。

③ 吸收池　亦称比色皿，在可见光区测定，可用无色透明、能耐腐蚀的玻璃比色皿，大多数仪器都配有液层厚度为 0.5cm、1cm、2cm、3cm 等的一套长方形或圆柱形比色皿，同样厚度比色皿之间的透光率相差应小于 0.5%。为了减少入射光的反射损失和造成光程差，应注意比色皿放置的位置，使其透光面垂直于光束方向。指纹、油腻或皿壁上其他沉积物都会影响其透射特性，因此应注意保持比色皿的光洁。

④ 检测系统　测量吸光度时，并非直接测量透过吸收池的光强度，而是将强度转换成电流进行测量，这种光电转换器件称为检测器。因此，要求检测器对测定波长范围内的光有快速、灵敏的响应，最重要的是产生的光电流应与照射于检测器上的光强度成正比。

光电比色计及可见光分光光度计常用硒光电池或光电管作检测器，采用检流计作读数装置，两者组成检测系统。

ⅰ. 光电池　当光照射到光电池上时，半导体硒表面就有电子逸出，被收集于金属薄膜上（一般是金、银、铅等薄膜），因此带负电，成为光电池的负极。由于硒的半导体性质，电子只能单向移动，使铁片成为正极。通过电阻很小的外电路连接起来，可产生 10～100μA 的光电流，能直接用检流计测量，电流的大小与照射光强度成正比。

光电池受强光照射，或长久连续使用时，会出现“疲劳”现象，即照射光强度不变，但产生的光电流会逐渐下降。这时应暂停使用，将它放置暗处使其恢复原有灵敏度，严重时应更换新的硒光电池。

硒光电池和人眼相似，它对于波长为 550nm 左右的光灵敏度最高，而在 250nm 和 750nm 处相对灵敏度降至 10%左右。

ⅱ. 光电管　光电管是由一个阳极和一个光敏阴极组成的真空（或充少量惰性气体）二极管，阴极表面镀有碱金属或碱金属氧化物等光敏材料，当它被有足够能量的光子照射时，能够发射电子。当两极间有电位差时，发射出的电子就流向阳极而产生电流，电流的大小决定于照射光的强度。在相同强度的光照射下，光电管所产生的电流约为光电池的 1/4，但是，由于光电管有很高的内阻，所以产生的电流很容易放大。

ⅲ. 检流计　通常使用悬镜式光点反射检流计测量产生的光电流，其灵敏度一般为 10^{-9}A·格$^{-1}$。在单光束仪器中，检流计光点偏转刻度直接标为百分透光率 T（%）和吸光度 A，测定时一般直接读出 A 的数值。检流计在使用中应防止振动和大电流通过。停止使用时，必须将检流计开关指向零位，使其短路。

3.4.3　721 型分光光度计

721 型分光光度计是在 72 型分光光度计基础上改进而成的，其面板如图 3-13 所示。

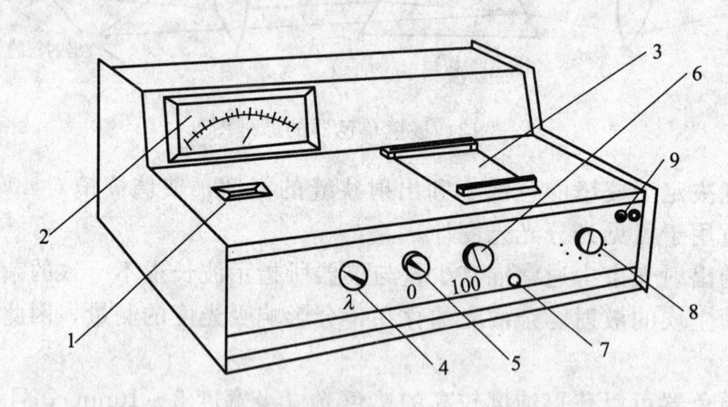

图 3-13　721 型分光光度计

1—波长读数盘；2—电表；3—比色皿暗盒盖；4—波长调节；5—“0”透光率调节；6—“100%”透光率调节；7—比色皿架拉杆；8—灵敏度选择；9—电源开关

721 型分光光度计操作步骤如下。

(1) 预热仪器。为使测定稳定，将电源开关打开，使仪器预热 20min。预热仪器时和在不测定时应将比色皿暗箱盖打开，使光路切断。

(2) 选定波长。根据实验要求，转动波长调节器，使指针指示所需要的单色光波长。

(3) 固定灵敏度挡。根据有色溶液对光的吸收情况，为使吸光度读数为0.2～0.7，选择合适的灵敏度。为此，旋动灵敏度挡，使其固定于某一挡，在实验过程中不再变动。一般测量固定在“1”挡。

(4) 调节“0”点。轻轻旋动调“0”电位器，使读数表头指针恰好位于透光率为“0”处（此时，比色皿暗箱盖是打开的，光路被切断，光电管不受光照）。

(5) 调节 $T=100\%$。将盛蒸馏水（或空白溶液或纯溶剂）的比色皿放入比色皿座架中的第一格内，有色溶液放在其他格内，把比色皿暗箱盖子轻轻盖上，转动光量调节器，使透光率 $T=100\%$，即表头指针恰好指在 $T=100\%$ 处。

(6) 测定。轻轻拉动比色皿座架拉杆，使有色溶液进入光路，此时表头指针所示为该有色溶液的吸光度 A。读数后，打开比色皿暗箱盖。

(7) 关机。实验完毕，切断电源，将比色皿取出洗净，并将比色皿座架及暗箱用软纸擦净。

注意事项如下。

(1) 为了防止光电管疲劳，不测定时必须将比色皿暗箱盖打开，使光路切断，以延长光电管使用寿命。

(2) 比色皿的使用方法

① 拿比色皿时，手指只能捏住比色皿的毛玻璃面，不要碰比色皿的透光面，以免沾污。

② 清洗比色皿时，一般先用水冲洗，再用蒸馏水洗净。如比色皿被有机物沾污，可用盐酸-乙醇混合洗涤液（1∶2）浸泡片刻，再用水冲洗。不能用碱溶液或氧化性强的洗涤液洗比色皿，以免损坏。也不能用毛刷清洗比色皿，以免损伤它的透光面。每次做完实验时，应立即洗净比色皿。

③ 比色皿外壁的水用擦镜纸或细软的吸水纸吸干，以保护透光面。

④ 测定有色溶液吸光度时，一定要用有色溶液洗比色皿内壁几次，以免改变有色溶液的浓度。另外，在测定一系列溶液的吸光度时，通常都按由稀到浓的顺序测定，以减小测量误差。

⑤ 在实际分析工作中，通常根据溶液浓度的不同，选用液槽厚度不同的比色皿，使溶液的吸光度控制在0.2～0.7。

3.4.4 722型分光光度计

722型分光光度计是在72型的基础上改进而成，采用衍射光栅取得单色光，以光电管为光电转换元件，用数字显示器直接显示测定数据，因而它的波长范围比72型宽，灵敏度提高，使用方便。

3.4.4.1 仪器的性能

(1) 光学系统　单光束、衍射光栅。

(2) 波长范围　330～800nm。

(3) 光源　钨卤素灯12V，30V。

(4) 接收元件　端窗式G1030光电管。

(5) 波长精度　±2nm。

(6) 波长重现性　0.5nm。

(7) 透光率测量范围　0～100%。

(8) 吸光度测量范围　0～1.999。

(9) 读数精度

①透光率线性精度±0.5%(T)；②吸光度精度±0.004A（在0.5A处）。

(10) 透光率重现性 0.5%(T)。

3.4.4.2 仪器的构造

(1) 光学系统 采用光栅自准式色散系统和单光束结构光路。

(2) 仪器的结构 由光源室、单色器、试样室、光电管暗盒、电子系统及数字显示器等部件组成。

① 光源室部件 由钨灯灯架、聚光镜架、截止滤光片组架等部件组成。钨灯灯架上装有钨灯，作为可见区域的能量辐射源。

② 单色器部件 是仪器的心脏部分，位于光源与试样室之间。由狭缝部件、反光镜组件、准直镜部件、光栅部件与波长线性传动机构等组成。在这里使光源室来的白光变成单色光。

③ 试样室部件 由比色皿座架部件及光门部件组成。

④ 光电管暗盒部件 由光电管及微电流放大器电路板等部件组成。由试样室出来的光经光电转换并放大后，在数字显示器上直接显示出测定液的A值或T、c值。

3.4.4.3 仪器的使用与维护

(1) 使用

① 使用仪器前，应首先了解仪器的结构和工作原理。对照仪器或仪器外形图（图3-14）熟悉各个操作旋钮的功能。在未接通电源前，应先检查仪器的安全性，电源线接线应牢固，接地要良好，各个调节旋钮的起始位置应该正确，然后再接通电源开关。

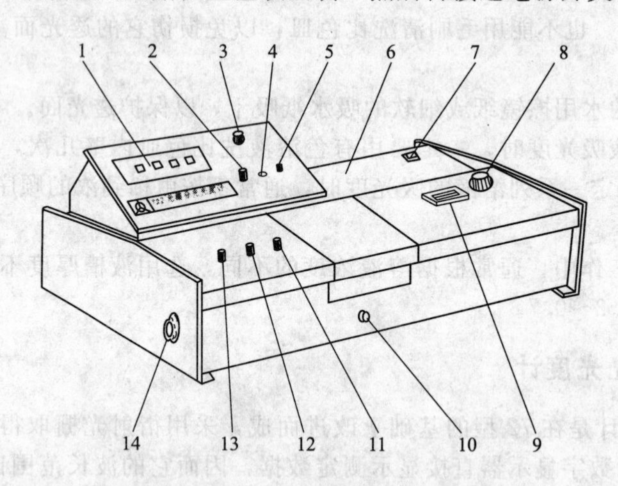

图3-14 722型分光光度计外形图

1—数字显示窗；2—吸光度调零旋钮；3—选择开关；4—吸光度调斜率电位器；5—浓度旋钮；6—光源室；7—电源开关；8—波长手轮；9—波长刻度窗；10—试样架拉手；11—100%T旋钮；12—0%T旋钮；13—灵敏度调节旋钮；14—干燥器

② 将灵敏度旋钮调置放大倍率最小的“1”挡。

③ 开启电源，指示灯亮，选择开关置于“T”，波长调至测试用波长。仪器预热20min。

④ 打开试样室盖，光门立即自动关闭。调节“0”旋钮，使数字显示“00.0”。盖上试样室盖，光门自动打开。将比色皿架处于蒸馏水校正位置，使光电管受光，调节透过率“100%”直至稳定，仪器即可进行测定工作。

⑤ 如果显示不到“100.0”，则可适当增加微电流放大器的倍率挡数，但倍率尽可能置

于低挡使用，使仪器有更高的稳定性。倍率改变后必须按④重新校正“0”、“100%”。

⑥ 吸光度 A 的测量　将选择开关置于“A”，调节吸光度调零旋钮，使得数字显示为“00.0”，然后将被测试样移入光路，显示值即为被测试样的吸光度值。

⑦ 浓度 c 的测量　选择开关由“A”旋置“c”，将已标定浓度的试样放入光路，调节浓度旋钮，使得数字显示值为标定值，将被测试样放入光路，即可读出被测样品的浓度值。

⑧ 如大幅度改变测试波长时，在调整“0”和“100”后稍等片刻（因光能量变化急剧，光电管受光后响应缓慢，需有光响应平衡时间），当稳定后，重新调整“0”和“100”即可工作。

⑨ 每台仪器所配套的比色皿，不能与其他仪器上的比色皿单个调换。

(2) 维护

① 为确保仪器稳定工作，如电压波动较大，则应该 220V 电源预先稳压。

② 当仪器工作不正常时，如数字表无亮光，光源灯不亮，开关指示灯无信号，应检查仪器后盖保险丝是否损坏，然后查电源线是否接通，再查电路。

③ 仪器要接地良好。

④ 仪器左侧下角有一只干燥剂筒，试样室内也有硅胶，应保持其干燥性，发现变色立即更新或加以烘干再用。当仪器停止使用后，也应该定期更新烘干。

⑤ 为了避免仪器积灰和沾污，在停止工作时，用套子罩住整个仪器，在套子内应放数袋防潮硅胶，以免受潮，使反射镜镜面有霉点或沾污，从而影响仪器性能。

⑥ 仪器工作数月或搬动后，要检查波长精度和吸光度精度等，以确保仪器的使用和测定精度。

3.5 原子吸收分光光度计

3.5.1 原子吸收分光光度法原理

原子吸收分光光度法是基于从光源辐射出具有待测元素特征谱线的光，通过试样蒸气时被蒸气中待测元素的基态原子所吸收，由辐射特征谱线光被减弱的程度来测定试样中待测元素含量的方法。

原子吸收法基本原理可通过图 3-15 来说明。采用被测元素作阴极材料的空心阴极灯作光源，发出含有被测元素特征波长的锐线光谱，光束经过原子化器 2 时，光谱中的共振线被原子化器中待测元素的原子蒸气所吸收（吸收强度与被测元素含量有关），光束进入单色器 3，选取共振谱线进入光电倍增管 4，光电倍增管将光能量转变为电信号，经过电子放大器 5 和对数转换器，通过指示仪表（或数字显示器）6 显示出电信号。分别测出空白溶液、标准溶液和被测溶液三者的信号，采用比较法即可确定被测元素的含量。

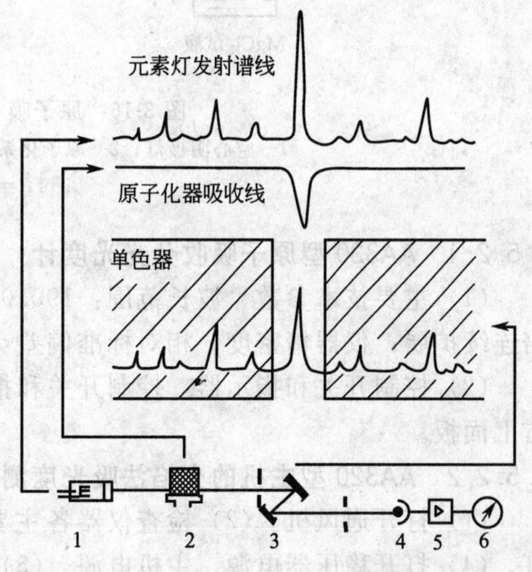

图 3-15　原子吸收分光光度法基本原理

1—元素灯；2—原子化器；3—单色器；4—光电倍增管；5—放大器；6—指示仪表

锐线光源在低浓度下，基态原子蒸气对共振线的吸收服从比耳定律：

$$A=\lg\frac{I_0}{I}=KNL$$

其中，A 为吸光度；I_0 为入射特征谱线辐射光强度；I 为出射特征谱线辐射光强度；K 为吸光系数；N 为基态原子数；L 为特征辐射光经过的火焰路程。

当试样原子化，火焰的热力学温度低于 3000K 时，可以认为原子蒸气中基态原子的数目实际上接近原子总数。在一定实验条件下，原子总数与试样浓度 c 的比例是恒定的。这时可将上式写为：

$$A=K'c$$

因此，吸光度 A 与试样中待测元素浓度的线性关系是原子吸收分光光度法定量分析的依据。

3.5.2 原子吸收分光光度计

原子吸收分光光度计型号繁多，自动化程度也各不相同。有单光束型和双光束型两大类。但其主要组成部分均包括光源（空心阴极灯）、原子化系统（雾化器、气路）、分光系统（单色器）和检测系统（光电检测器）。原子吸收分光光度计分析示意图见图 3-16。

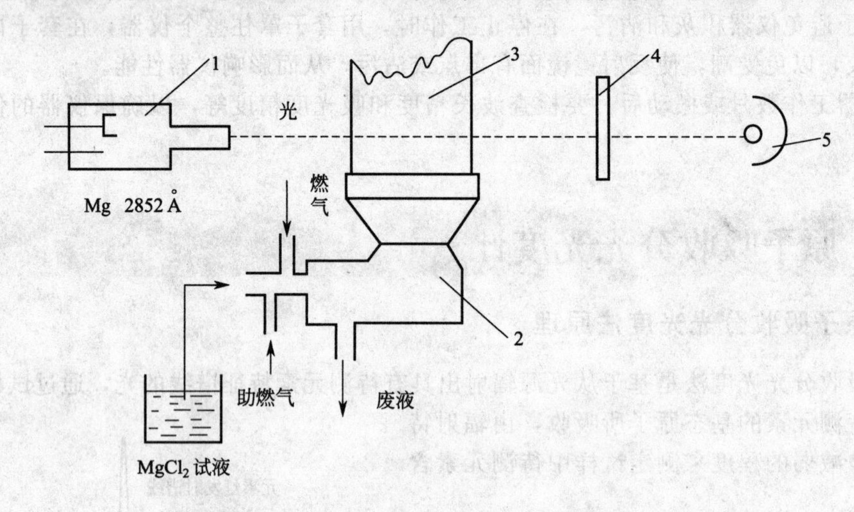

图 3-16 原子吸收分光光度计分析示意图

1—空心阴极灯；2—原子化系统；3—火焰；4—单色器；5—检测器

1Å＝0.1nm，下同

3.5.2.1 AA320 型原子吸收分光光度计

（1）主要技术参数 波长范围：190.0～900.0nm；吸光度范围：0～1.999A，0.1～10 倍连续扩展；仪器精密度：相对标准偏差＜1%。

（2）控制开关和指示器 控制开关和指示器见图 3-17 的指示控制面板和图 3-18 的仪器右上面板。

3.5.2.2 AA320 型主机的火焰法吸光度测量操作

（1）打开通风机。（2）检查仪器各主要环节是否正常并置于应有位置。（3）安装元素灯。（4）打开稳压器电源、主机电源。（5）打开元素灯开关，选择灯电流及波长。（6）调增益。（7）“方式”开关置于“调整”，“信号”开关置于“连续”，进行光源对光和燃烧器对光。（8）适当选择狭缝，精细调节波长。（9）启动空压机，接通助燃气气路。（10）“方式”开关置于“吸光度”，打开燃气钢瓶，开气点火。（11）吸喷空白水，预热燃烧器，按“调

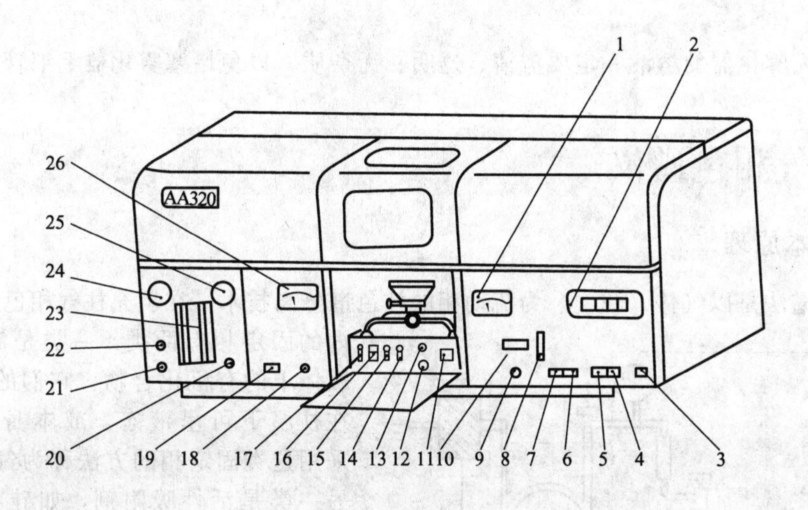

图 3-17　AA320 的指示控制面板

1—能量表；2—数字显示器；3—电源按键；4—波长扫描键↑；5—波长扫描键↓；6—调节按键；7—读数按键；8—波长手调轮；9—波长扫描变速杆；10—波长计数器；11—点火钮；12—燃烧器前后调节钮；13—燃烧器上下调节；14—乙炔气电开关；15—助燃气电开关；16—空气-笑气电开关；17—气路电开关；18—灯电流钮；19—氘灯；20—乙炔气钮；21—助燃气稳压阀钮；22—助燃气钮；23—流量计；24—压力表；25—乙炔压力表；26—电流表

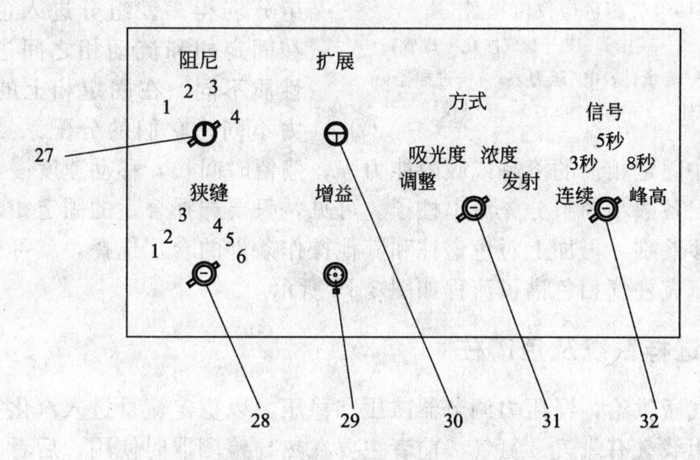

图 3-18　AA320 右上面板

27—阻尼选择开关；28—狭缝选择开关；29—增益钮；30—扩展钮；31—方式选择开关；32—信号选择开关

零”钮调零，将“信号”开关置于“积分”，吸喷空白水，再次按“调零”钮调零。吸喷标准溶液，待能量表指针稳定后按“读数”键，读数指示灯亮，3s 后显示器显示吸光度积分值并保持 5s，为使读数可靠，重复以上操作测三次，取平均值计算。用此法精细选择分析条件，依次完成测定。(12) 分析完毕后，首先熄火，随即切断燃气气源，将燃气放空，切断空压机电源。(13) 按“先开的后关”次序，依次关闭仪器。

3.5.3　注意事项

(1) 禁止在仪器旁边使用明火，离开测量场所必须熄火，关闭燃气气源。

(2) 关闭仪器前一定要将负高压增益和灯电流回零，以免损坏光电倍增管和空心阴极灯。

（3）进入雾化器的溶液一定要澄清、透明、无杂质，以免堵塞雾化器毛细管。

3.6 气相色谱仪

3.6.1 基本原理

气相色谱法是以气体（载气）为流动相的柱色谱分离技术。在填充柱气相色谱法中，柱内的固定相有两类：一类是涂布在惰性载体上的有机化合物，它们的沸点较高，在柱温下可呈液态，或本身就是液体，采用这类固定相的方法称为气液色谱法；另一类是活性吸附剂，如硅胶、分子筛等，采用这类固定相的方法为气固色谱法。

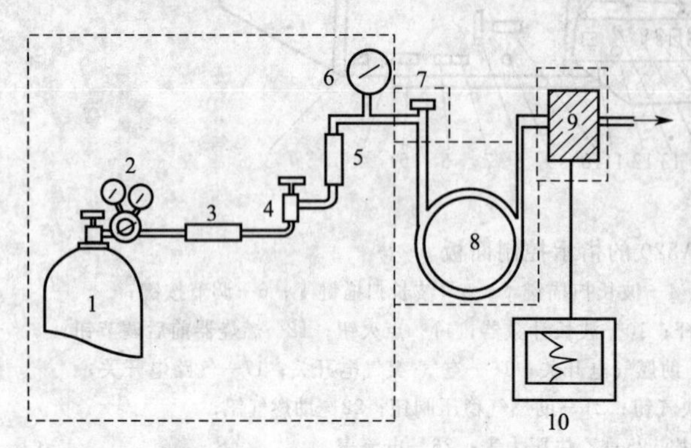

图 3-19 气相色谱仪流程图

1—高压钢瓶；2—减压阀；3—载气净化干燥管；4—针形阀；5—流量计；6—压力表；7—进样器；8—色谱柱；9—检测器；10—记录仪

当样品加到固定相上之后，流动相就要携带样品在柱内流动，流动相在固定相上的溶解或吸附能力要比样品中的组分弱得多。组分进入色谱柱后，就要在固定相和流动相之间进行分配。组分性质不同，在固定相上的溶解或吸附能力不同，它们的分配系数大小不同。分配系数大的组分在固定相上的溶解或吸附能力强，停留时间长，移动速度慢，因而后流出色谱柱。反之，分配系数小的组分先流出柱子。可见，只要选择合适的固定相，使被分离组分的分配系数有足够差别，再加上对色谱柱和其他操作条件的合理选择，就可得到令人满意的分离效果。普通填充柱气相色谱仪流程如图 3-19 所示。

3.6.2 载气、进样系统及色谱柱

载气由高压气瓶供给，经压力调节器减压和稳压，以稳定流量进入汽化室、色谱柱、检测器后放空。常用载气有氢气、氮气。前者主要在热导检测器时使用，后者主要用氢火焰离子化检测器时使用。

进样就是用注射器（或其他进样装置）将样品迅速而定量地注入汽化室汽化，使其被载气带入柱内分离。要想获得良好的分离，进样速度应极快，样品应在汽化室内瞬间汽化。常用进样器为 1μL、5μL、10μL 等微量注射器。

色谱柱是色谱仪的心脏，柱由柱管及固定相组成。常用柱管材料为不锈钢、玻璃或石英玻璃。将选定的固定液涂布在载体上，然后装入色谱柱，这种柱子称为填充柱。常用填充柱内径一般为几毫米，长度从 0.5m 到几米不等。常用载体有红色载体，如 6201 系列。有白色载体，如上试 101、102 系列。前者适用于分析极性弱的物质，后者适用分析极性强的物质。要使样品中各组分得到良好分离，主要依赖于固定液的选择。实际工作中遇到的样品往往比较复杂，因此选择固定液无严格规律可循，一般凭经验规则，或根据文献资料选择。在充分了解样品性质的基础上，尽量使固定液与样品中组分之间有某些相似性，使两者之间作用力增大，从而有较大的分配系数的差别，以实现良好分离。

3.6.3 检测器

检测器的作用是将载气中组分的含量变化转变成可测量的电信号，然后输入记录器记录下来。最常用的检测器有两种：热导检测器和氢火焰离子化检测器。

热导检测器是基于不同组分有与载气不相同的热导率，因而传导热的本领大小不同。即使同一组分，浓度不同，传导热的程度也不相同，因此，检测器输出信号的大小是组分浓度的函数。热导检测器通用性好，但灵敏度有限。常规填充柱气相色谱仪所使用的热导检测器，由于死体积大而不能通用于毛细管色谱仪。毛细管色谱仪所使用的热导检测器要求死体积极小。惠普公司生产的单丝微型热导检测器的池体积只有 3.5μL，可作为毛细管柱的检测器。

氢火焰离子化检测器除了对无机气体及少数在火焰中不离解的化合物没有信号或信号极小，几乎对所有有机物都产生响应。当载气携带被柱分离后的组分进入氢氧焰中燃烧，生成正、负离子。这些离子在电场中形成电流（$10^{-10}\sim10^{-8}$A 大小），并流经高电阻，产生电压降，再输入放大器放大后记录下来。从填充柱操作转换到毛细管柱操作，氢火焰离子化检测器的喷嘴应更换成更细的喷嘴，以减小死体积。惠普公司的气相色谱仪中，直径为 0.28mm 的喷嘴可与毛细管柱配用。

3.6.4 记录器

记录器就是记录直流电压信号的电子电位差计。它的简单原理如图 3-20 所示。当输入的信号电压等于 AB 两点间电压时，检零放大器的输入信号为零，可逆电机不转动，电位器 W_1 的动点与记录笔处于某一平衡位置不动。当输入信号变化时，检零放大器就有正或负的信号输入。放大后的输出信号驱动可逆电机正转或反转，带动 W_1 的动点，使 AB 两点电压与变化后的信号电压相等，达到新的平衡位置。当 W_1 动点改变时，同步带动记录笔左右移动。此时记录纸也在移动，因此画下色谱峰。色谱分析中常用的电子电位差计一般满量程为 5mV 或 10mV。根据走纸速度需要，记录器的纸速可以改变。纸速太慢，画出的色谱峰很窄，在测量峰的宽度时，误差增大；纸速过快，矮小的峰形很难看，且造成纸张浪费。在毛细管色谱中，由于出峰快，峰形窄，因而需要使用快速响应的记录仪。以色谱数据处理机或色谱工作站作为记录器，由于其具有响应快速、色谱数据存储灵活及再处理功能强等特点，越来越为色谱工作者普遍采用。

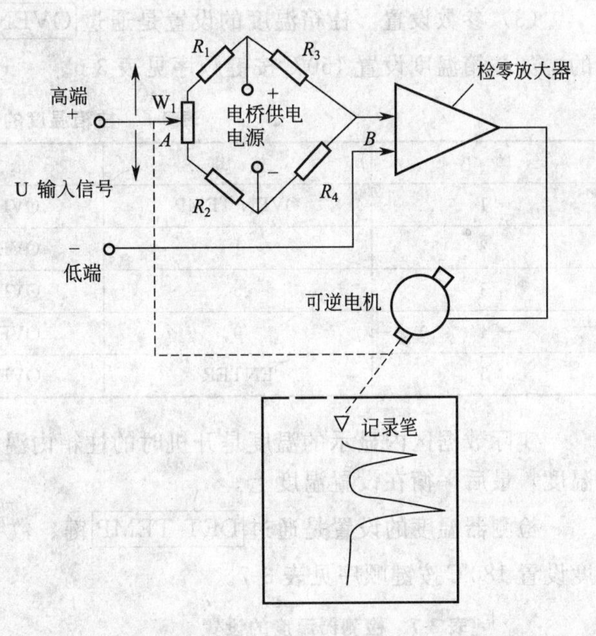

图 3-20 电子电位差计示意图

3.6.5 1102 型气相色谱仪

1102 型气相色谱仪控制系统可分为三部分：流量控制系统、温度控制系统、信号控制系统。

(1) 流量控制系统　载气、氢气和空气都由各自的流量控制阀调节，载气的柱前压由压力表指示，它们均置于主机右边。开启阀时要缓慢，柱后流量可用皂膜流量计测量。

(2) 温度及信号控制系统　1102 型气相色谱仪温度及信号控制系统面板如图 3-21 所示。

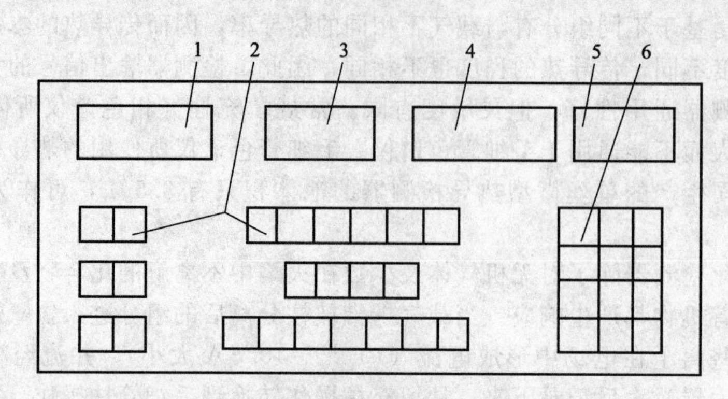

图 3-21　1102 型气相色谱仪面板示意图

1—名称显示窗；2—功能键；3—设定温度显示窗；4—实际温度显示窗；5—状态显示窗；6—数字键

控制器面板上布置了功能键、数字键和显示窗。功能键包括柱箱温度键、检测器温度键、进样器温度键、衰减键、灵敏度选择键、点火、程序升温参数键等。数字键包括 0～9。显示窗内显示名称、设定参数、实际参数及程序升温状态显示。

(3) 参数设置　柱箱温度的设置是通过 OVEN TEMP 键、数字键和 ENTER 键来完成的，如柱箱温度设置 150℃按键顺序见表 3-6。

表 3-6　柱箱温度的参数设置

顺　序	按　键	显示窗显示内容		
1	OVEN TEMP	OVEN	0	10
2	1	OVEN	—	1
3	5	OVEN	—	15
4	0	OVEN	—	150
5	ENTER	OVEN	150	10

实际数据区内显示的温度是开机时的柱箱内温度约等于室温，柱箱温度会逐渐升到设置温度，最后平衡在设置温度上。

检测器温度的设置是通过 DET TEMP 键、数字键和 ENTER 键来完成的，如检测器温度设置 180℃按键顺序见表 3-7。

表 3-7　检测器温度的设置

顺序	按 键	显示窗显示内容		
1	DET TEMP	DET	0	0
2	1	DET	—	1
3	8	DET	—	18
4	0	DET	—	180
5	ENTER	DET	180	10

表 3-8　进样器温度的设置

顺序	按 键	显示窗显示内容		
1	INJ TEMP	INJ	0	0
2	2	INJ	—	2
3	0	INJ	—	20
4	0	INJ	—	200
5	ENTER	INJ	200	10

实际数据内显示的温度是开机时计算机内存中的数据，本计算机系统在检测器和进样器设置温度后，才进行温度采样，此时的实际温度约等于室温。实际温度初始值为0℃。

进样器温度的设置是通过 INJ TEMP 键、数字键和 ENTER 键来完成的，如进样器温度设置200℃按键顺序见表3-8。

实际数据内显示的温度是开机时计算机内存中的数据，本计算机系统在检测器和进样器设置温度后，才进行温度采样，此时的实际温度约等于室温。

灵敏度参数设置见表3-9，如设置灵敏度 10^8，初始值为 10^{10}。

表3-9 灵敏度参数设置

顺序	按键	显示窗显示内容
1	RANGE	RANG 10
2	8	RANG — 8
3	ENTER	RANG 8

表3-10 放大器衰减参数设置

顺序	按键	显示窗显示内容
1	ATT	ATT 0
2	3	ATT — 3
3	ENTER	ATT 3

放大器衰减参数设置见表3-10，如设置衰减 2^3，初始值为 2^0。

(4) 氢火焰检测器点火 待氢火焰检测器的温度升到设置温度后可点火，点火时按 SHIFT + FIRE，点火继电器吸合约10s，按顺序应该先按下 SHIFT 键不放，再按 FIRE 键，最后一起放松。

(5) 放大器极性转换 按 + 键放大器输出正信号，按 − 键放大器输出负信号。

放大器基流补偿旋钮安装在控制器下部，用来调节放大器基流在记录仪的位置。

(6) 操作步骤

① 连接载气、空气、氢气管路并检漏。

② 连接电源线、讯号线。

③ 打开载气，将流量调至适当值。

④ 打开主机电源，根据分析工艺设置柱箱、检测器和进样器温度，并将微电流放大器参数设置所需状态。

⑤ 待进样器、检测器、柱箱温度平衡后，打开空气和氢气气源，流量调至适当值，点火。

⑥ 待基线稳定后进行分析。

⑦ 关机。实验完毕，切断电源，然后首先切断氢气和空气气源。待柱温冷却近室温时，再关闭载气气源。

3.6.6 SP-6800型气相色谱仪

SP-6800型气相色谱仪是由山东鲁南化工仪器厂制造的双柱双气路气相色谱仪。仪器面板如图3-22所示。主机由三部分组成，主机左边为气路部分；中间为汽化室、柱室、检测器；右边为电路部分。

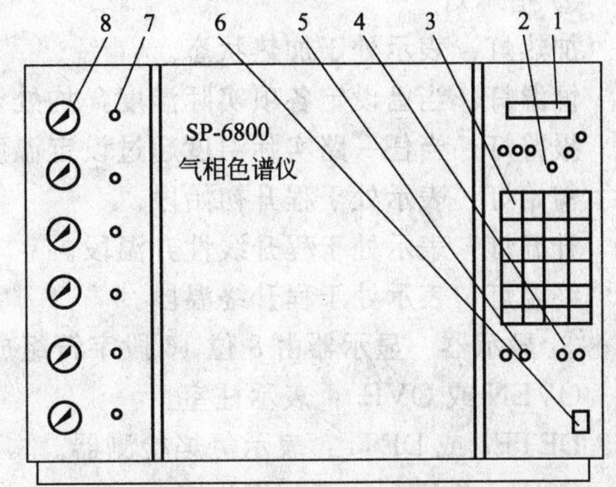

图3-22 SP-6800型气相色谱仪面板示意图

1—显示窗；2—指示灯；3—键盘；4—TCD调零旋钮；5—FID调零旋钮；6—电源；7—流量调节旋钮；8—压力表

3.6.6.1 气路部分

载气、氢气、空气均由稳流阀调节，压力

表显示稳流阀出口压力。稳流阀前均配有稳压阀。

3.6.6.2 汽化室、柱室和检测器部分

汽化室：SP-6800型气相色谱仪汽化室为带玻璃内衬管汽化室。

柱室：柱室由大口径风扇、电炉丝、铂电阻、不锈钢室体组成。炉门开关按钮在炉门右下方，可打开柱室。

检测器：本仪器配有热导检测器和氢焰检测器。热导检测器的两个柱接头固定在柱室上壁，经两根不锈钢管道，穿过柱室直接接到热导池池体上。

3.6.6.3 键盘及其操作

温度及检测器（除调零外）由键盘控制。

打开电源总开关，显示器显示READY，表示自检完成，微机正常，可进入键盘操作。

（1）键盘介绍

① 功能键

· 设定 键用于设定温度及程升参数，采用循环方式，一键可设定多个参数。

· 加热 用于启动加热，并循环显示四点温度，用于恒温操作。

· 停止 停止加热。

· 显示 用于固定显示某一路温度。

· 程升 用于启动程序升温过程。

· FID衰弱 用于设定氢焰检测器输出衰减。

· 灵敏度 用于设定氢焰灵敏度。

· TCD衰减 用于设定热导输出衰减。

· TCD桥流 用于设定热导桥流。

· RATE 用于设定升温速率。

· TCD极性 用于改变热导输出信号极性。

· FID极性 用于改变氢焰输出信号极性。

② 指示灯

加热灯：表示处于加热状态。

恒温灯：当已设定各项实际温度，均处于设定温度的±0.5℃以内时，恒温灯亮。

报警灯：当任一路实际温度超过设定温度15℃以上时，报警灯亮。

初始灯：表示处于程升初始段。

升温灯：表示处于程升线性升温段。

终温灯：表示处于程升终温段。

③ 显示器　显示器由8位16段字符组成，显示字符意义如下。

OVEN或OVE.：表示柱室。

DETE.或DET.：表示氢焰检测器。

INJE.或INJ.：表示汽化室。

AUXI.或AUX.：表示热导检测器。

I. TIM.：表示程升初始时间。

RATE.：表示升温速率。

F. TEM：表示程升终温。

F. TIM：表示程升终止时间。

F. ATT：表示氢焰放大器输出衰减。

SENS.：表示氢焰放大器灵敏度。

T. ATT：表示热导控制器输出衰减。

CURR.：表示热导检测器的桥电流。

HALT.：表示处于停止加热状态。

（2）键盘操作

① 温度参数的设定及检查

按[设定]显示：DETE.—×××。此后可按数字键设定氢焰检测器的温度，如按[0]、[9]、[5]显示：DETE.—0 9 5。设定检测器温度为95℃。

再按[设定]显示：INJE.—×××。可同上设定汽化温度。

再按[设定]显示：AUXI.—×××。可同上设定热导池温度。

再按[设定]显示：OVEN—×××。可同上设定柱室温度。

在设定完各点温度值以后，按[加热]键即可（同时加热灯亮），各路都恒温后，恒温灯亮。

注意：升温过程中，也可造成恒温灯短时亮，只有温度稳定后，恒温灯才一直亮着，才可进行分析。

② 热导桥流　按[热导桥流]显示 CURR.—×××表示热导桥流（mA）。

如设定为177mA，可按[热导桥流]+[1]+[7]+[7]+[热导桥流]即设定为177mA。

注意：桥流最大设定为200mA，200mA以上不能设定。初始化值为0mA。按[TCD极性]可改变热导输出信号的极性。

3.6.6.4 操作步骤（TCD检测器）

（1）连接气路。

（2）连接主机、记录仪电源线及讯号线。

（3）打开载气，检漏将流量调至适当值。

（4）打开电源开关，设置汽化室、柱室、检测器温度，启动加热。

（5）设置桥流及衰减值，调节基线到适当位置。

（6）测定：待基线稳定后进样分析。

（7）关机，实验完毕，切断电源。待柱温冷却到近室温时，关闭载气。

第4章 基本物理量与物化参数测定实验

实验4-1 气体常数的测定

气体常数 R 是一个很重要的物理化学常数，其数值可由实验测定。根据理想气体状态方程式：$pV=nRT$，只要测定气体的 p、V、T 值，即可计算 R 值。本实验采用金属铝和盐酸反应置换出一定量的氢气来测量 R 值。通过实验，学习气体体积、压力的测量方法，运用理想气体状态方程和分压定律进行有关计算。

【实验提要】

金属铝和盐酸反应可置换出氢气：

$$2Al+6HCl \longrightarrow 2AlCl_3+3H_2\uparrow$$

如果称取一定质量的铝片，使之与过量盐酸反应，则在一定温度和压力下可以测出反应所放出的氢气的体积，实验时的温度和压力可以分别由温度计和气压计测得，氢气的物质的量可以通过铝片的质量、铝的摩尔质量以及有关化学计量关系求得。由于氢气是在水面上收集的，所以氢气中必然混有该温度下的饱和水蒸气，根据道尔顿分压定律，氢气的分压可由下式求得：

$$p_{H_2}=p_0-p_{H_2O}$$

将以上各项数据代入理想气体状态方程式中，可计算 R 的值，即：

$$R=\frac{p_{H_2}V}{n_{H_2}T}=\frac{(p_0-p_{H_2O})(V_2-V_1)}{\frac{3}{2}\times\frac{m_{Al}}{26.98}(273+t)}\times10^{-6}\ (\text{J}\cdot\text{mol}^{-1}\cdot\text{K}^{-1})$$

式中，p_0 为大气压，Pa，由气压计读出；p_{H_2O} 为 t(℃) 时水的饱和蒸气压，Pa；m_{Al} 为铝片的质量，mg；t 为室温，℃；V_2-V_1 为反应前后量气管中的水位读数之差，即反应所产生的氢气的体积，mL。

【仪器、材料和试剂】

1. 仪器和材料

气体常数测量装置（见图4-1），TG-328A或B型分析天平，100mL烧杯，玻璃棒，橡皮塞，称量纸，铝片。

2. 试剂

$6\text{mol}\cdot\text{L}^{-1}$ HCl。

【实验前应准备的工作】

1. 若要控制所产生的氢气在 $T=298$K 及 $p=1.013\times10^5$Pa 时的体积在35mL左右，试计算理论上应称取铝片质量多少克？

2. 若实验时室温为20.4℃，查阅附录，用内插法，求出该温度下水的饱和蒸气压。

【实验内容】

1. 在分析天平上分别准确称出三块铝片的质量，并用纸包裹，编以 1、2、3。

2. 按图 4-1 所示安装实验装置。

3. 通过烧杯向量气管的 A 端注入自来水至水位达 B 端零刻度附近，然后将已称量的铝片 1（2 或 3）用水润湿后贴在反应管 C 的内壁（可借助玻璃棒将铝片压成圆弧形）并用玻璃棒推至中下部位置，再用滴管沿铝片对面的管壁注入 3mL6mol·L^{-1}盐酸溶液，最后用橡皮塞塞紧反应管管口，并检查气密性。

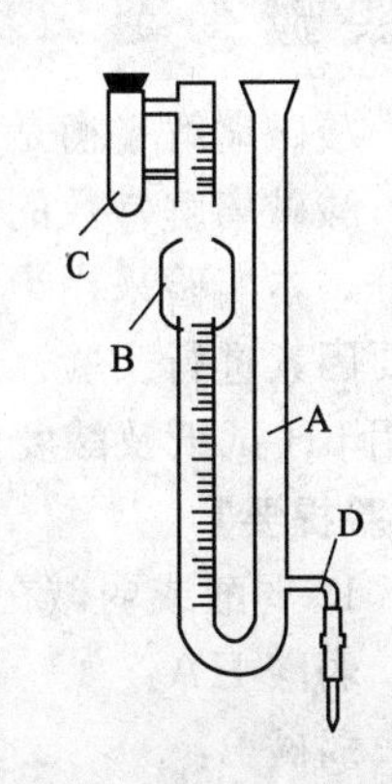

图 4-1 气体常数测定装置
A,B—量气管；
C—反应管；
D—放水口

4. 从量气管 A 端下方的支管 D 放出适量水，调节量气管内 A 端和 B 端的水位使之相等，静置片刻，记下 B 端水位的读数 V_1。

5. 将整个装置适当倾斜，并顺势将铝片荡入反应管下部的盐酸溶液中，随着反应的进行，量气管内 B 端的水位逐渐下降，而 A 端的水位逐渐上升，由支管 D 及时放出适量水，以保持 A、B 两端水位始终相近。

6. 反应完毕，静置片刻，使反应管内的溶液冷却至室温（可用自来水水浴冷却之，以加快冷却速度），重新调整 A、B 两端液位并使之相等，记下 B 端水位的读数 V_2。另外，再记录实验时的室温 t 及大气压 p_0。

7. 将反应管内的溶液倒出，并用自来水冲洗干净，按步骤 3～6 的操作，再分别对其他两块铝片进行实验。

8. 按适当格式（参见表 4-1）记录有关实验数据，计算各次实验结果及其平均值，与通用的 R 值（$R_{通用}=8.314\text{J·mol}^{-1}\text{·K}^{-1}$）进行比较，讨论造成误差的主要原因。

表 4-1 气体常数测定结果

编号	1	2	3
m_{Al}/g			
V_1/mL			
V_2/mL			
V_1-V_2/mL			
室温 t/℃			
大气压 p_0/Pa			
p_{H_2O}/Pa			
R/J·mol^{-1}·K^{-1}			
$\overline{R}$/J·mol^{-1}·K^{-1}			
相对误差			

注：相对误差$=\dfrac{\overline{R}-R_{通用}}{R_{通用}}\times100\%$。

【思考与讨论】

1. 本实验中如何检查并保持实验装置的气密性？

2. 开始反应前要将量气管两端的液面调整至“0.00”或稍下位置，目的何在？

3. 铝片与盐酸反应过程中，要保持 A、B 两端的液位相近，而读数时必须要保持 A、B 两端的液位相等，为什么？调节液位时，若 A 端水位低于 B 端，怎么办？

4. 读取 V_2 时，为什么要待反应管冷却至室温后进行？如何知道管内气体温度已冷却至室温？

实验 4-2　酸碱离解平衡及 $K^{\ominus}_{a,HAc}$ 的测定

酸碱离解平衡是溶液中存在的四大平衡之一，而酸碱离解常数则是酸碱强度的定量标志。酸碱离解常数的测定方法主要有 pH 值测定法和电导率法，前者又有计算法和半中和法之分，本实验采用半中和 pH 值测定法测定醋酸在水中的离解常数，并且对影响离解平衡的主要因素进行实验。通过实验，可以加深对同离子效应、缓冲溶液等概念的理解，学习并掌握用 pH 试纸及酸度计测量溶液 pH 值的方法等。

【实验提要】

1. 弱酸或弱碱在水溶液中的离解反应可用通式分别表示如下。

弱酸 HA：　$HA+H_2O \rightleftharpoons H_3O^+ + A^-$

弱碱 B：　$B+H_2O \rightleftharpoons OH^- + BH^+$

如果在上述各平衡体系中，加入含有相同离子的电解质，可使弱酸或弱碱离解平衡发生移动，导致其离解度降低，这种现象称为同离子效应。

2. 共轭酸碱对的混合溶液，能在一定程度上抵御外来酸、碱或稀释的影响，使溶液的 pH 值基本保持不变，这种溶液称为酸碱缓冲溶液。酸碱缓冲溶液的 pH 值，可用下式计算：

$$pH = pK_a^{\ominus} - \lg \frac{c_{HA}}{c_{A^-}}$$

当弱酸被强碱中和一半时，溶液中 $c_{HA}=c_{A^-}$，可得：

$$pH = pK_a^{\ominus}$$

据此可以测定一些弱酸的离解常数。

3. $BiCl_3$、$SnCl_2$ 等物质在水中能与水发生反应，产生相应的酸及沉淀，这种反应称为水解反应，如：

$$BiCl_3 + H_2O \rightleftharpoons BiOCl\downarrow + 2HCl$$

一般说来，水解反应是吸热反应。所以，加热有利于水解反应的进行，而且，浓度越小，水解程度越大。因此，若增加水的量，则上述平衡向有利于水解反应的方向进行，而增加酸度，则对水解反应具有抑制作用。

【仪器、材料和试剂】

1. 仪器和材料

移液管（5mL，10mL，25mL），pHS-25 型酸度计，E-201-C9 型复合电极，50mL 容量瓶，50mL 烧杯。

2. 试剂

0.1mol·L^{-1} HAc、NaAc、NaOH、$NH_3\cdot H_2O$、NH_4Cl、$BiCl_3$、$Al_2(SO_4)_3$、$NaHSO_4$、$Fe(NO_3)_3$、Na_2CO_3，饱和 NH_4Ac，2mol·L^{-1}HCl，pH=4.00（25℃）邻苯二甲酸氢钾标准缓冲溶液，0.1mol·L^{-1}和 0.5mol·L^{-1}$NaHCO_3$，1%酚酞，0.1%甲基橙。

【实验前应准备的工作】

1. 阅读本书 3.2 节，了解用 pHS-25 型酸度计测量溶液 pH 值的方法。

2. 使用 pH 试纸测定溶液 pH 值时，应如何操作？

3. 本实验内容可以分为验证性实验和定量测定实验两部分，后一部分已经给出了数据记录和处理的表格。试设计一个表格，用于验证性实验的现象记录和结果处理。

【实验内容】

1. 弱酸或其共轭碱水溶液的酸碱性

用pH试纸分别检验0.1mol·L^{-1}的HAc，NaAc，$NH_3·H_2O$，NH_4Cl，Na_2CO_3，$NaHCO_3$，$NaHSO_4$水溶液的pH值，并说明它们pH值不同的原因。

2. 同离子效应

在试管中加入1mL0.1mol·L^{-1} $NH_3·H_2O$，再加入1滴酚酞指示剂，观察溶液颜色。再加入少量饱和NH_4Ac溶液，摇动试管，观察溶液颜色有何变化，并在理论上加以说明。改用1mL0.1mol·L^{-1}HAc及甲基橙指示剂进行类似的实验，观察现象并加以说明。

3. 水解反应及其影响因素

(1) 在两支试管中，均加入2mL纯水和3滴0.1mol·L^{-1} $Fe(NO_3)_3$溶液，摇匀后将其中一支试管在水浴上（或酒精灯上）加热，比较两支试管中溶液颜色的变化，并说明原因。

(2) 在干燥试管中加入2滴0.1mol·L^{-1} $BiCl_3$溶液，然后加入2mL水，观察沉淀是否生成，再加入数滴2mol·L^{-1}HCl溶液，沉淀是否溶解，试解释有关现象。

(3) 在试管中加入1mL0.1mol·L^{-1} $Al_2(SO_4)_3$溶液，再加入1mL0.5mol·L^{-1} $NaHCO_3$溶液，有何现象？写出有关离子反应方程式，并说明该反应的实际应用。

4. 醋酸离解常数的测定

(1) 配制不同浓度的HAc溶液　用吸量管或移液管分别准确移取5.00mL，10.00mL及25.00mL0.1mol·L^{-1}HAc标准溶液于三只50mL容量瓶中（分别编以1、2、3），并用蒸馏水稀释至刻度，摇匀，计算这三种醋酸溶液的浓度。

(2) 制备等浓度的醋酸和醋酸钠混合溶液　用10mL移液管从1容量瓶中准确移取10.00mLHAc溶液于1小烧杯中，加入1滴酚酞指示剂，用滴管滴入0.1mol·L^{-1}NaOH溶液（用玻璃棒及时搅拌）至溶液恰呈微红色且在半分钟内不褪色为止。再从1容量瓶中准确移取10.00mLHAc溶液置于1烧杯，混合均匀，得1待测液。用同样的方法分别制备2和3待测液。

吸取10.00mL0.1mol·L^{-1}HAc标准溶液，按上述同样的方法制备4待测液。

(3) 测定各待测液的pH值　用酸度计测定各待测液的pH值，并换算成相应的K_a值，计算其平均值（记录格式参见表4-2）。

表4-2　$K^{\ominus}_{a,HAc}$的测定

编号	1	2	3	4
V_{HAc}/mL	5.00	10.00	25.00	50.00
V_{H_2O}/mL				
c_{HAc}/mol·L^{-1}				
pH				
$K^{\ominus}_{a,HAc}$				
平均值				

【思考与讨论】

1. 实验内容4(2)中，NaOH加入量过多或过少（酚酞呈深红色或无色），对测定结果（$K^{\ominus}_a$）各有什么影响？

2. 如果改变待测溶液的浓度，对离解常数的测定结果有无影响？改变温度呢？试说明其原因。

实验 4-3 化学反应速率与活化能

研究化学反应时经常遇到下面四个问题：①反应能否进行？②反应进行时伴随的能量变化如何？③反应能进行到何种程度？④反应将以怎样的速率进行？化学热力学主要就是研究前三个问题，而第四个问题则属于化学动力学的范畴。化学热力学研究的特点是只要知道反应的始终态，就能对上述三个问题作出解答，而化学动力学的研究则需知道反应的途径（机理），从宏观角度看，化学反应的速率主要受浓度、温度的影响，催化剂由于改变反应的途径而对反应速率产生巨大的影响。浓度的影响由反应级数表达，而温度的影响则是通过改变反应的活化能而表现的，活化能是化学反应的一个重要的参数，它的定义在不同的著作中各不相同，最常用的定义是指活化分子所具有最低能量与反应物分子平均能量之差。不同的化学反应有不同的活化能。反应速率常数与活化能、温度的关系由阿累尼乌斯公式确定，即 $k=A\mathrm{e}^{-E_a/RT}$。通过本实验，使学生了解浓度、温度和催化剂对化学反应速率的影响，练习移液管或吸量管的操作方法，学习用作图的方法归纳和处理实验数据。

【实验提要】

化学反应速率通常可用单位时间内反应物浓度的减少或生成物浓度的增加来表示。例如：溴酸钾在酸性条件下和碘化钾的反应：

$$BrO_3^- + 6I^- + 6H^+ \rightleftharpoons Br^- + 3I_2 + 3H_2O \qquad (4\text{-}1)$$

其反应速率（平均速率）可表示为：

$$v=-\frac{\Delta c(BrO_3^-)}{\Delta t}=-\frac{\Delta c(I^-)}{6\Delta t}=\frac{\Delta c(Br^-)}{\Delta t}=\frac{\Delta c(I_2)}{3\Delta t}$$

对于基元反应（指反应物经一步反应直接变成产物的反应），人们已总结出了反应速率与反应物浓度之间的定量关系，即：一定温度下，化学反应速率与各反应物浓度方次的乘积成正比，反应物浓度的方次等于化学反应式中各相应物质的计量系数。这个关系称为质量作用定律。设基元反应为：

$$m\mathrm{A}+n\mathrm{B} \longrightarrow p\mathrm{C}+q\mathrm{D}$$

则根据质量作用定律，有

$$v=k[\mathrm{A}]^m[\mathrm{B}]^n$$

式中，k 称速率常数，随化学反应和温度的不同而改变，$m+n$ 称为反应级数。

质量作用定律只适用于基元反应，许多化学反应都是复杂反应（由多个基元反应组成），其反应速率和反应物浓度的关系不符合质量作用定律，必须通过实验来确定。例如上述反应（4-1）是一个复杂反应，其速率方程式可表示为：

$$v=k[BrO_3^-]^x[I^-]^y[H^+]^z$$

式中的反应级数 x，y，z 可由实验测得，其数值可以是整数、分数或零。

对于大多数化学反应，当温度升高时，其反应速率都会显著地增大。温度对反应速率的影响主要体现在对速率常数 k 的影响上，在大量实验的基础上，1889 年瑞典科学家阿仑尼乌斯（S. A. Arrhenius）提出了温度和反应速率常数之间的经验关系式：

$$k=A\mathrm{e}^{-\frac{E_a}{RT}}$$

或用对数形式表示：

$$\lg k=-\frac{E_a}{2.303RT}+\lg A$$

式中，A 为给定反应的特征常数；e 为自然对数的底；E_a 为反应的活化能，$\mathrm{kJ\cdot mol^{-1}}$；

T 为热力学温度，K；R 为摩尔气体常数，8.314J·mol^{-1}·K^{-1}。

若以 lg$k$ 对 $1/T$ 作图可得一直线，由直线的斜率就可以求得活化能 E_a，这便是本实验测定反应活化能的理论依据。

在本实验中，为了能够测出溴酸钾在酸性条件下与碘离子反应的反应速率 v，在反应体系中加入了一定量的 $Na_2S_2O_3$ 及作为指示剂的淀粉溶液，这样在反应（4-1）进行的同时，还进行着如下反应：

$$2S_2O_3^{2-} + I_2 \longrightarrow 2I^- + S_4O_6^{2-} \qquad (4\text{-}2)$$

反应（4-2）进行得非常快，几乎瞬时即可完成，而反应（4-1）比反应（4-2）慢得多，所以由反应（4-1）生成的碘立即与 $S_2O_3^{2-}$ 作用生成无色的 $S_4O_6^{2-}$ 和 I^-，因此在反应的开始阶段，看不到碘与淀粉作用显示的蓝色，但一旦 $Na_2S_2O_3$ 被耗尽（本实验加入反应体系中的 $Na_2S_2O_3$ 的量相对较少），反应（4-1）生成的碘就很快与淀粉作用而使溶液呈现蓝色，由反应（4-1）得：

$$v = \frac{\Delta c(I_2)}{3\Delta t} = \frac{1}{3} v_{I_2}$$

由反应（4-2）得：

$$v_{I_2} = -\frac{\Delta c(I_2)}{\Delta t} = -\frac{\Delta c(S_2O_3^{2-})}{2\Delta t}$$

$$v = -\frac{\Delta c(S_2O_3^{2-})}{6\Delta t}$$

所以，只要记录反应开始至溶液变蓝的时间就可以计算速率常数 k 及反应级数 x、y、z 等。测定不同温度下的速率常数，根据 Arrhenius 方程式由图解法便可求得反应（4-1）的活化能 E_a。

【仪器、材料和试剂】

1. 仪器和材料

秒表，0～100℃温度计，10mL 移液管或吸量管，玻璃棒，大试管。

2. 试剂

0.010mol·L^{-1}KI，0.001mol·L^{-1} Na_2SO_3，0.10mol·L^{-1}HCl，0.040mol·L^{-1} $KBrO_3$，0.5mol·L^{-1}钼酸铵，0.5%淀粉溶液（新鲜配制）。

【实验前应准备的工作】

1. 阅读 2.4.2，了解移液管的正确使用方法。

2. 配制溶液Ⅰ和溶液Ⅱ的量器能否交叉使用？如果两溶液还未混合就变蓝或混合 5min 后还未变色，试分析其原因。

3. 如果配制溶液时未按照表 4-3 中的量配制，对测定结果（E_a）有无影响？

4. 在温度对反应速率的影响实验中，要求温度是室温的±10℃，若不是室温的±10℃，对测定结果（E_a）有无影响？

【实验内容】

1. 浓度对反应速率的影响

按表 4-3 规定的各试剂用量，用移液管或吸量管准确量取各试剂于 100mL 干燥洁净烧杯中配制溶液Ⅰ，于 50mL 干烧杯中配制溶液Ⅱ。

在不断搅拌下，将溶液Ⅱ迅速倒入溶液Ⅰ中，同时按下秒表开始记录时间，注意当溶液中刚出现蓝色时，立即按停秒表，记录反应时间 t，并测定反应液的温度，在每次实验过程中尽可能使温度大致保持相同。按实验报告中的要求处理数据。比较实验结果，说明浓度是怎样影响反应速率的。

表 4-3 反应物溶液的配制

编号	溶液Ⅰ/mL			溶液Ⅱ/mL		
	0.010mol·L^{-1} KI	0.001mol·L^{-1} $Na_2S_2O_3$	H_2O	0.040mol·L^{-1} $KBrO_3$	0.10mol·L^{-1} HCl	淀粉溶液
1	10.00	10.00	10.00	10.00	10.00	3滴
2	20.00	10.00	0.00	10.00	10.00	3滴
3	10.00	10.00	0.00	20.00	10.00	3滴
4	10.00	10.00	0.00	10.00	20.00	3滴
5	8.00	10.00	12.00	5.00	15.00	3滴

2. 温度对反应速率的影响

按表 4-3 中编号 1 的条件进行温度影响实验，溶液Ⅰ仍用 100mL 干烧杯盛放，而溶液Ⅱ放在干的大试管中。用一个 500mL 烧杯作水浴，在其中加入比室温高 10℃左右的水。水温可用热水及冷水调节，将溶液Ⅰ及溶液Ⅱ放在水浴中，为防止烧杯在水浴中漂动，可用试管夹将其与水浴杯夹在一起。待溶液达热平衡后（在烧杯及水浴中各放一温度计，从两者读数检查是否达到热平衡），如前节所述将溶液Ⅱ倒入溶液Ⅰ，揿下秒表并用玻璃棒不断搅拌溶液，记录溶液变蓝时间。

用上述实验方法在冷水浴中进行实验（用冰块调节温度），调整冷水浴温度比室温约低 10℃，记录溶液变蓝的时间。再选两个温度，如上法进行两次实验（温度不要超过 30℃，可选室温±5℃）。

比较实验结果，说明温度对反应速率的影响，并用上述实验数据，以 $1/T$ 为横坐标，$\lg k$ 为纵坐标作图，应得一直线，从直线的斜率求出此反应的活化能。

3. 催化剂对反应速率的影响

有些离子对水溶液中很多反应有显著的催化作用，本实验以钼酸铵作催化剂，观察它对反应（Ⅰ）的反应速率的影响。

再一次按编号Ⅰ配制溶液，在溶液Ⅱ中加入 1 滴 0.5mol·L^{-1} 钼酸铵，如前操作，记录溶液变蓝的时间，与未加催化剂的Ⅰ号溶液相比较，说明催化剂对反应速率的影响。

4. 数据记录和处理

见表 4-4、表 4-5。

表 4-4 浓度对反应速率的影响

温度______℃

编号		1	2	3	4	5
各反应物起始浓度 /mol·L^{-1}	$c(I^-)$					
	$c(BrO_3^-)$					
	$c(H^+)$					
变色时间 t/s						
反应速率 v/mol·L^{-1}·s^{-1}						
速率常数 k						
$\bar{k}$						
反应级数（取整）		x=______; y=______; z=______				

表 4-5　温度对反应速率的影响

编号	1	2	3	4	5
反应温度/℃					
热力学温度 T/K					
变色时间/s					
反应速率 v/mol·L^{-1}·s^{-1}					
速率常数 k					
lg$k$					
$\frac{1}{T}$/K^{-1}					
斜率					
活化能 E_a/kJ·mol^{-1}					

【思考与讨论】

1. 何谓化学反应速率，影响化学反应速率的因素有哪些？
2. 本实验中 $Na_2S_2O_3$ 的量过多或过少对实验结果有何影响？
3. 实验中反应溶液出现蓝色是否意味着反应已经终止？

实验 4-4　硫酸钡溶度积测定

沉淀反应是一种历史悠久的化学反应，由于它在分离中有着独特的地位，在目前，它不但经常应用，而且在不断的发展之中。溶度积常数是沉淀反应应用和研究过程中最为重要的参数，无论是沉淀的生成还是沉淀的溶解，它都是研究过程中的定量依据。测定溶度积常数的方法很多，但其本质都是测定饱和溶液中正、负离子的浓度（活度）。例如，化学分析法就是用化学方法（最常用的是滴定法）测定饱和溶液中正、负离子的浓度，电化学方法中的原电池法就是根据饱和溶液中正、负离子活度与原电池电动势间的关系而建立的，而本实验采用的电导法是根据饱和溶液中离子浓度与电导率（电导）间的关系而建立的一种测定方法。通过本实验使学生了解晶型沉淀制备的操作方法，学习沉淀的洗涤分离方法，了解电导、电导率、摩尔电导率、极限摩尔电导率的意义，进一步学习电导率仪的使用方法。

【实验提要】

难溶电解质的饱和溶液都是稀溶液，由于在极稀溶液中，电解质分子的离解度接近于1，离子的活度系数也接近 1，因此处理难溶电解质饱和溶液的平衡问题时，可以只考虑固体与溶液中离子之间的平衡，并用浓度代替活度。

例如，对于难溶电解质 A_mB_n 有：

$$A_mB_n(s) \rightleftharpoons mA^{n+}(aq) + nB^{m-}(aq)$$

$$K_{sp}^{\ominus} = [A^{n+}]^m[B^{m-}]^n$$

当不存在同离子效应时，溶液中的 A_mB_n 的饱和浓度 $c_{A_mB_n}$ 与离子的平衡浓度 $[A^{n+}]$ 和 $[B^{m-}]$ 有如下关系。

$$c_{A_mB_n} = \frac{1}{m}[A^{n+}] = \frac{1}{n}[B^{m-}]$$

代入

$$K_{sp}^{\ominus} = \left(\frac{n}{m}\right)^n [A^{n+}]^{m+n} = \left(\frac{m}{n}\right)^m [B^{m-}]^{m+n}$$

$$=m^m n^n c_{A_mB_n}^{m+n}$$

从上述关系式可知，只要已知 $c_{A_mB_n}$、$[A^{n+}]$ 和 $[B^{m-}]$ 三者之中任一个量，都能求出 $K_{sp}^{\ominus}$的值，因此，溶度积的测定，可转化为对难溶电解质饱和溶液中某一物质的浓度测定。任何能够准确测定稀溶液中电解质或电解质离子浓度（直接或间接）的方法都可以用于测定溶度积常数 $K_{sp}^{\ominus}$。

本实验用电导法（或电导率法）测定硫酸钡的溶度积。具体的方法是测出硫酸钡饱和溶液的电导率（或电导），然后通过电解质溶液的电导率（或电导）与电解质浓度的关系计算出硫酸钡饱和溶液中硫酸钡的浓度，从而求得 $K_{sp}^{\ominus}$值。

在推导电导率（或电导）与电解质浓度关系时需要先了解电导率（κ）和电解质的摩尔电导率（Λ_m）的意义及其相互间的关系。

电解质溶液导电能力的大小，通常以电阻 R 或电导 G 来表示。在国际单位（SI）制中电导的单位是 S，称为西门子（1 西门子=1 安培·伏特$^{-1}$）。

(1) 电导率 κ　表示放在相距 1m、面积为 $1m^2$ 两平行电极之间溶液的电导。若导体具有均匀截面，则其电导与截面积 A 成正比，与长度 l 成反比，即：

$$G=\kappa\frac{A}{l} \tag{4-3}$$

式中，κ 为比例常数，称为电导率（或称比电导）。单位为 $S\cdot m^{-1}$。

(2) 摩尔电导率　在相距为 1m、面积为 $1m^2$ 的两个平行电极之间，放置含有 1mol 电解质的溶液，此溶液的电导称为摩尔电导率，用 Λ_m 表示，单位为 $S\cdot m^2\cdot mol^{-1}$。摩尔电导率 Λ_m 与电导率 κ 有如下关系：

$$\kappa=\Lambda_m c \tag{4-4}$$

在使用摩尔这个单位时，必须明确规定基本单元，基本单元可以是分子、原子、离子、电子，或是这些粒子的特定组合，因而表示电解质的摩尔电导率时，亦应标明基本单元。例如若采用 $1/2MgCl_2$ 为基本单元，则 $\Lambda_{m,MgCl_2}=2\Lambda_{m,\frac{1}{2}MgCl_2}$。

(3) 极限摩尔电导率　当溶液无限稀释时，正、负离子之间的影响趋于零，Λ_m 值达到最大值，用 Λ_m^{∞}（Λ_m^{∞} 称为极限摩尔电导率）表示。实验证明当溶液无限稀释时，每种电解质的极限摩尔电导率 Λ_m^{∞} 是两种离子的极限摩尔电导率的简单加和。即：

$$\Lambda_m^{\infty}=\Lambda_{m(+)}^{\infty}+\Lambda_{m(-)}^{\infty} \tag{4-5}$$

离子的极限摩尔电导率 $[\Lambda_{m(+)}^{\infty}$、$\Lambda_{m(-)}^{\infty}]$ 可以从物理化学手册上查到。

在硫酸钡（$BaSO_4$）的饱和溶液中，存在如下平衡：

$$BaSO_4(s)\rightleftharpoons Ba^{2+}(aq)+SO_4^{2-}(aq)$$

$$K_{sp,BaSO_4}^{\ominus}=c_{Ba^{2+}}c_{SO_4^{2-}}=(c_{BaSO_4})^2 \tag{4-6}$$

由于 $BaSO_4$ 溶解度很小，它的饱和溶液可以近似地看成无限稀释的溶液，故有：

$$\Lambda_{m,BaSO_4}^{\infty}=\Lambda_{m,Ba^{2+}}^{\infty}+\Lambda_{m,SO_4^{2-}}^{\infty}$$

25℃时，无限稀释的$\frac{1}{2}Ba^{2+}$、$\frac{1}{2}SO_4^{2-}$ 的 Λ_m^{∞} 值分别为 $63.6\times10^{-4}\,S\cdot m^2\cdot mol^{-1}$ 和 $80.0\times10^{-4}\,S\cdot m^2\cdot mol^{-1}$。

$$\begin{aligned}\Lambda_{m,BaSO_4}^{\infty}&=2\Lambda_{m,\frac{1}{2}BaSO_4}^{\infty}=2(\Lambda_{m,\frac{1}{2}Ba^{2+}}^{\infty}+\Lambda_{m,\frac{1}{2}SO_4^{2-}}^{\infty})\\&=2\times(63.6\times10^{-4}+80.0\times10^{-4})\\&=287.2\times10^{-4}\ (S\cdot m^2\cdot mol^{-1})\end{aligned}$$

因此，只要测得 $BaSO_4$ 饱和溶液的电导率 κ_{BaSO_4}（或电导 G_{BaSO_4}），即可由式(4-4) 计算出

$BaSO_4$ 饱和溶液的物质的量浓度。

$$c_{BaSO_4}=\frac{\kappa_{BaSO_4}}{1000\Lambda_{m,SO_4^{2-}}^{\infty}}(mol\cdot L^{-1}) \tag{4-7}$$

应注意的是测定得到的 $BaSO_4$ 饱和溶液的电导率 $\kappa_{BaSO_4溶液}$（或 $G_{BaSO_4溶液}$）都包括了 H_2O 电离出的 H^+ 和 OH^- 的电导率 κ_{H_2O}（或 G_{H_2O}）所以：

$$\kappa_{BaSO_4}=\kappa_{BaSO_4溶液}-\kappa_{H_2O} \tag{4-8}$$

$$G_{BaSO_4}=G_{BaSO_4溶液}-G_{H_2O}$$

由式(4-6)～式(4-8) 可得：

$$K_{sp,BaSO_4}^{\ominus}=\left(\frac{\kappa_{BaSO_4溶液}-\kappa_{H_2O}}{1000\Lambda_{m,BaSO_4}^{\infty}}\right)^2$$

或
$$K_{sp,BaSO_4}^{\ominus}=\left[\frac{(G_{BaSO_4溶液}-G_{H_2O})\frac{l}{A}}{1000\Lambda_{m,BaSO_4}^{\infty}}\right]^2 \tag{4-9}$$

式中，$\frac{l}{A}$是电导池常数或电极常数，对某一电极来说，$\frac{l}{A}$为常数，由电极标出。

【仪器、材料和试剂】

1. 仪器和材料

DDS-11A 型电导率仪，长颈漏斗，定性滤纸，50mL 烧杯，50mL 量筒，药勺。

2. 试剂

$BaCl_2\cdot 2H_2O$（A. R.），$Na_2SO_4\cdot 10H_2O$（A. R.），0.01$mol\cdot L^{-1}$ $AgNO_3$。

【实验前应准备的工作】

1. 计算制备 1g $BaSO_4$ 所需的 $BaCl_2\cdot 2H_2O$ 和 $Na_2SO_4\cdot 10H_2O$ 的质量。
2. 如何用倾析法洗涤沉淀。
3. 简述常压过滤的操作方法。
4. 学习 DDS-11A 型电导率仪的使用方法。
5. 了解电导率、摩尔电导率、极限摩尔电导率以及电导池常数的意义。
6. 了解 $K_{SP,BaSO_4}$ 与电导率或电导的关系。
7. 为什么 $BaSO_4$ 沉淀要洗涤至无 Cl^-，若未洗涤干净，对实验结果有无影响？
8. 溶液电导（率）与温度有何关系？若 $BaSO_4$ 饱和溶液没有冷却至室温，对实验结果有何影响？

【实验内容】

1. $BaSO_4$ 的制备

称取制备 1g $BaSO_4$ 所需的 $Na_2SO_4\cdot 10H_2O$ 和 $BaCl_2\cdot 2H_2O$ 分别放入 250mL 和 100mL 洁净烧杯中，各加入蒸馏水 100mL 搅拌使之溶解（必要时可微热）。将 Na_2SO_4 溶液加热近沸，在近沸条件下，不停搅拌并缓慢滴入 $BaCl_2$ 溶液（每秒 2 滴），$BaCl_2$ 溶液加完后，继续加热煮沸 10min（小心暴沸），静置陈化 15min，弃去上层清液，以蒸馏水为洗涤剂，用倾析法洗涤至无 Cl^-（如何检验?）。常压过滤，并用蒸馏水将沉淀冲洗至滤纸底部，冲洗过程中再检验有无 Cl^-。

2. $BaSO_4$ 饱和溶液的制备及电导、电导率的测定

（1）用 250mL 的洁净烧杯将 150mL 蒸馏水加热至沸，冷却至室温，测定电导率 κ_{H_2O}或电导 G_{H_2O}。

（2）将 $BaSO_4$ 沉淀放入上述蒸馏水中，加热煮沸 5min（注意不断搅拌），静置，冷却

至室温，测定其电导率或电导。

数据记录和处理结果见表 4-6。

表 4-6　数据记录和处理结果

温度 t/℃	$\kappa_{BaSO_4溶液}$/S·m^{-1}	κ_{H_2O}/S·m^{-1}	$K^{\ominus}_{sp,BaSO_4}$

【思考与讨论】

1. 测量电导率时，如果水的纯度不高，或所用的玻璃皿不够洁净，将对实验结果有何影响?

2. 测量电导率时，$BaSO_4$ 沉淀的量的多少对实验结果有无影响?

3. 在什么情况下电解质的摩尔电导率是其离子的摩尔电导率的简单加和?

4. 制备 $BaSO_4$ 沉淀时，为什么要在加热条件下进行? 沉淀为什么要煮沸一段时间?

实验 4-5　银氨配离子配位数及累积稳定常数的测定

通过实验，加深对配位离解平衡及溶度积等原理的理解，学习一种测定配离子化学组成以及图解法求配离子累积稳定常数的方法。

【实验提要】

在 $AgNO_3$ 水溶液中加入过量的 $NH_3 \cdot H_2O$，即生成稳定的银氨配离子 $Ag(NH_3)_n^+$，再往溶液中加入 KBr 溶液，直至刚刚有 AgBr 沉淀（浑浊）生成。这时溶液中存在着如下平衡：

$$Ag^+ + nNH_3 \rightleftharpoons Ag(NH_3)_n^+ \tag{4-10}$$

累积稳定常数：

$$\beta_n = \frac{[Ag(NH_3)_n^+]}{[Ag^+][NH_3]^n}$$

$$Ag^+ + Br^- \rightleftharpoons AgBr\downarrow \tag{4-11}$$

溶度积常数：

$$K^{\ominus}_{sp} = [Ag^+][Br^-]$$

体系中 $[Ag^+]$ 必须同时满足上述两个平衡，即：

$$Ag(NH_3)_n^+ + Br^- \rightleftharpoons AgBr + nNH_3 \tag{4-12}$$

平衡（4-12）的综合常数 K' 为：

$$K' = \frac{[NH_3]^n}{[Ag(NH_3)_n^+][Br^-]} = \frac{1}{K^{\ominus}_{sp}\beta_n}$$

由此可得：

$$[Br^-] = \frac{K^{\ominus}_{sp}\beta_n[NH_3]^n}{[Ag(NH_3)_n^+]} \tag{4-13}$$

式中，$[Br^-]$、$[NH_3]$、$[Ag(NH_3)_n^+]$ 均为平衡时的浓度，它们可近似计算如下。

设每份混合液中取用的 $AgNO_3$ 溶液的浓度为 c_{Ag^+}，体积为 V_{Ag^+}，每份加入的氨水（大大过量）的浓度为 c_{NH_3}，体积为 V_{NH_3}，滴定所用的 KBr 溶液的浓度为 c_{KBr}，体积为 V_{Br^-}，混合溶液的总体积为 $V_{总}$，则混合并达到平衡时有：

$$[Br^-] = c_{Br^-} \times \frac{V_{Br^-}}{V_{总}} \tag{4-14}$$

$$[NH_3]=c_{NH_3}\times\frac{V_{NH_3}}{V_{总}} \tag{4-15}$$

$$[Ag(NH_3)_n^+]=c_{Ag^+}\times\frac{V_{Ag^+}}{V_{总}} \tag{4-16}$$

将式(4-14)～式(4-16) 代入式(4-13) 并整理得：

$$V_{Br^-}=V_{NH_3}^n\beta_nK_{sp}^{\ominus}\left(\frac{c_{NH_3}}{V_{总}}\right)^n\left(\frac{c_{Br^-}}{V_{总}}\times\frac{c_{Ag^+}V_{Ag^+}}{V_{总}}\right)^{-1} \tag{4-17}$$

式(4-17) 右边除 V_{NH_3} 外，其余均为定值，即所用 KBr 溶液的体积仅随氨水体积而改变，故式(4-17) 可改写为：

$$V_{Br^-}=KV_{NH_3}^n \tag{4-18}$$

将式(4-18) 两边取对数得直线方程：

$$\lg V_{Br^-}=n\lg V_{NH_3}+\lg K \tag{4-19}$$

以 $\lg V_{NH_3}$ 为横坐标，$\lg V_{Br^-}$ 为纵坐标作图得一直线，直线的斜率 n 即为 $Ag(NH_3)_n^+$ 的配位数，根据直线在 y 轴上的截距可求得式(4-18) 中的 K 值，若 $K_{sp}^{\ominus}$ 已知，便可代入式(4-17)，进而求得 $Ag(NH_3)_n^+$ 的累积稳定常数 β_n。

【仪器、材料和试剂】

1. 仪器和材料

50mL 碱式滴定管，25mL 移液管，10mL 吸量管，250mL 锥形瓶，20mL 量筒。

2. 试剂

2.0mol·L^{-1} $NH_3·H_2O$，0.010mol·L^{-1} $AgNO_3$，0.0040mol·L^{-1} KBr。

【实验前应准备的工作】

在计算平衡浓度 $[Br^-]$、$[Ag(NH_3)_n^+]$ 和 $[NH_3]$ 时，为什么不考虑进入 AgBr 沉淀中的 Br^-、进入 AgBr 沉淀和配离子离解出来的 Ag^+ 以及生成配离子时所消耗的 NH_3 的浓度？

【实验内容】

移取 25.00mL0.010mol·L^{-1} $AgNO_3$ 溶液于 250mL 锥形瓶中，从碱式滴定管中放出 30.00mL2.0mol·L^{-1}氨水于同一锥形瓶中，再加入 20.00mL 蒸馏水，然后从滴定管逐滴加入 0.0040mol·L^{-1}KBr 溶液，边滴边摇动溶液，直至开始产生的 AgBr 浑浊不再消失，记下加入的 KBr 溶液的体积 V_{Br^-} 和溶液的总体积 $V_{总}$。再分别用 25.00mL、20.00mL、15.00mL、10.00mL2.0mol·L^{-1}氨水溶液重复上述操作，当接近终点时应加入适量的蒸馏水，使溶液的总体积 $V_{总}$ 相同，按表 4-7 的格式记录并处理有关实验数据，以 $\lg V_{NH_3}$ 为横坐标，$\lg V_{Br^-}$ 为纵坐标作图，求出直线斜率 n（取整数）和累积稳定常数 β_n（已知 $K_{sp}^{\ominus}=4.9\times10^{-13}$）。

表 4-7 银氨配离子配位数及稳定常数的测定

编 号	1	2	3	4	5
V_{AgNO_3}/mL	25.00	25.00	25.00	25.00	25.00
$V_{NH_3·H_2O}$/mL	30.00	25.00	20.00	15.00	10.00
V_{H_2O}/mL	20.00	20.00	20.00	20.00	20.00
KBr 终读数					
KBr 初读数					

续表

编号	1	2	3	4	5
V_{KBr}/mL					
$V_{总}$/mL					
$\lg V_{NH_3}$					
$\lg V_{Br^-}$					
n					
β_n					

【思考与讨论】

1. 在滴定时，以产生 AgBr 浑浊不再消失为其终点，在具体操作时，应如何避免 KBr 过量？若已发现 KBr 少量过量，能否在此实验基础上设法补救？

2. 在其他实验条件完全相同的情况下，能否用相同浓度的 KCl 或 KI 溶液进行本实验？为什么？

第5章 无机制备实验

实验5-1 硫酸亚铁铵的制备

硫酸亚铁铵又称摩尔盐，是浅蓝绿色单斜晶体。作为复盐在空气中比一般亚铁盐稳定，不易被氧化，易溶于水，难溶于乙醇。在定量分析中 $(NH_4)_2Fe(SO_4)_2 \cdot 6H_2O$ 常用作氧化还原滴定法的基准物。通过实验，学习并掌握复盐的一般特征和制备方法，熟练掌握水浴加热、蒸发结晶和减压过滤等基本操作，掌握产品限量分析的方法。

【实验提要】

过量的 Fe 与稀 H_2SO_4 反应制得 $FeSO_4$ 溶液：

$$Fe + H_2SO_4 \longrightarrow FeSO_4 + H_2\uparrow$$

然后利用复盐 $(NH_4)_2Fe(SO_4)_2 \cdot 6H_2O$ 的溶解度比组成它的简单盐的溶解度都要小的性质（表5-1），由等物质量的 $FeSO_4$ 与 $(NH_4)_2SO_4$ 在水溶液中相互作用，生成溶解度较小的复盐：

$$FeSO_4 + (NH_4)_2SO_4 + 6H_2O \longrightarrow (NH_4)_2Fe(SO_4)_2 \cdot 6H_2O$$

表5-1 溶解度表

物质	溶解度/$g \cdot 100g^{-1}H_2O$				
	10℃	20℃	30℃	50℃	70℃
$FeSO_4 \cdot 7H_2O$	20.5	26.6	33.2	48.6	50.0
$(NH_4)_2SO_4$	73.0	75.4	78.0	84.5	91.9
$(NH_4)_2Fe(SO_4)_2 \cdot 6H_2O$	18.1	21.2	24.5	31.3	38.5

【仪器、材料和试剂】

1. 仪器和材料

托盘天平，分析天平，布氏漏斗，吸滤瓶，蒸发皿，表面皿，电炉，150mL 锥形瓶，25mL 比色管，2mL 吸量管。

2. 试剂

碎铁片（或铁屑），10% Na_2CO_3，2mol·L^{-1} H_2SO_4，固体 $(NH_4)_2SO_4$，95%乙醇，1mol·L^{-1}KSCN，0.1000mg·mL^{-1} Fe^{3+} 标准溶液，pH 试纸，滤纸。

【实验前应准备的工作】

1. 制备硫酸亚铁铵的基本反应是什么？
2. 预习并了解过滤、蒸发、结晶等操作的正确方法。
3. 了解产品纯度的检验方法。

【实验内容】

1. 碎铁片的预处理

粗称（用何天平？）4.0g 铁片（或铁屑）放在 150mL 锥形瓶中，加入 20mL10% Na_2CO_3 溶液，放在石棉网上小火加热至沸，以除去铁片上的油污。用倾泻法倾出碱液，将碎铁片洗至中性。

2. $FeSO_4$ 的制备

在盛有处理过碎铁片的锥形瓶中加入 20mL2mol·L^{-1} H_2SO_4 溶液，水浴中加热。注意控制 Fe 与 H_2SO_4 的反应不要过于激烈，反应后期补充水分保持溶液原有体积，避免硫酸亚铁析出。等反应速度明显减慢时（大约需 30min），趁热减压过滤，分离溶液和残渣。如果发现滤纸上有 $FeSO_4 \cdot 7H_2O$ 晶体析出，可用热蒸馏水溶解，然后用 2mL2mol·L^{-1} H_2SO_4 洗涤没有反应完的 Fe 和残渣，洗涤液合并至反应液中（加酸的目的是什么?）。过滤完后将滤液转移至蒸发皿内，没有反应完的铁片用碎滤纸吸干后称重，计算已参加反应的 Fe 的质量。

3. $(NH_4)_2Fe(SO_4)_2 \cdot 6H_2O$ 的制备

根据反应消耗 Fe 的质量（或生成 $FeSO_4$ 的质量），计算制备 $(NH_4)_2Fe(SO_4)_2 \cdot 6H_2O$ 所需 $(NH_4)_2SO_4$ 的量［考虑到 $FeSO_4$ 在过滤等操作中的损失，$(NH_4)_2SO_4$ 用量可按生成 $FeSO_4$ 理论产量的 80%计算］，按计算量称取 $(NH_4)_2SO_4$ 固体，配成饱和溶液（如何配制?）加入 $FeSO_4$ 溶液中，混合均匀后在水浴上加热（火不能太大）蒸发浓缩至溶液表面出现晶膜为止。自然冷却至室温，即可得浅蓝绿色的 $(NH_4)_2Fe(SO_4)_2 \cdot 6H_2O$ 晶体。减压过滤将液体尽量抽干，用 95%乙醇洗涤晶体，抽滤，取出晶体用滤纸吸干，称重，计算产率。母液与乙醇洗涤液必须分别回收。

4. 产品中 Fe^{3+} 的限量分析

产品的主要杂质是 Fe^{3+}，根据 Fe^{3+} 与硫氰化钾形成血红色配离子 $[Fe(SCN)]^{2+}$ 颜色的深浅，用目视比色可确定其含 Fe^{3+} 的级别。

称取 1.000g 产品，放入 25mL 比色管中，用少量不含 O_2 的蒸馏水（将蒸馏水用小火煮沸 10min 以除去所溶解的 O_2，盖上表面皿待冷却后使用）溶解。用吸量管分别取 2mol·L^{-1} H_2SO_4 与 1mol·L^{-1}KSCN 溶液各 1.00mL 加入到比色管中，再加入不含 O_2 的蒸馏水至刻度，摇匀，与标准溶液（由实验室提供）进行比较。根据比色结果，确定产品中 Fe^{3+} 含量所对应的级别。

标准溶液的配制：依次用吸量管吸取每毫升含 Fe^{3+} 量为 0.010mg 的标准溶液 0.50mL、1.00mL、2.00mL。分别加到三支 25mL 比色管中，各加入 1.00mL 2mol·L^{-1} H_2SO_4 和 1.00mL1mol·L^{-1}KSCN 溶液。最后用蒸馏水稀释至刻度、摇匀。注意：此标准溶液的配制应与产品同时、同样处理。

不同等级 $(NH_4)_2Fe(SO_4)_2 \cdot 6H_2O$ 中含 Fe^{3+} 量见表 5-2。

表 5-2 不同等级 $(NH_4)_2Fe(SO_4)_2 \cdot 6H_2O$ 中含 Fe^{3+} 量

规格	一级	二级	三级
含 Fe^{3+} 量/mg·g^{-1}	0.05	0.1	0.2

【思考与讨论】

1. 如果制备 $FeSO_4$ 溶液时有部分被氧化，应如何处理才能制得较纯的硫酸亚铁?
2. 为什么在检验产品中 Fe^{3+} 的含量时，要用不含氧的蒸馏水溶解产品?

实验 5-2　硝酸钾的制备和溶解度的测定

硝酸钾是重要的无机化工原料，在科研工作和工农业生产中应用非常广泛。通过本实验，了解盐类溶解度与温度的关系以及通过复分解反应制备硝酸钾的基本原理，掌握称量、加热、溶解、蒸发、结晶、过滤等基本操作，学习测定盐类溶解度的方法，学会绘制溶解度曲线。

【实验提要】

本实验以 KCl 和 $NaNO_3$ 为原料，通过复分解反应制备硝酸钾，其反应为：

$$NaNO_3 + KCl \longrightarrow KNO_3 + NaCl$$

当 KCl 和 $NaNO_3$ 溶液混合后，Na^+、K^+、Cl^-、NO_3^- 四种离子同时存在于溶液中，组成四种盐 KCl、$NaNO_3$、KNO_3、NaCl。不同温度时，四种盐的溶解度不同，受温度变化的影响也不一样（见表 5-3）。

表 5-3　KCl、$NaNO_3$、KNO_3、NaCl 在水中的溶解度 单位：$g \cdot 100g^{-1} H_2O$

t/℃	0	10	20	30	40	50	60	70	80	90	100
KCl	27.6	31.0	34.0	37.0	40.0	42.6	45.6	48.7	51.1	54.0	56.7
$NaNO_3$	73	80	88	96	104	114	124	—	148	—	180
KNO_3	13.3	20.9	31.6	45.8	63.9	85.5	110	138	169	202	246
NaCl	35.7	35.8	36.0	36.3	36.6	37.0	37.3	37.8	38.4	39.0	39.8

如将上述混合液在较高温度下蒸发浓缩，NaCl 首先达到饱和而从溶液中结晶出来，趁热过滤，将其分离。再将滤液冷却至室温，利用 KNO_3 的溶解度随温度下降而急剧下降的性质，使 KNO_3 结晶析出。其中共析的少量 NaCl 等杂质，可采取重结晶方法进行提纯。

【仪器、材料和试剂】

1. 仪器和材料

托盘天平，分析天平，2mL 吸量管，5mL 吸量管，250mL 容量瓶，温度计，小试管，铁夹，铁架台，布氏漏斗，真空泵，抽滤瓶，调温电炉，橡皮圈，橡皮塞，纱手套。

2. 试剂

工业 KCl，工业 $NaNO_3$。

【实验前应准备的工作】

1. 根据表 5-3 溶解度数据，在同一坐标纸上以溶解度 S 为纵坐标、温度 t 为横坐标，分别作出 KCl、$NaNO_3$、KNO_3、NaCl 溶解度曲线。

2. 什么是复分解反应？复分解反应进行到底的条件是什么？本实验中复分解反应进行的条件是什么？

3. 若在 20℃室温下进行本实验，试估算 KNO_3 的理论产率。

【实验内容】

1. 硝酸钾的制备

（1）粗产品的制备　在托盘天平上称取 17g 固体 $NaNO_3$ 和 15g 固体 KCl，放入 100mL 烧杯，加入 40mL 蒸馏水。将烧杯放在石棉网上小火加热，搅拌使其中的盐全部溶解。继续加热，并不断搅拌，使水蒸发至原体积的三分之二左右，停止加热，此时烧杯中有晶体析出，趁热过滤，除去结晶的 NaCl。往滤液中加入 3～4mL 蒸馏水稀释（为什么?），加热至沸，然后冷却至室温，观察 KNO_3 晶体析出，所得产品用布氏漏斗抽滤，称量，计算产率。

（2）粗产品的精制　将制得的粗产品（保留 0.3g 供纯度检验之用）以每克加蒸馏水 0.5mL（为什么?）的比例，溶于蒸馏水中，加热搅拌，当溶液刚刚沸腾时停止加热。此时，若晶体还未全部溶解，可再加入适量的蒸馏水使其刚好溶解。待溶液冷却至室温后，用抽滤法抽去母液，晶体用滤纸吸干（最好将产品放入真空干燥器中干燥），称量产品。

（3）产品纯度的检验　按下法检验重结晶后 KNO_3 的纯度，与粗产品的纯度作比较。

分别称取 KNO_3 粗品和精品各 0.2g 于烧杯中，加蒸馏水溶解，定量转入 100mL 容量瓶中并稀释至刻度，摇匀。分别吸取上述两种稀释液 5mL 于比色管中，再加入 2mL0.1mol·L^{-1} $AgNO_3$ 溶液，加蒸馏水稀释至 25mL，观察有无 AgCl 白色沉淀产生并比浊。

2. 硝酸钾溶解度的测定

（1）配制样品　取四支洗净、干燥的小试管，分别标上 1、2、3、4 号，在分析天平上分别称取 4 份固体硝酸钾，4 份的质量范围分别为 1.9～2.0g，1.5～1.6g，1.1～1.2g，0.7～0.8g（准确到 0.0001g），分别依次将它们倒入上述的四支小试管中。

（2）实验操作　取一支长玻璃棒，将其一端插入橡皮塞中，用铁夹固定在铁架台上（图 5-1）。用橡皮圈将 4 支装有固体硝酸钾的小试管紧缚在长玻璃棒的下端。把小试管全部垂直悬在盛水的 250mL 烧杯中，将 0～100℃温度计垂直悬于烧杯中，使其下端水银球全部浸入水中，尽量使温度计紧靠小试管，并使其末端与小试管底部处于同一水平。

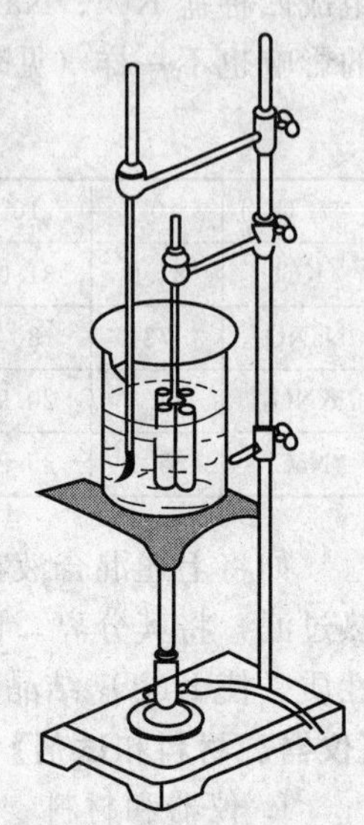
图 5-1　溶解度测定装置

（3）绘制产品溶解度曲线　用吸量管分别向每一支小试管注入 1.00mL 蒸馏水，并各放入一支小玻璃棒，加热盛水的烧杯并搅拌每个试管中固体硝酸钾，直至全部溶解为止。停止加热，使水温慢慢下降。首先不断搅拌 1 号试管内的溶液，同时注意观察溶液的现象。当观察刚刚有晶体出现（或浑浊）时，迅速记下温度计读数，按同样的方法观察 2、3、4 号试管中晶体析出的温度。以溶解度为纵坐标，以温度为横坐标，绘制硝酸钾溶解度曲线。将测得的硝酸钾溶解度曲线与标准曲线对照，即可定性判断所制得硝酸钾纯度。

（4）数据记录及处理　见表 5-4。

表 5-4　溶解度曲线测试数据

编　号	1	2	3	4
KNO_3 产品质量 /g				
加水质量 /g	1.00			
溶液中开始析出晶体时的温度/℃				
KNO_3 在该温度下溶解度				

注：水的密度为 1.00g·cm^{-3}，溶解度以 g·$100g^{-1}$ H_2O 计。

【思考与讨论】

1. 实验中为何要趁热过滤除去 NaCl 晶体？
2. 制备 KNO_3 时，热过滤除去结晶 NaCl 后，为何要往滤液中加入 3～4mL 蒸馏水？
3. 怎样才能提高 KNO_3 的产率？

实验 5-3　去离子水的制备与检验

水是人们最为熟悉的一种化合物，它与我们的日常生活休戚相关，各行各业都离不开水。水的溶解能力很强，很多物质易溶于水，因此天然水（河水、地下水）中含有很多杂质。一般水中的杂质按其分散形态可分为三类，如表 5-5。

表 5-5　天然水中的杂质

杂质种类	杂　质
悬浮物	泥沙、藻类、动植物遗体
胶体物质	黏土胶粒、溶胶、腐植质体
溶解物质	Na^+，K^+，Mg^{2+}，CO_3^{2-}，HCO_3^-，Cl^-，SO_4^{2-}，O_2，N_2，CO_2 等

天然水经过简单的物理、化学方法处理后，除去了大部分悬浮及部分溶解物质，得到自来水。它仍含有较多的杂质。

水的纯度对科研和工业生产关系甚大，例如，锅炉用水若硬度过大，会在锅炉内壁形成锅垢，使传热变慢，能耗增加，甚至由于锅垢脱落而引起锅炉爆炸；电镀工业水中的杂质会使镀层起皮，产品报废；科学研究中，水的纯度直接影响实验结果的准确度，因此水处理是很重要的。目前，工业上净化水主要有三种方法：蒸馏法、离子交换法和电渗析法。蒸馏法是将自来水（或天然水）在蒸馏装置中加热汽化，然后冷凝水蒸气，得到蒸馏水，该法可除去固体杂质及大部分无机离子，但蒸馏时蒸汽夹带的少量水雾及可溶性气体，以及低沸点有机物仍使蒸馏水含有少量杂质。电渗析法是将自来水通过电渗析器，除去阴、阳离子的净化方法，得到的净水称为淡水，它的纯度低于蒸馏水。离子交换法是使自来水通过离子交换柱（内装阴、阳离子交换树脂）除去水中离子杂质实现净化的方法，得到的净水称为去离子水，它的去离子效率远大于电渗析法，但与电渗析法一样，不能除去水中的中性分子杂质。检验水质一般用电导率法进行，本实验采用离子交换法由自来水制备去离子水，并用电导率法检验去离子水的质量。通过实验使学生了解离子交换法制备去离子水的原理及操作方法，学习自来水中主要无机杂质离子的定性鉴定方法，学习电导率仪的使用方法及用电导率法评价去离子水质量的方法。

【实验提要】

1. 离子交换树脂

离子交换树脂是一种由人工合成的带有交换活性基团的多孔网状结构的高分子化合物。它的特点是性质稳定，与酸、碱及一般有机溶剂都不起作用。在其网状结构的骨架上，含有许多可与溶液中的离子起交换作用的“活性基团”。根据树脂可交换活性基团的不同，把离子交换树脂分为阳离子交换树脂和阴离子交换树脂两大类。

（1）阳离子交换树脂　特点是树脂中的活性基团可与溶液中的阳离子进行交换，例如：$Ar—SO_3^- H^+$，$Ar—COO^- H^+$。Ar 表示树脂中网状结构的骨架部分。活性基团中含有 H^+ 可与溶液中的阳离子发生交换的阳离子交换树脂称为“酸性阳离子交换树脂”（或 H 型阳离子交换树脂）。按活性基团酸性强弱的不同，又分为强酸性、弱酸性离子交换树脂。例如 $Ar—SO_3H$ 为强酸性离子交换树脂（如国产“732”树脂）；Ar—COOH 为弱酸性离子交换树脂（如国产“724”树脂）；应用最多的是强酸性磺酸型聚苯乙烯树脂。

（2）阴离子交换树脂　特点是树脂中的活性基团可与溶液中的阴离子发生交换。例如，$Ar—NH_2^+ OH^-$，$Ar—N^+(CH_3)_3$ 等。活性基团中含有 OH^-，可与溶液中阴离子发生交换的阴离子交换树脂称为“碱性阴离子交换树脂”（或 OH 型阴离子交换树脂）。按活性基团碱性强弱的不同，可分为强碱性、弱碱性离子交换树脂。例如，$Ar—\underset{|\atop OH}{N}—(CH_3)_3$ 为强碱性离子交换树脂（如国产“717”树脂）；$Ar—NH_2OH$ 为弱碱性离子交换树脂（如国产“701”树脂）。

在制备去离子水时，使用强酸性和强碱性离子交换树脂。它们具有较好的耐化学腐蚀性、耐热性与耐磨性。在酸性、碱性及中性介质中都可以应用，同时离子交换效果好，对弱酸根或弱盐基离子都可以进行交换。

2. 离子交换法制备纯水的原理

离子交换法制备纯水的原理是基于树脂中的活性基团和水中各种杂质离子间的可交换性。

离子交换过程是水中的杂质离子先通过扩散进入树脂颗粒内部，再与树脂活性基团中的 H^+ 或 OH^- 发生交换，被交换出来的 H^+ 或 OH^- 又扩散到溶液中去，并相互结合成 H_2O 的过程。

例如 $Ar—SO_3^- H^+$ 型阳离子交换树脂，交换基团中的 H^+ 与水中的阳离子杂质（如 Na^+、Ca^{2+} 等）进行交换后，使水中的 Ca^{2+}、Mg^{2+} 等离子结合到树脂上，并交换出 H^+ 于水中。反应如下：

$$Ar—SO_3^- H^+ + Na^+ \longrightarrow Ar—SO_3^- Na^+ + H^+$$

$$2Ar—SO_3^- H^+ + Ca^{2+} \longrightarrow (Ar—SO_3^-)_2 Ca^{2+} + 2H^+$$

经过阳离子交换树脂交换后流出的水中有过剩的 H^+，因此呈酸性。

同样，水通过阴离子交换树脂，交换基团中的 OH^- 与水中的阴离子杂质（如 Cl^-、SO_4^{2-} 等）发生交换反应而交换出 OH^-。反应如下：

$$\underset{\substack{|\\ OH^-}}{Ar—N^+}—(CH_3)_3 + Cl^- \longrightarrow \underset{\substack{|\\ Cl^-}}{Ar—N^+}(CH_3)_3 + OH^-$$

经过阴离子交换树脂交换后流出的水中含有过剩的 OH^-，因此呈碱性。

由以上分析可知，如果含有杂质离子的原料水（工业上称为原水）单纯地通过阳离子交换树脂或阴离子交换树脂后，虽然能达到分别除去阳（或阴）离子的作用，但所得的水是非中性的。如果将原水通过阴、阳离子交换树脂，则交换出来的 H^+ 与 OH^- 又发生中和反应结合成水，从而得到纯度很高的去离子水。

在离子交换树脂上进行的交换反应是可逆的。杂质离子可以交换出树脂中 H^+ 与 OH^-，而 H^+、OH^- 和杂质离子浓度的大小有关。当水中杂质离子较多时，杂质离子交换出树脂中的 H^+ 或 OH^- 的反应是矛盾的主要方面，但当水中杂质离子减少、树脂上的活性基团大量被杂质离子所占领时，则水中大量存在着的 H^+ 和 OH^- 反而会把杂质离子从树脂上交换下来，使树脂又转变成 H 型或 OH 型。由于交换反应的这种可逆性，所以用两个离子交换柱（阳离子交换柱和阴离子交换柱）串联起来所生产的水仍含有少量的杂质离子未经交换而遗留在水中。为了进一步提高水质，可再串联一个由阳离子交换树脂与阴离子交换树脂均匀混合的交换柱，其作用相当于串联了很多个阳离子交换柱与阴离子交换柱，而且在交换柱床层任何部位的水都是中性的，从而减少了逆反应发生的可能性。

利用上述交换反应可逆的特点，既可以利用树脂对杂质离子的交换作用，将原水中的杂质离子除去，达到纯化水的目的，又可以将已经被水中杂质离子交换过的变成盐型的失效树脂经过适当处理后重新复原，恢复交换能力，解决树脂循环再使用的问题。后一过程称为树脂的再生。

在阳离子交换树脂再生时，加入适当浓度的酸（一般用5%～10%的盐酸）就可以使盐型（如钠型）阳离子交换树脂又复原为 H 型阳离子交换树脂。反应如下：

$$Ar—SO_3^- Na^+ + H^+ \longrightarrow Ar—SO_3^- H^+ + Na^+$$

在阴离子交换树脂再生时，加入适当浓度的碱（一般用5%氢氧化钠），就可以使阴离子交换树脂的活性基又转为 OH 型。反应如下：

$$Ar\text{—}N^+(CH_3)_3 \underset{|}{} Cl^- + OH^- \rightleftharpoons Ar\text{—}N^+(CH_3)_3 \underset{|}{} OH^- + Cl^-$$

另外，由于树脂是多孔网状结构，因此具有很强的吸附能力，并同时除去电中性杂质。由于装有树脂的交换柱本身就是一个很好的过滤器，所以颗粒状杂质也能一同除去。

3. 水质检验

(1) 水的电导率　电解质溶液导电能力的强弱，主要决定于溶液中离子的浓度，浓度愈大，导电能力愈强，溶液的电导率也愈大，各种水都是很稀的电解质溶液，故可根据水的电导率来估计水中杂质离子的相对含量，评价水的纯度。表5-6列出了各种水在25℃时电导率的数量级范围。

表 5-6　各种水在 25℃ 时电导率的数量级范围

名称	自来水	去离子水	高纯水
电导率 $/\mu S \cdot cm^{-1}$	10^2	1～0.1	<0.1

(2) 水中主要杂质离子的检验

① 钙离子检验　本实验用钙指示剂检验钙离子。若水溶液 7.4<pH<13.5，钙指示剂显蓝色；pH<7.4 或 pH>13.5 显紫色。钙指示剂能与 Ca^{2+}、Mg^{2+} 作用而显红色，因此用它检验 Ca^{2+} 时，必须调节 pH 值为 12～13，此时 Mg^{2+} 以 $Mg(OH)_2$ 沉淀析出，不影响 Ca^{2+} 的检验。

② 镁离子检验　本实验用铬黑 T 检验镁离子。铬黑 T 是一种配合指示剂，一般在 pH9～10.5 使用。有 Mg^{2+} 存在时呈红色，无 Mg^{2+} 存在时呈蓝色。

③ Cl^- 的检验　可在硝酸介质中，用 $AgNO_3$ 溶液检验 Cl^- 的存在与否。

④ SO_4^{2-} 的检验　可在硝酸介质中用 $BaCl_2$ 溶液检验 SO_4^{2-} 是否存在。

【仪器、材料和试剂】

1. 仪器和材料

离子交换法去离子水装置一套（见图 5-2），732 型强酸性阳离子交换树脂，711 型阴离子交换树脂，电导率仪，铂黑电导电极。

2. 试剂

广泛 pH 试纸，$2mol \cdot L^{-1}\ HNO_3$，$0.1mol \cdot L^{-1}\ AgNO_3$，$2mol \cdot L^{-1}\ HCl$，$2mol \cdot L^{-1}\ NaOH$，$1mol \cdot L^{-1}\ BaCl_2$，pH=10 的 $NH_3\text{-}NH_4Cl$ 缓冲溶液，铬黑 T 指示剂，钙指示剂。

【实验前应准备的工作】

1. 了解自来水中主要无机杂质有哪些，说明为什么它们可以用离子交换法除去?

2. 学习 DDS-11A 型电导率仪的使用方法，说明为什么可以根据电导率判断水的纯度?

3. 了解 Ca^{2+}、Mg^{2+}、Cl^-、SO_4^{2-} 的定性鉴定方法。

【实验内容】

1. 装柱

取离子交换柱（细玻璃柱）一根，在柱下端接一段乳胶管并用螺旋夹夹住。将交换柱固定在铁架台上，往柱中注入蒸馏水约 1/3 柱高，放开螺旋夹，赶走乳胶管中的气泡。从柱顶加入水浸泡的 H 型阳离子交换树脂，加树脂时要连水一起倒入柱中，且勿使水流干，否则气泡浸入树脂床层中，将影响离子交换的进行。当树脂床层达约 25cm 时，停止加入树脂，通过螺旋夹放出多余的水，使水位比树脂层高 3～4cm 左右。另取一根离子交换柱（粗玻璃柱），按类似的方法装入阴离子交换树脂。

2. 再生

分别用 50mL 2mol·L^{-1} HCl 和 80mL 2mol·L^{-1} NaOH 溶液淋洗阳离子和阴离子交换柱，淋洗时溶液流出速度控制在 30 滴·min^{-1}，然后用蒸馏水洗至流出液近中性(pH＝6.5～7.5)。

3. 连柱

按图 5-2 示方法将两交换柱串联，注意连接两柱的乳胶管中预先灌满蒸馏水。

4. 交换

使自来水按每秒 2～3 滴的流速依次通过阳离子和阴离子交换树脂。收集流出液，每 50mL 为一份，立即测定电导率，保留水样用于离子的定性鉴定。

5. 水质检验

(1) 电导率的测定。

(2) Mg^{2+} 的检验　取水样 1mL，加数滴 pH＝10 的 NH_3-NH_4Cl 缓冲溶液及少量铬黑 T 指示剂，摇匀后判断有无 Mg^{2+}。

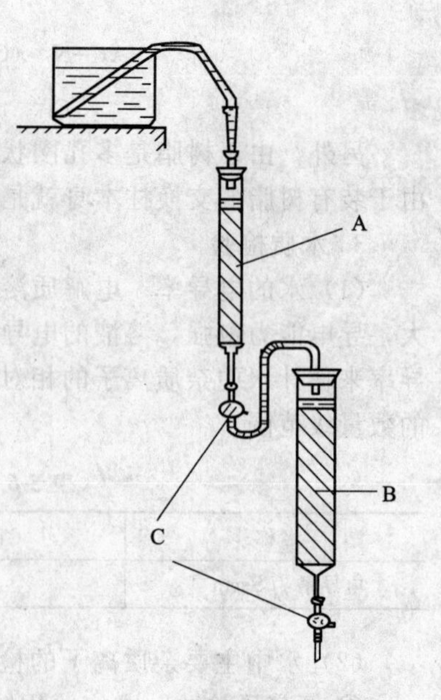

图 5-2　去离子水制备装置

A，B—阳、阴离子交换柱；C—活塞

(3) Ca^{2+} 的检验　取水样 1mL，加 2 滴 2mol·L^{-1} NaOH 及少许钙指示剂，摇匀后判断有无 Ca^{2+}。

(4) Cl^- 的检验　取水样 1mL，用 HNO_3 酸化后，加入 2 滴 0.1mol·L^{-1} $AgNO_3$ 判断有无 Cl^-。

(5) SO_4^{2-} 的检验　取水样 1mL，用 HNO_3 酸化后，加 2 滴 1mol·L^{-1} $BaCl_2$ 判断有无 SO_4^{2-}。

6. 拆柱

将两柱断开，分别把阴、阳树脂倒回烧杯中。

水质检验结果见表 5-7。

表 5-7　水质检验结果

分类＼项目		电导率 /μS·cm^{-1}	Mg^{2+}	Ca^{2+}	Cl^-	SO_4^{2-}
自来水						
蒸馏水						
去离子水	1					
	2					
	3					
	4					
	5					

【思考与讨论】

1. 柱子中有气泡对实验有何影响？

2. 测定去离子水的电导率，立即测与放置一段时间后再测有无差别？为什么？

3. 鉴定 Ca^{2+}、Mg^{2+} 时为什么要用 NaOH 及 pH＝10 的缓冲溶液控制 pH 值？

第 6 章　元素及化合物性质实验

实验 6-1　氧化还原反应

氧化还原反应是一类重要的化学反应，在氧化还原过程中反应物间发生电子的转移，它不但用于新物质的制取，而且也是化学热能和电能的来源之一。能斯特方程是研究氧化还原反应的基础，应用能斯特方程计算电极电位，进而判断物质的氧化还原能力，确定氧化还原进行的方向。通过实验，定性地比较一些电极反应的电极电位，从而比较物质氧化还原能力的强弱，了解电极电位与氧化还原反应的关系以及浓度、介质酸度对氧化还原反应的影响，学习用 pHS-2 型酸度计测量原电池的电动势。

【实验提要】

1. 测量原电池的电动势，通过能斯特方程计算标准电极电位

原电池的电动势 $E=\varphi_{正}-\varphi_{负}$，以饱和甘汞电极为参比电极 [$\varphi_{甘汞}=+0.2438V$ (25℃)]，从而可以知道另一电极的电极电位，再由能斯特方程：$\varphi=\varphi^{\ominus}+\frac{0.059}{n}\lg\frac{[Ox]}{[Red]}$计算出该电极的标准电极电位。

2. 根据电极电位判断氧化剂和还原剂的强弱

电极电位的大小表示电对中氧化态物质得电子的倾向（或者电对中还原态物质释放电子的倾向）和能力。电对的电极电位代数值越大，氧化态物质的氧化能力越强，还原态物质的还原能力越弱；相反，电对电极电位代数值越小，氧化态物质的氧化能力越弱，还原态物质的还原能力越强。

3. 根据电极电位判断氧化还原反应的方向

水溶液中自发进行的氧化还原反应的方向可由电极电位数值加以判断。自发进行的氧化还原反应中，氧化剂电对电极电位代数值应大于还原剂电对的电极电位代数值，即

$$\varphi(\text{氧化剂电对})>\varphi(\text{还原剂电对})$$

或

$$\text{原电池电动势}=\varphi(\text{氧化剂电对})-\varphi(\text{还原剂电对})>0$$

通常情况下，可用标准电极电位来衡量：

$$\varphi^{\ominus}(\text{氧化剂电位})>\varphi^{\ominus}(\text{还原剂电对})$$

所谓标准电极电位是指在一定温度下，氧化还原半反应中各组分都处于标准状态（离子或分子的活度为 $1mol\cdot L^{-1}$，气体的分压为 101.325kPa）时的电极电位。

当氧化剂电对与还原剂电对的标准电极电位相差较小时（－0.2～＋0.2V），应考虑溶液中离子浓度对电极电位的影响。同时，介质对氧化物还原反应有很大的影响，某些反应必须在一定介质中进行，某些反应随介质（酸碱性）的不同产物亦不同，如 $KMnO_4$ 与 Na_2SO_3 的反应，在酸性、中性、碱性介质中分别生成不同的产物如 Mn^{2+}、MnO_2、MnO_4^{2-}。

在氧化还原反应中有一类特殊的反应，即氧化剂、还原剂是某一反应物的某一价态元素，在反应中，一部分转化为较高价态的化合物，另一部分转化为较低价态的化合物，例

如，氯气溶解于氢氧化钠溶液生成 NaClO 和 NaCl。这类反应称为歧化反应，又称自氧化还原反应。某一物质在特定条件下能否发生歧化反应，从元素电位图容易加以判断。如上述氯气溶于氢氧化钠溶液的例子，在碱性介质中氯元素电位图如下：

$$ClO^- \xrightarrow{\varphi^\ominus_{左}} Cl_2(g) \xrightarrow{\varphi^\ominus_{右}} Cl^-$$

$$\varphi^\ominus_{左}=+0.4V，\varphi^\ominus_{右}=1.36V$$

氯气能自发发生歧化反应的条件是：生成低价态 Cl^-（Cl_2 作氧化态）的电位必须大于生成高价态 ClO^-（Cl_2 作还原剂）的电位，即 $\varphi^\ominus_{右}>\varphi^\ominus_{左}$，所以能自发进行歧化反应。

【仪器、材料和试剂】

1. 仪器和材料

pHS-2 型酸度计，银电极，饱和甘汞电极，铜片，锌片，导线，电极夹，KCl 盐桥，$NaNO_3$ 盐桥。

2. 试剂

0.10mol·L^{-1} $ZnSO_4$、$CuSO_4$、$AgNO_3$、KI、KCl、$FeCl_3$、$K_3[Fe(CN)_6]$、KBr、$K_2Cr_2O_7$、KIO_3、$MnSO_4$、$KMnO_4$、$H_2C_2O_4$、$(NH_4)_2Fe(SO_4)_2$；0.10mol·L^{-1} 和浓 HCl；2mol·L^{-1} H_2SO_4、NaOH；CCl_4，MnO_2，碘水，溴水。

【实验前应准备的工作】

1. 了解用 pHS-2 型酸度计测量原电池电动势的方法，了解饱和甘汞电极的使用方法。

2. 实验中盐桥有何作用？实验内容 1.(3) 中为什么不能用 KCl 盐桥而要用 $NaNO_3$ 盐桥？

3. 酸度对氧化还原反应有何影响？

4. 若实验内容 1.(1) 中测得原电池的电动势 $E=1.0(V)$，$\varphi_{甘汞}=+0.2438(V)$，试据此计算 $\varphi_{Zn^{2+}(0.1mol\cdot L^{-1})/Zn}$ 和 $\varphi^\ominus_{Zn^{2+}/Zn}$。

【实验内容】

1. 比较电极反应的电极电位的大小

(1) 在 50mL 烧杯中加入 20mL0.10mol·L^{-1} $ZnSO_4$ 溶液，插入 Zn 片（先用砂纸打光），在另一 50mL 烧杯中加入 20mL0.10mol·L^{-1}KCl 溶液，放入饱和甘汞电极，再把 KCl 盐桥放入两杯溶液中，通过导线把甘汞电极接在 pH 计的正极，锌电极接在 pH 计的负极，测该原电池的电动势。计算出 $\varphi_{Zn^{2+}(0.1mol\cdot L^{-1})/Zn}$ 值及 $\varphi^\ominus_{Zn^{2+}/Zn}$ 值。

(2) 在 50mL 烧杯中加入 20mL0.10mol·L^{-1} $CuSO_4$ 溶液，插入 Cu 片（也用砂纸打光），替换 (1) 装置中的锌半电池，测此原电池的电动势。计算出 $\varphi_{Cu^{2+}(0.1mol\cdot L^{-1})/Cu}$ 值及 $\varphi^\ominus_{Cu^{2+}/Cu}$ 值。

(3) 在 50mL 烧杯中加入 20mL 0.10mol·L^{-1} $AgNO_3$ 溶液，插入银电极，替换 (2) 中的铜半电池，此外用 $NaNO_3$ 盐桥替换 KCl 盐桥（为什么?），测量电动势，计算 $\varphi_{Ag^+/Ag}$ 及 $\varphi^\ominus_{Ag^+/Ag}$ 值。

根据实验结果比较 $\varphi_{Cu^{2+}(0.1mol\cdot L^{-1})/Cu}$、$\varphi_{Zn^{2+}(0.1mol\cdot L^{-1})/Zn}$、$\varphi_{Ag^+(0.1mol\cdot L^{-1})/Ag}$ 的大小，说出在上述物质中哪一个是最强的氧化剂，哪一个是最强的还原剂。

2. 氧化剂或还原剂相对强度的比较

(1) 在 5 滴 0.1mol·L^{-1}KI 溶液中，加入 1 滴 0.1mol·L^{-1} $FeCl_3$ 溶液，混匀，再加入 1mLCCl_4，充分振荡，观察 CCl_4 层颜色有何变化？然后加入 1 滴 0.1mol·L^{-1} $K_3[Fe(CN)_6]$ 溶液，观察水相中颜色有何变化。反应中产生了何物质？写出有关的反应方程式。

(2) 用 0.1mol·L^{-1}KBr 溶液代替 0.1mol·L^{-1}KI 溶液进行同样的实验，反应能否发生？

通过本实验可得出何结论？根据以上的实验结果定性比较 φ_{Br_2/Br^-}、φ_{I_2/I^-}、$\varphi_{Fe^{3+}/Fe^{2+}}$ 的大小。并指出哪个是最强的氧化剂、哪个是最强的还原剂，说明电极电位与氧化还原反应方向的关系。

注：为了了解 I_2 及 Br_2 在 CCl_4 中的颜色、Fe^{3+} 及 Fe^{2+} 与 $K_3[Fe(CN)_6]$ 反应后产物的颜色，可先作出以下预备实验。

① 取两支试管，分别在 5 滴 CCl_4 中加入数滴碘水和溴水，振荡后观察 CCl_4 层的颜色。

② 取两支试管，分别取 5 滴 Fe^{3+} 及 Fe^{2+} 溶液，各加入 3mL 水，再分别加入 2 滴 $0.1mol \cdot L^{-1}$ $K_3[Fe(CN)_6]$ 溶液，观察二者颜色有何不同。

3. 浓度对氧化还原反应的影响

(1) 酸度对氧化还原反应的影响

① 往试管中加入少量固体 MnO_2 和 1mL $0.1mol \cdot L^{-1}$ HCl，用湿的淀粉-碘化钾试纸在管口实验有无气体产生。取另一支试管用浓 HCl 代替 $0.1mol \cdot L^{-1}$ HCl 实验。比较、解释两次实验的结果，并写出反应式。

② 在试管中加入 10 滴 $0.1mol \cdot L^{-1}$ KI 溶液和 10 滴 $0.1mol \cdot L^{-1}$ $K_2Cr_2O_7$ 溶液，混匀后有什么变化，再加入数滴 $2mol \cdot L^{-1}$ H_2SO_4，观察有什么变化？写出反应式并解释之。

③ 在试管中加入 10 滴 $0.1mol \cdot L^{-1}$ KI 溶液和 2～3 滴 $0.1mol \cdot L^{-1}$ KIO_3 溶液，混匀后，有无变化？再加入数滴 $2mol \cdot L^{-1}$ H_2SO_4 溶液，观察有什么变化？再滴入 $2mol \cdot L^{-1}$ NaOH 溶液，使混合液显碱性，又有什么变化？解释实验现象并写出有关的反应式。

(2) 沉淀对氧化还原反应的影响　往离心试管中加入 10 滴 $0.1mol \cdot L^{-1}$ KI 溶液和 5 滴 $0.1mol \cdot L^{-1}$ $K_3[Fe(CN)_6]$ 溶液，混匀后，再加入 10 滴 CCl_4，充分振荡，观察 CCl_4 层颜色有何变化？然后再加入 5 滴 $0.1mol \cdot L^{-1}$ $ZnSO_4$ 溶液充分振荡，离心分离（或放置）后观察现象并加以解释。

4. 催化剂对氧化还原反应的影响

$H_2C_2O_4$ 溶液和 $KMnO_4$ 溶液在酸性介质中发生如下反应。

$$5H_2C_2O_4 + 2MnO_4^- + 6H^+ = 2Mn^{2+} + 10CO_2 + 8H_2O$$

此反应的电动势虽然较大，但反应速度较慢，而 Mn^{2+} 对此反应有催化作用，随反应自身产生 Mn^{2+} 浓度增大，反应变快。

取两支试管各加入 1mL $0.1mol \cdot L^{-1}$ $H_2C_2O_4$ 溶液和数滴 $2mol \cdot L^{-1}$ H_2SO_4，然后往一支试管中加入 2 滴 $0.1mol \cdot L^{-1}$ $MnSO_4$ 溶液，最后向两支试管中各加入 2 滴 $0.01mol \cdot L^{-1}$ $KMnO_4$ 溶液，混匀后，观察两支试管中红色褪去快慢情况（必要时可用小火加热），并加以解释。

【思考与讨论】

1. 根据实验结果，比较 Br_2/Br^-、I_2/I^-、Fe^{3+}/Fe^{2+} 3 个电对的电极电位，并指出最强的氧化剂和还原剂。

2. 提高高锰酸钾溶液的酸度，其氧化能力是增加还是降低？

3. 如何将 $2KMnO_4 + 5Na_2SO_3 + 3H_2SO_4 = 2MnSO_4 + K_2SO_4 + 5Na_2SO_4 + 3H_2O$ 化学反应设计为一原电池，以使化学能转变为电能？

4. 为什么 H_2O_2 既可作氧化剂，又可作还原剂？在何种情况下作氧化剂？何种情况下作还原剂？

5. 根据如下的溴在碱性介质中的电位图，判断哪些组分能发生歧化反应？如能发生反应，请写出反应方程式。

$$BrO_3^- \xrightarrow{0.54} BrO^- \xrightarrow{0.45} 1/2Br_2 \xrightarrow{1.07} Br^-$$

实验 6-2 沉淀反应

沉淀反应是电解质溶液中进行的最简单、最广泛的反应之一，在科学实验和化工生产中，常需利用沉淀的生成和溶解来制备所需的产品、进行某种物质的分离或鉴定、除去杂质以及作重量分析等。在本实验中通过沉淀的生成、溶解、转化以及分步沉淀等实验内容，引导学生学会运用溶度积理论，掌握沉淀反应的规律并用以预测、验证、分析某些实验现象，以加深对溶度积概念的理解，增加对沉淀反应的感性认识。

【实验提要】

1. 溶度积和溶度积规则

在难溶电解质的饱和溶液中，存在着两个平衡：未溶解固体与已溶解分子之间的溶解平衡；溶液中未离解分子与离子之间存在的离解平衡。但在一般情况下，难溶物的溶解度非常小，溶液中分子浓度极小，在极稀的溶液中其离解度接近 100%，于是，可以忽略未离解分子的存在，只考虑未溶解固体与溶液中离子之间的平衡，这称为溶解平衡。

$$A_mB_n(s) \underset{\text{沉淀}}{\overset{\text{溶解}}{\rightleftharpoons}} mA^{n+} + nB^{m-}$$

$$K_{sp}^{\ominus} = [A^{n+}]^m[B^{m-}]^n$$

$K_{sp}^{\ominus}$为难溶离子型化合物（A_mB_n）的溶度积，在一定温度下的 A_mB_n 饱和溶液中，$K_{sp}^{\ominus}$为一常数。

将任意溶液中实际离子浓度的幂次方的乘积定义为离子积，用 Q 表示：

$$Q = [A^{n+}]^m[B^{m-}]^n$$

离子积 Q 与溶度积 $K_{sp}^{\ominus}$之间有以下溶度积规则。

① $Q < K_{sp}^{\ominus}$，为不饱和溶液，无沉淀析出；若体系有固体存在，沉淀将溶解，直至饱和为止。

② $Q = K_{sp}^{\ominus}$，为饱和溶液，达动态平衡。

③ $Q > K_{sp}^{\ominus}$，为过饱和溶液，有沉淀析出，直至饱和。

2. 分步沉淀

在实际工作中常遇到有几种离子同时存在的混合溶液，当加入一种沉淀剂时，会出现有几种沉淀生成的较复杂的情况。一般来说，由于各种沉淀溶解度的差异及混合溶液中离子浓度的不同，各离子沉淀会有先后次序，这种现象称为分步沉淀。利用分步沉淀的原理可以判断混合离子能否用沉淀法分离。

3. 沉淀转化

在含有沉淀的溶液中，加入适当试剂，以与某一离子结合为更难溶解的物质，称为沉淀转化。要使一种难溶电解质转化为另一种难溶电解质是有条件的，由一种难溶物质转化为另一种更难溶的物质是较容易的，而且两种物质的溶解度相差愈大，转化愈完全。反之，由一种溶解度较小的物质转化为溶解度较大的物质就较困难，两种物质的溶解度相差愈大，则愈难转化。这可以从转化反应的平稳常数加以判别。例如：

$$AgI(s) + Cl^- \rightleftharpoons AgCl(s) + I^-$$

$$K^{\ominus} = \frac{[I^-]}{[Cl^-]} = \frac{K_{sp(AgI)}^{\ominus}}{K_{sp(AgCl)}^{\ominus}} = \frac{8.3\times10^{-17}}{1.8\times10^{-10}} = 4.6\times10^{-7}$$

可见，此反应的平衡常数很小，因此在实际上反应不能向右进行，实现转化是不可能的。反之，同样也说明，把 AgCl 转化为 AgI 非常容易。

【仪器、材料和试剂】

1. 仪器和材料

试管及试管架，酒精灯，试管夹，离心机。

2. 试剂

2mol·L^{-1} $NH_3 \cdot H_2O$、NaOH、HCl、HNO_3，0.1mol·L^{-1} $AgNO_3$、$CuSO_4$、KI、K_2CrO_4、$MnSO_4$、Na_2S、$Pb(NO_3)_2$，0.4mol·L^{-1} 和 0.01mol·L^{-1} NaCl，$AgNO_3$、$Al_2(SO_4)_3$、$Fe_2(SO_4)_3$ 混合液。

【实验前应准备的工作】

1. 计算下列问题：

(1) 根据溶度积规则判断 10 滴 0.1mol·$L^{-1}$$Pb(NO_3)_2$ 溶液加 10 滴 0.4mol·L^{-1}NaCl 溶液是否有沉淀产生？

(2) 根据溶度积规则判断 10 滴 0.1mol·$L^{-1}$$Pb(NO_3)_2$ 溶液加 10 滴 0.01mol·L^{-1}NaCl 溶液是否有沉淀产生？

2. 计算 Ag_2CrO_4 沉淀与 0.1mol·L^{-1}NaCl 反应的综合平衡常数。估计该反应的可能性及主要现象。

3. 设计沉淀法分离 Ag^+，Fe^{3+}，Al^{3+} 的分离程序。

【实验内容】

1. 沉淀的生成

(1) 在试管中加 10 滴 0.1mol·$L^{-1}$$Pb(NO_3)_2$ 溶液，加入等量 0.1mol·$L^{-1}$$K_2CrO_4$ 溶液，记录现象。

(2) 取 10 滴 0.1mol·L^{-1} $Pb(NO_3)_2$ 溶液，加入等量 0.1mol·L^{-1} Na_2S 溶液，记录现象。

(3) 根据离子积判断下列溶液是否有沉淀产生，并用实验证明 [$K_{SP}^{\ominus}$ ($PbCl_2$) $=1.6\times10^{-5}$]。

在两支干燥试管中各加 10 滴 0.1mol·L^{-1} $Pb(NO_3)_2$ 溶液，然后分别加入 10 滴 0.4mol·L^{-1}NaCl 和 0.01mol·L^{-1}NaCl 溶液。

2. 沉淀的转化

(1) 已知 $K_{sp(AgCl)}^{\ominus}=1.8\times10^{-10}$，$K_{sp(AgI)}^{\ominus}=8.5\times10^{-17}$，设计利用浓度均是 0.1mol·$L^{-1}$的 $AgNO_3$，NaCl，KI 溶液，实现 AgCl 沉淀转化成 AgI 沉淀的实验。

(2) 设计制备 Ag_2CrO_4 沉淀转化为 AgCl 沉淀的实验，观察其颜色变化。

3. 沉淀的溶解

在 2 支试管中分别用 0.1mol·$L^{-1}$$MnSO_4$ 与 0.1mol·$L^{-1}$$Na_2S$ 溶液制备 MnS 沉淀；用 0.1mol·$L^{-1}$$CuSO_4$ 与 0.1mol·$L^{-1}$$Na_2S$ 溶液制备 CuS 沉淀。溶液静止片刻，或用离心机分离，待沉淀沉降后，倒去清液，保留沉淀。实验该沉淀是否溶于 2mol·L^{-1}HCl，若不能溶解，则试验在加热条件下是否溶于 2mol·$L^{-1}$$HNO_3$（在通风橱中进行）。

4. 沉淀反应的应用

用沉淀法分离混合离子：现有 $AgNO_3$，$Fe_2(SO_4)_3$，$Al_2(SO_4)_3$ 混合液，试用沉淀法使 Ag^+，Fe^{3+}，Al^{3+} 分离。

【思考与讨论】

1. 用浓度为 0.1mol·L^{-1}的 $AgNO_3$，NaCl，KI 溶液，实现 AgCl 沉淀转化成 AgI 沉淀

过程中，AgCl 沉淀是否要先经离心分离操作？请分析两种情况可能的实验现象。

2. 请写出实验内容 3（沉淀的溶解）中所发生的化学反应方程式。

实验 6-3　过渡元素

过渡元素包括 d 区和 ds 区，即周期表中ⅢB 族～ⅡB 族（f 区除外），共 37 种元素，它们在原子结构上的共同特点是最后一个电子填充在 d 轨道上（ⅢB 除外），最外层只有 1～2 个 s 电子（Pd 除外），价电子构型为：$(n-1)d^{1\sim10}ns^{1\sim2}$，这一结构特征决定了它们与主族元素的性质有许多显著不同，而过渡元素本身则有许多共同的性质，同一周期的过渡元素具有更多的相似性，因此通常将过渡元素分成三个过渡系统，第一过渡系统的元素较为常见。本实验要求学生通过实验对 Cr、Mn、Fe、Co、Ni 这几个最常见的过渡元素的化学性质有一定程度的了解，并学会几个离子的鉴定方法。

【实验提要】

过渡元素在周期表中占据长周期（第四、五、六周期）偏左位置，从第ⅢB 族到ⅡB 族为止，共 9 个直列。这些元素在原子结构上的共同特征为原子的最外层都是 2 个或 1 个电子（钯除外），价电子依次填充在最外层的 s 和次外层的 d 轨道中，它们的外层电子构型为 $(n-1)d^{1\sim10}ns^{1\sim2}$。过渡元素结构上的共同特征决定了它们的化学性质有许多共同性。

1. 过渡元素通性

(1) 金属性　过渡元素原子最外层电子构型为 $ns^{1\sim2}$，它们的单质都是金属，由于 $(n-1)$d 轨道上的电子参与成键，所以单质的密度、硬度、熔点、沸点一般较高。金属活泼性是第一过渡元素单质比第二、三过渡系元素单质活泼；同一族中，除钪副族以外，其他各族都由于受镧系收缩的影响，从上到下，金属活泼性逐渐减弱。

(2) 同一元素有多种氧化数　过渡元素的价电子不仅包括最外层的 ns 电子，还包括全部或部分次外层 $(n-1)$d 电子。这种电子构型使它们能形成多种氧化数的化合物。过渡元素氧化数具有很好的规律性，在同一周期中从左向右元素最高氧化数逐渐升高（其数值与族数相同），随后逐渐变低。第四周期各过渡元素一般容易出现低氧化数的化合物。第五、六周期的元素倾向于出现高氧化数的化合物。也就是说，各族由上而下高氧化数化合物趋于稳定。

(3) 过渡元素离子的有色性　过渡元素的水合离子、配离子大多数具有特征的颜色，原因是由于电子发生 d-d 跃迁所致。具有 d^0、d^{10} 构型的离子，d 轨道全空或全满，不可能发生 d-d 跃迁，因而是无色的。如 Ag^+，具有 d^{10} 构型，离子呈无色；而 Co^{2+} 具有 d^7 构型，呈粉红色；Ni^{2+} 具有 d^8 构型，呈绿色。

(4) 易形成多种配位化合物　过渡元素的原子或离子都具有空的价电子轨道［即 $(n-1)d\ ns\ np\ nd$ 轨道］。这种电子构型容易接受配位体的孤对电子而形成配价键，成为配位离子的中心离子或原子。如将过量氨水加入 Co^{2+} 的水溶液中，生成氨合配位离子 $[Co(NH_3)_6]^{2+}$。在酸性介质中 $\varphi^{\ominus}_{Co^{3+}/Co^{2+}}=1.821V$，说明 Co^{2+} 在水溶液中是很稳定的，Co^{3+} 是不稳定的，但在形成氨合配位离子后，氧化还原稳定性发生了变化。

$$[Co(NH_3)_6]^{3+}+e^- = [Co(NH_3)_6]^{2+} \qquad \varphi^{\ominus}=+0.1V$$

说明氧化态+3 的钴在 $[Co(NH_3)_6]^{3+}$ 配位离子中变得相当稳定。空气中的氧就能把 $[Co(NH_3)_6]^{2+}$ 氧化成 $[Co(NH_3)_6]^{3+}$ 配位离子。

2. 过渡元素的氧化还原性

过渡元素具有多种氧化数，表明在一定条件下，不同氧化数的化合物可以相互转化，从而表现出化合物的氧化性和还原性。

一般情况下元素的单质或较低氧化数的化合物具有还原性，如+3 价铬在碱性介质中可被 H_2O_2（碱性介质中以 HO_2^- 形式存在）溶液氧化成 CrO_4^{2-}。

$$2CrO_2 + 2OH^- + 3H_2O_2 = 2CrO_4^{2-} + 4H_2O$$

而较高氧化数的化合物具有氧化性，如 $K_2Cr_2O_7$ 在酸性介质中可被 H_2O_2 还原为+3 价铬。

$$Cr_2O_7^{2-} + 3H_2O_2 + 8H^+ = 2Cr^{3+} + 3O_2\uparrow + 7H_2O$$

氧化数介于最高和最低之间的化合物，与还原剂反应具有氧化性，与氧化剂反应具有还原性，如 MnO_2 在酸性介质中与 H_2O_2 反应，表现出氧化性。

$$MnO_2 + H_2O_2 + 2H^+ = Mn^{2+} + O_2 + 2H_2O$$

而 MnO_2 在碱性介质中能被氧化剂氧化成+6 价锰盐，如 MnO_2 在氧化剂 $KClO_3$ 存在下与碱共溶，可生成绿色锰酸盐。

$$3MnO_2 + 6KOH + KClO_3 = 3K_2MnO_4 + KCl + 3H_2O$$

随着介质的不同，同一元素相同氧化数化合物的氧化还原性强弱也不同。例如+2 价锰在碱性介质中还原性较强，空气中的氧可以将 $Mn(OH)_2$［在锰(Ⅱ)盐溶液中加入强碱生成白色 $Mn(OH)_2$ 沉淀］氧化成棕色的 $MnO(OH)_2$ 沉淀。

$$2Mn(OH)_2 + O_2 = 2MnO(OH)_2\downarrow$$

而+2 价锰在酸性介质中还原性很弱，只有在高酸度和强氧化剂（$\varphi^\ominus > 1.51V$，如过二硫酸铵、铋酸钠）的条件下才能使 Mn^{2+} 氧化为 MnO_4^-。

$$2Mn^{2+} + 5NaBiO_3 + 14H^+ = 2MnO_4^- + 5Bi^{3+} + 5Na^+ + 7H_2O$$

又如+2 价钴在酸性介质中还原性较在碱性介质中弱。+2 价钴盐在酸性介质中是稳定的，在碱性介质中生成粉红色的 $Co(OH)_2$，在空气中可以缓慢氧化为棕色的 $Co(OH)_3$，若有其他氧化剂存在，如加入 H_2O_2，可使反应更易进行。+3 价钴在酸性介质中氧化性较在碱性介质中强，+3 价钴 $Co(OH)_3$ 在碱性介质中可以稳定存在，但在酸性介质中，氧化性很强，在溶液中很不稳定，立即分解成+2 价钴盐和氧气。

$$4Co(OH)_3 + 8H^+ = 4Co^{2+} + O_2\uparrow + 10H_2O$$

【仪器、材料和试剂】

1. 仪器和材料

离心机。

2. 试剂

0.1mol·L^{-1} $Cr(NO_3)_3$、$MnSO_4$、$KMnO_4$、Na_2SO_3、$Fe(NH_4)_2(SO_4)_2$、$NiSO_4$、$CoCl_2$、$Fe_2(SO_4)_3$，3% H_2O_2，2mol·L^{-1}氯水，6mol·L^{-1}、2mol·L^{-1}、浓 HCl，2mol·L^{-1}、6mol·L^{-1}、40%NaOH，2mol·L^{-1} HNO_3、HAc，乙醚，丙酮，KI-淀粉试纸。

【实验前应准备的工作】

1. 如何用实验确定下列氢氧化物的酸碱性？

$$Mn(OH)_2, Fe(OH)_3, Co(OH)_3, Cr(OH)_3$$

2. Mn^{2+} 在碱性介质中加 H_2O_2 制得的棕色沉淀 $MnO(OH)_2$ 能溶于硫酸和 H_2O_2 的混合溶液中，试问两次加入 H_2O_2 的作用。

3. 写出实验内容中“1.(1)”、“3.(2)”的实验步骤。

【实验内容】

1. 铬的化合物

(1) 设计实验　从 0.1mol·L^{-1} $Cr(NO_3)_3$ 溶液开始实现下列转化：

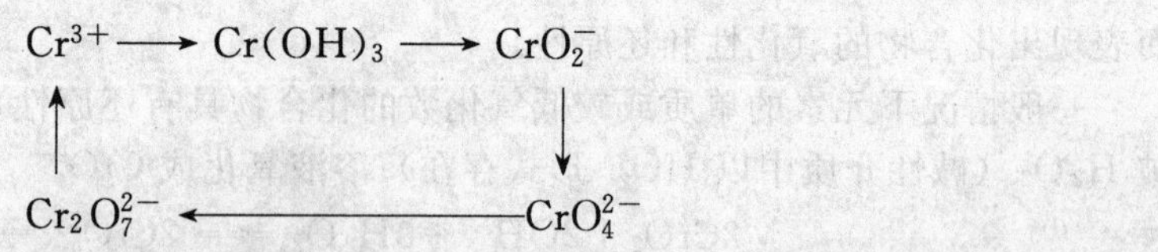

观察现象并记录，写出各步的反应方程式。

(2) Cr^{3+}的鉴定　取2滴0.1mol·L^{-1} $Cr(NO_3)_3$溶液于试管中，加入2～3滴2mol·L^{-1} NaOH，加入2～3滴3%H_2O_2微热，冷却至室温，加入2～3滴H_2O_2，加入10滴乙醚，然后慢慢滴加2mol·L^{-1} HNO_3，观察现象，若乙醚层呈蓝色，说明有Cr^{3+}存在。

2. 锰的化合物

(1) +2价锰及+4价、+6价锰的性质

① 取15滴0.1mol·L^{-1} $MnSO_4$溶液，加入1滴6mol·L^{-1} NaOH，观察沉淀颜色的变化。再加入3滴3%H_2O_2，充分振荡，观察沉淀颜色变化，将沉淀分为两份，离心分离。

② 上述经离心分离的沉淀，1份滴加6mol·L^{-1} HCl，观察现象并检验气体产物，另一份加入10滴40%NaOH，滴加5滴0.1mol·L^{-1} $KMnO_4$，微热，观察上层溶液颜色。

③ 取上述加$KMnO_4$的试管中清液10滴，滴加2mol·L^{-1} HAc，观察颜色变化，再滴加40%NaOH溶液，观察现象。

④ Mn^{2+}的鉴定　取1滴0.1mol·L^{-1} $MnSO_4$加3滴去离子水和数滴2mol·L^{-1} HNO_3，然后加入少量固体$NaBiO_3$摇荡，上层溶液呈紫色，表示有Mn^{2+}存在。

根据上述实验的现象，写出各步反应方程式。

(2) 介质对MnO_4^-还原产物的影响　试验0.1mol·L^{-1} $KMnO_4$溶液与0.1mol·L^{-1} Na_2SO_3溶液在酸性、中性、强碱性介质中的反应现象是否相同。取3支试管各加入5滴0.1mol·L^{-1} $KMnO_4$，在第一支试管中加入10滴40% NaOH，第二支试管中加入10滴2mol·L^{-1} HNO_3，第三支试管中加入10滴蒸馏水，再往3支试管中加入适量0.1mol·L^{-1} Na_2SO_3，观察各现象，写出反应方程式。

3. 铁、钴、镍的化合物

(1) 氢氧化物的性质　在三支离心试管中分别加入10滴0.1mol·L^{-1}的$Fe(NH_4)_2(SO_4)_2$、$CoCl_2$、$NiSO_4$溶液，滴加2mol·L^{-1}的NaOH，观察现象，放置一段时间再观察。加入几滴氯水，观察现象，离心分离，弃去溶液，并用蒸馏水洗涤沉淀，在沉淀上滴入数滴浓HCl，检验有无Cl_2产生，写出反应方程式。

(2) 配合物　设计一组利用生成配合物来鉴定：①Fe^{2+}；②Fe^{3+}；③Co^{2+}；④Fe^{3+}+Co^{2+}中的Co^{2+}的实验。

提示：①用生成$[Co(SCN)_4]^{2-}$法来鉴定Co^{2+}时，应如何除去Fe^{3+}？Fe^{3+}的存在对Co^{2+}的鉴定有无干扰？

②由于$[Co(SCN)_4]^{2-}$在水溶液中不稳定，鉴定时要加饱和KSCN溶液或固体KSCN，并加入丙酮，使$[Co(SCN)_4]^{2-}$更稳定，蓝色更显著。

【思考与讨论】

1. 在Mn^{2+}的鉴定中，需要用酸酸化后，再加入固体$NaBiO_3$。在本实验中用HNO_3酸化，请问是否可用HCl酸化，为什么？

2. 总结Cr^{3+}、Mn^{2+}、Fe^{2+}、Fe^{3+}、Co^{2+}、Ni^{2+}的颜色和鉴定方法。

3. 如何保存$FeSO_4$溶液？

4. 试判断下列过程中可能出现的现象，并写出反应方程式。

(1) 在$CoCl_2$溶液中加入过量NaOH溶液；

(2) 再加入 H_2O_2 并加热煮沸；

(3) 取出沉淀，加入 1∶1HCl，使沉淀完全溶解。

5. 试判断下列哪一对物质能共存于弱酸性溶液中。

(1) MnO_4^-、Mn^{2+}　(2) $Cr_2O_7^{2-}$、CrO_4^{2-}　(3) $Cr_2O_7^{2-}$、Ag^+

实验 6-4　配位化合物

配位化学是无机化学的重要组成部分。配位化合物的研究，不但大大地丰富了无机化学的内容，而且对化学键理论的发展起了极大的推进作用，配合物结构的研究，还为立体化学的发展开辟了新的领域。目前，配位化合物在金属冶炼、金属防腐、分析化学以及催化等方面都起着十分重要的作用。例如，哺乳动物中的血红素是输送 O_2 的活性中心，它就是铁的配合物，叶绿素则是镁的配合物，生物体中的各种酶的活性中心几乎都有配合物存在，这些含有金属原子（离子）中心配合物的生物分子是分子生物学的主要研究对象。

在本实验中，要求学生通过几种不同类型的配位离子实验，加深对配位离子离解平衡及平衡移动的理解，增强对配位化合物和螯合物形成的感性认识。

【实验提要】

配位化合物是由一定数目的离子或分子与原子或离子（中心原子或离子）以配位键相结合，按一定的组成和空间构型所形成的化合物，简称配合物，旧称络合物。配合物一般可以分为内界和外界两个部分，如 $[Co(NH_3)_5H_2O]Cl_3$ 中的 $[Co(NH_3)_5H_2O]$ 是内界，在方括号之外的 Cl 为外界。有些配合物不存在外界，如 $[PtCl_2(NH_3)_2]$。在基础化学课程中讨论的一般是配合物的内界。

配合物的内界在溶液中像其他弱电解质一样，发生部分解离。因此，在配合物溶液中，存在下列配合-离解平衡：

$$M+nL \underset{解离}{\overset{配位}{\rightleftharpoons}} ML_n$$

称之为配位平衡。通常用稳定常数（$K^{\ominus}_{稳}$）和不稳定常数（$K^{\ominus}_{不稳}$）来衡量配位平衡，$K^{\ominus}_{稳}$ 越大，配离子的热力学稳定性越高，$K^{\ominus}_{不稳}$ 越大，溶液中配离子离解程度越大。

实际上，配离子无论是形成还是解离都是逐级进行的。配合-解离平衡是逐级形成反应和逐级解离反应的总反应。同样可以用逐级稳定常数（$K^{\ominus}_i$）和逐级不稳定常数（$K^{\ominus}_i$）来衡量逐级形成和逐级离解平衡，在配位平衡中还用到累积稳定常数，累积稳定常数用 $\beta^{\ominus}_i$ 表示：

$$\beta^{\ominus}_1=K^{\ominus}_1$$

$$\beta^{\ominus}_2=K^{\ominus}_1K^{\ominus}_2$$

$$\cdots$$

$$\beta^{\ominus}_n=K^{\ominus}_1K^{\ominus}_2\cdots K^{\ominus}_n$$

影响配离子在溶液中稳定性的因素很多，有外因（温度、压力、溶剂等）和内因（中心离子和配体的性质），但起决定作用的因素是内因。

对于中心离子来说，过渡元素是良好的形成体，配离子稳定性一般比主族离子形成的配离子稳定。同时中心离子的半径及电荷的差异也会影响配离子的稳定性，相同电子构型的中心离子形成配合物的稳定性随离子半径的增加而减小，而对于电子构型相同、离子半径相近的中心离子，则中心离子电荷愈高，形成的配合物愈稳定。

配体性质对配离子稳定性影响取决于配体的碱性，配体的碱性愈强，表示其亲核能力愈强，形成配合物愈稳定；同时还取决于配体的螯合效应，螯合物比较稳定，例如，由于乙二胺四乙酸配体有 6 个配位原子（2 个氮原子，4 个氧原子），所以能与许多金属形成较稳定的螯合物，其与 Fe^{3+} 形成的螯合物的结构如图 6-1 所示。

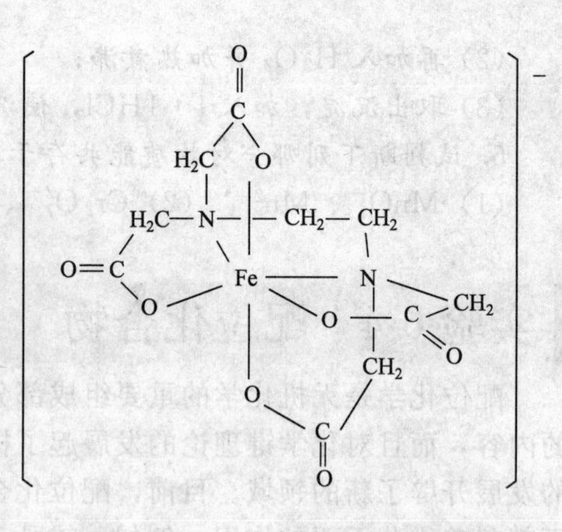

图 6-1 EDTA-Fe 螯合物立体结构

配位平衡像其他化学平衡一样，当外界条件发生变化时，配位平衡也发生移动，在新的条件下达到新的平衡。根据平衡移动原理，改变平衡体系中金属离子或配位体的浓度，会使上述平衡发生移动。改变金属离子或配位体的浓度一般可以通过以下措施实现：

（1）通过沉淀反应改变金属离子浓度；

（2）通过酸碱反应改变配体浓度；

（3）通过氧化还原反应改变金属离子价态；

（4）加入另外一种金属离子 N 与配体 L 进行竞争反应，或加入另外一种配体与金属离子 M 进行竞争反应。

所以，配位平衡通常与无机化学的另外三个平衡综合讨论。

【仪器、材料和试剂】

1. 仪器和材料

离心机，试管，试管夹，广泛 pH 试纸。

2. 试剂

$1mol\cdot L^{-1}CuSO_4$，$2mol\cdot L^{-1}NH_4F$，$0.5mol\cdot L^{-1}Na_2S_2O_3$、$Fe_2(SO_4)_3$，$0.1mol\cdot L^{-1}$ KSCN、$FeCl_3$、EDTA、$AgNO_3$、KI、NaCl、$HgCl_2$、KBr、$SnCl_2$、$NiSO_4$，1%丁二肟，$2mol\cdot L^{-1}$、$6mol\cdot L^{-1}$ $NH_3\cdot H_2O$，$6mol\cdot L^{-1}HCl$，CCl_4，95%乙醇。

【实验前应准备的工作】

1. 写出往 $CuSO_4$ 溶液中滴加氨水过程的反应方程式。

2. $FeCl_3$ 溶液中加入 KI 能否发生反应？若先加入 NH_4F，再加入 KI 又怎样？

3. 设计一实验说明 $[Cu(NH_3)_4]^{2+}$ 的离解受酸度的影响，并计算下列反应的平衡常数：

$$Cu(NH_3)_4^{2+} + 4H^+ \rightleftharpoons Cu^{2+} + 4NH_4^+$$

4. 怎样鉴定 Ni^{2+}？

【实验内容】

1. 配位离子的生成和配位化合物的组成

在试管中加入 10 滴 $1mol\cdot L^{-1}CuSO_4$ 溶液，再逐滴加入 $2mol\cdot L^{-1}$氨水，观察有无沉淀生成？继续注入过量氨水，观察有无变化？写出反应式［溶液保留待 3.（3）中用］，取出 1mL 溶液注入另一试管中，往其中注入 1mL 酒精，有何现象？解释这种现象。用这种方法可制备铜氨配位化合物。

2. 配离子稳定性的比较

取 5 滴 $0.5mol\cdot L^{-1}Fe_2(SO_4)_3$ 溶液，逐滴加入 $6mol\cdot L^{-1}HCl$ 溶液，观察现象，加入 1 滴 $0.1mol\cdot L^{-1}KSCN$ 溶液，观察溶液颜色的变化，再往溶液中滴加 $2mol\cdot L^{-1}NH_4F$ 溶液，有何现象？再加入 $0.1mol\cdot L^{-1}EDTA$ 溶液，溶液颜色又有何变化？从溶液颜色变化，比较生成的各配离子的稳定性。

3. 配位平衡的移动

（1）配位平衡与沉淀反应　在试管中加入 2 滴 $0.1mol\cdot L^{-1}$ $AgNO_3$ 溶液，滴入 2 滴

$0.1mol \cdot L^{-1}$ NaCl溶液，有何现象？然后滴加$6mol \cdot L^{-1}$ $NH_3 \cdot H_2O$直至沉淀消失，再在此溶液中滴加几滴$0.1mol \cdot L^{-1}$ KBr溶液，有何现象？再加$0.5mol \cdot L^{-1}$ $Na_2S_2O_3$溶液直至沉淀消失，最后滴加$0.1mol \cdot L^{-1}$ KI溶液，有无沉淀生成？根据以上各步现象，写出相应的离子方程式并比较AgCl、AgBr、AgI的K_{sp}的大小和$[Ag(NH_3)_2]^+$、$[Ag(S_2O_3)_2]^{3-}$的$K^{\ominus}_{稳}$的大小（注意：$NH_3 \cdot H_2O$、$Na_2S_2O_3$不能过量，否则会影响AgCl、AgBr沉淀的生成）。

（2）配位平衡与氧化还原反应　取两支试管，分别放入$0.1mol \cdot L^{-1}$ $FeCl_3$溶液5滴，在一支试管中加入$2mol \cdot L^{-1}$ NH_4F 1mL，然后再在两个试管中加入$0.1mol \cdot L^{-1}$ KI溶液5滴和CCl_4 1mL，观察现象并加以解释。

（3）配位平衡与酸碱平衡　设计一种方法使$[Cu(NH_3)_4]^{2+}$的离解平衡移动，并用实验证明（自己制备$[Cu(NH_3)_4]^{2+}$）。

4. 螯合物的形成和应用

丁二肟检验Ni^{2+}：在试管中加入2滴$0.1mol \cdot L^{-1}$ $NiSO_4$溶液和约1mL水，再加入$6mol \cdot L^{-1}$ $NH_3 \cdot H_2O$至溶液pH值在10左右（用pH试纸检验），然后加入2～3滴1%的丁二肟溶液，观察有何现象。

【思考与讨论】

1. 在检出卤素离子混合物中的Cl^-时，用$2mol \cdot L^{-1}$ $NH_3 \cdot H_2O$处理卤化银沉淀。处理后所得的氨溶液用HNO_3酸化得白色沉淀，或加入KBr溶液得黄色沉淀，这两种现象是否能证明Cl^-的存在？为什么？

2. 1L $12mol \cdot L^{-1}$ $NH_3 \cdot H_2O$能溶多少摩尔AgCl？如果是AgBr，又能溶解多少摩尔？（忽略体积变化和离子强度影响）

3. 在印染业中，某些金属离子（如Fe^{3+}、Cu^{2+}等）的存在会使染料颜色改变，加入EDTA便可以纠正此弊，试说明其原理。

第7章 定量分析与仪器分析实验

实验7-1 分析天平称量练习

通过实验，初步了解分析天平的基本构造，学习分析天平的使用方法以及用减量法和直接称量法称取试样的方法，了解和掌握如何运用有效数字。

【实验提要】

在化学实验中，称取试样经常用到的方法有直接称样法（直接法）和递减称样法（减量法）。对于不易吸湿、在空气中性质稳定的一些固体样品如金属、矿石等的称量可用直接法，用直接法称量时，先称出容器（如蜡光纸等）的质量 m_1，然后将一定量的样品放入容器中，再次称出其总质量为 m_2，则（m_2-m_1）即为样品的质量。对于易吸湿、在空气中不稳定的样品宜用减量法进行称量，这类样品一般用称量瓶盛装，并保存在干燥器中，称量时，从干燥器中取出称量瓶，先称量装有样品的称量瓶的质量 m_2，然后倾倒出所需要质量的样品，再称出剩余样品与称量瓶的质量 m_1，则（m_2-m_1）即为所倾倒出的样品的质量。

【仪器、材料和试剂】

1. 仪器和材料

TG-328A 或 B 型分析天平，台秤，25 mL 烧杯（2只），称量瓶。

2. 试剂

石英砂。

【实验前应准备的工作】

1. 了解分析天平的构造和使用方法。
2. 什么是天平的零点？用减量法称量时，是否一定要先调节天平的零点在0.00mg？
3. 什么是天平的灵敏度？天平的灵敏度愈高，是否称量的准确度愈高？
4. 称量时，取用砝码应按怎样的顺序进行？
5. 用减量法称量时，若称量瓶内的试样吸湿，对称量结果造成什么误差？
6. 把物体（砝码）从秤盘上取下（放上）去之前为什么必须把天平梁完全托住？

【实验内容】

1. 取2只洁净、干燥的小烧杯，分别编号（1和2），先在台秤上粗称其质量 $G_1(1)$ 和 $G_1(2)$（准确到0.1g），然后进一步在分析天平上精确称量，准确到0.1mg。

2. 取一只装有试样如石英砂的称量瓶，粗称[1]其质量，再在分析天平上精确称量，记下质量为 m_2，然后自天平中取出称量瓶，将试样慢慢倾入已称出质量的1烧杯中，倾出试样的质量应在0.2～0.4g之间，再准确称量称量瓶和剩余试样的质量为 m_1，则 m_2-m_1 即为称量瓶倾出的试样质量。按同样的方法，再倾出第二份试样于2烧杯中，并称出其质量。

---

[1] 也可以直接在分析天平上试重。试重时要注意两点：一是根据光标移动方向决定加减砝码；二是加减砝码要遵循“由大到小，中间截取，逐级试验”的原则。

3. 分别准确称出“1 烧杯＋试样”和“2 烧杯＋试样”的质量 $G_2(1)$ 和 $G_2(2)$，计算倾入各小烧杯中试样的质量，并与从称量瓶倾出的试样质量进行比较，求出差值。若不符合要求，分析原因并继续再称，称量练习数据记录和处理按表 7-1 格式进行。

表 7-1　分析天平的称量练习

编　号	1	2	3
倾出前“称量瓶＋试样”的质量 m_2/g			
倾出后“称量瓶＋试样”的质量 m_1/g			
m_2-m_1/g			
“烧杯＋试样”质量 G_2/g			
烧杯质量 G_1/g			
G_2-G_1/g			
绝对差值/g			

注：其中绝对差值＝$(m_2-m_1)-(G_2-G_1)$。

【思考与讨论】

1. 同一砝码盒内两个质量相同的砝码为什么其中一个要加 * 以示区别？在同一实验中使用这两个砝码时要注意什么？

2. 用减量法称量三份 0.4～0.5g 试样，若称量瓶加试样的质量是 15.0435g，试问：15g 是用 10g 和 5g 的砝码好还是用 10g，2g，2*g，1g 的砝码好？为什么？

3. 从称量瓶向容器倾倒试样时应怎样操作？

4. 称量时，砝码盒、容器和记录本应如何摆放？

实验 7-2　滴定分析操作练习及酸碱比较滴定

滴定分析是将一种已知准确浓度的标准溶液滴加到被测试样的溶液中，直到化学反应完全为止，然后根据标准溶液的浓度和体积求得被测试样中组分含量的一种定量分析方法。通过实验，学习、掌握滴定分析常用仪器的洗涤方法和使用方法，练习滴定分析基本操作，学习酸碱溶液的配制方法和利用指示剂来正确地判断滴定终点。

【实验提要】

滴定管是滴定时用来准确测量流出的操作溶液体积的量器，有 50mL、25mL、10mL、5mL、2mL 和 1mL 等几种规格，常量分析常用的是容积为 50mL 的滴定管，其最小刻度是 0.1mL，最小刻度间可估计到 0.01mL，因此读数可达小数点后第二位，一般读数误差为 ±0.01mL。滴定管有酸式（具塞）和碱式（无塞）之分，酸式滴定管用来装酸性及氧化性溶液，但不适于装碱性溶液，因为碱性溶液能腐蚀玻璃，时间长一些，旋塞便不能转动。碱式滴定管用来装碱性及无氧化性溶液，凡是能与橡皮起反应的溶液如高锰酸钾、碘和硝酸银等溶液，都不能装入碱式滴定管。滴定操作一般在锥形瓶中进行，滴定时，右手前三指拿住瓶颈，并调节其高度使滴定管的下端伸入瓶口约 1cm，左手转动活塞（对于酸式管）或挤捏玻璃球旁的乳胶管（对于碱式管），使标准溶液按适当速度滴加到被滴定的溶液中，且边滴边摇动溶液，直到滴定达终点。进行滴定时，应注意如下几点。

(1) 每次滴定都应从 0.00mL 或接近于 0 的某一刻度开始，这样可以减少滴定误差。

(2) 滴定时，左手不能离开活塞而任溶液自流。

(3) 摇瓶时，应使溶液向同一方向做圆周运动（左、右旋转均可），不能前后振动，以免溶液溅出，也不能使瓶口碰在管口上。

(4) 滴定时，要观察液滴落点周围颜色的变化，并根据颜色的变化速度调节滴定速度，一般来说，开始时滴定速度可以稍快，呈“见滴成串”，切不可成“线”流下。接近终点时，应改为一滴一滴甚至半滴半滴地加入。

一定浓度的 HCl 溶液和 NaOH 溶液相互滴定时，所消耗的体积之比 V_{HCl}/V_{NaOH}应该是一定的。0.10 mol·L^{-1} NaOH 和 0.10 mol·L^{-1} HCl 溶液相互滴定时，化学计量点的 pH 值为 7.0，pH 突跃范围为 4.3～9.7，凡在突跃范围内变色的指示剂都可以保证测定有足够的准确度。本实验采用甲基橙和酚酞作为指示剂进行酸、碱互滴实验，以所消耗的体积之比 V_{HCl}/V_{NaOH}来检验滴定操作技术和判断终点的能力。

【仪器、材料和试剂】

1. 仪器和材料

50mL 碱式滴定管，50mL 酸式滴定管，500mL 或 1000mL 试剂瓶，250mL 锥形瓶，10mL 或 20mL 量筒。

2. 试剂

NaOH，6mol·L^{-1} HCl，0.5%酚酞，0.1%甲基橙。

【实验前应准备的工作】

1. 若要配制 0.10mol·L^{-1} NaOH 溶液 500mL，应称取固体氢氧化钠多少克？用什么天平称量？溶解并稀释所用的蒸馏水是否要准确量取？为什么？

2. 若要配制 0.10mol·L^{-1} HCl 溶液 500mL，应量取浓盐酸（密度 1.18g·mL^{-1}，含量 37%）多少毫升？

3. 滴定管在装入标准溶液前为什么要用此溶液淌洗 2～3 次？用于滴定的锥形瓶是否要预先干燥？是否要用待测溶液淌洗几次？为什么？

【实验内容】

1. 0.10mol·L^{-1} NaOH 溶液的配制

在台秤上称取适量固体氢氧化钠于 250mL 烧杯中，立即加入少量蒸馏水并搅拌使其溶解，稍冷后转入 500mL（或 1000mL）试剂瓶中，加蒸馏水稀释至 500mL，盖以橡皮塞，充分摇匀，贴上标签。

2. 0.10mol·L^{-1} HCl 溶液的配制

用量筒量取适量浓盐酸（或 6mol·L^{-1} HCl）倒入 500mL（或 1000mL）试剂瓶中，加蒸馏水稀释至 500mL，盖以玻璃塞，充分摇匀，贴上标签。

3. NaOH 溶液滴定 HCl 溶液

由酸式滴定管按适当速度放出 25～30mL（应准确读数）0.10 mol·L^{-1} HCl 溶液于 250mL 锥形瓶中，加入 1～2 滴酚酞指示剂，用 0.10mol·L^{-1} NaOH 溶液滴定至溶液恰呈微红色且在半分钟内不褪色即为终点，准确读取并记录滴定所消耗的 NaOH 溶液的体积。如此平行测定 3～5 次，分别求出 HCl 溶液与 NaOH 溶液的体积比（V_{HCl}/V_{NaOH}）、平均值和相对平均偏差，按表 7-2 格式记录并处理有关实验数据。

4. HCl 溶液滴定 NaOH 溶液

由碱式滴定管按适当速度放出 25～30mL（应准确读数）0.10 mol·L^{-1} NaOH 溶液于 250mL 锥形瓶中，加入 1～2 滴甲基橙指示剂，用 0.10 mol·L^{-1} HCl 溶液滴定至溶液由黄色恰变为橙色即为终点，准确读取并记录滴定所消耗的 HCl 溶液的体积。如此平行测定 3～5 次，分别求出 HCl 和 NaOH 溶液的体积比（V_{HCl}/V_{NaOH}）、平均值和相对平均偏差，参照表 7-2 格式记录并处理有关实验数据。

表 7-2 NaOH 溶液与 HCl 溶液的浓度比较（酚酞指示剂）

编　号	1	2	3	4	5
HCl 终读数/mL					
HCl 初读数/mL					
V_{HCl}/mL					
NaOH 终读数/mL					
NaOH 初读数/mL					
V_{NaOH}/mL					
V_{HCl}/V_{NaOH}					
平均值					
相对平均偏差					

【思考与讨论】

1. 并行测定时，在每次滴定完成后，为什么要将标准溶液加至滴定管零刻度附近后再进行下次滴定？

2. 在 HCl 溶液与 NaOH 溶液浓度比较的滴定中，以甲基橙和酚钛作指示剂，所得的溶液体积比是否一致？为什么？

3. 若滴定从 0.00mL 开始，第一份 HCl 溶液用 NaOH 溶液滴定至溶液恰呈微红色且在半分钟内不褪色时读数为 21.10mL，相同量的第二份 HCl 溶液也从 0.00mL 开始，直接很快地放 NaOH 溶液至读数为 21.10mL，此时溶液应该是什么颜色？

实验 7-3　盐酸和氢氧化钠溶液配制和标定

HCl 和 NaOH 是酸碱滴定中最常用的酸碱标准溶液。通过实验，掌握间接法配制 HCl 和 NaOH 标准溶液的方法以及酸碱标准溶液的标定。

【实验提要】

浓盐酸易挥发放出 HCl 气体，NaOH 容易吸收空气中的水蒸气及 CO_2，故它们都不能用直接法配制标准溶液，只能用间接法配制，即配好的溶液只是近似浓度，需用基准物质标定其准确浓度。

经常用来标定 HCl 溶液的基准物质有无水 Na_2CO_3、$Na_2B_4O_7 \cdot 10H_2O$（硼砂）等。无水碳酸钠其优点是易制得纯品。但由于 Na_2CO_3 易吸收空气中的水分，因此使用之前应在 180～200℃下干燥，然后密封于瓶内，保存在干燥器中备用。用时称量要快，以免吸收水分而引入误差。标定反应如下：

$$Na_2CO_3 + 2HCl = 2NaCl + H_2O + CO_2$$

可用甲基橙指示终点。选用甲基橙作指示剂时，终点变色不太敏锐。

硼砂（$Na_2B_4O_7 \cdot 10H_2O$）其优点是易制得纯品，不易吸水，摩尔质量大，称量误差小。但在空气中相对湿度小于 39%时，易失去部分结晶水，因此应将它保存在相对湿度为 60%的恒湿器中。标定反应如下：

$$Na_2B_4O_7 + 2HCl + 5H_2O = 4H_3BO_3 + 2NaCl$$

选用甲基红作指示剂。终点变色明显。

标定 NaOH 溶液的基准物质有 $H_2C_2O_4 \cdot 2H_2O$、KHC_2O_4、邻苯二甲酸氢钾

($KHC_8H_4O_4$)等，其中邻苯二甲酸氢钾($KHC_8H_4O_4$)易制得纯品，摩尔质量大，称量误差小，不含结晶水，不吸潮，易保存，最为常用。选用酚酞作指示剂。标定反应如下：

$$KHC_8H_4O_4 + NaOH = KNaC_8H_4O_4 + H_2O$$

NaOH 标准溶液与 HCl 标准溶液的浓度，一般只需标定其中一种，另一种则通过 NaOH 溶液与 HCl 溶液滴定的体积比算出。标定 NaOH 溶液还是标定 HCl，要视采用何种标准溶液测定何种试样而定。原则上，应标定测定时所用的标准溶液，标定时的条件与测定的条件（例如指示剂和被测组分等）应尽可能一致。

酸碱滴定中，CO_2 对滴定有影响。CO_2 的来源很多，如水中溶解的 CO_2、标准碱液或配制碱液的试剂本身吸收了 CO_2、滴定过程中溶液不断吸收空气中的 CO_2 等。它对滴定的影响是多方面的，其中最重要的是 CO_2 可能参与与碱的反应，由于 CO_2 溶于水后达到平衡时，每种存在形式的分布系数随溶液 pH 值不同而不同，因而终点时溶液 pH 值不同，CO_2 带来的误差大小也不一样。显然，终点时 pH 值越低，CO_2 的影响越小。如果终点时溶液的 pH 值小于 5，则 CO_2 的影响可以忽略不计。

强酸强碱之间（如 HCl 与 NaOH）的相互滴定，在它们浓度不太低的情况下，选用甲基橙作指示剂，终点时 pH≈4，这时 CO_2 基本上不与碱作用；而碱标准溶液 CO_3^{2-} 也基本上被作用为 CO_2，即 CO_2 的影响可以忽略。当强酸强碱浓度很低时，由于突跃减小，再用甲基橙作指示剂可能不太合适，应选用甲基红，但此时 CO_2 的影响较大。在这种情况下，通常应煮沸溶液，除去水中溶解的 CO_2，并重新配制不含 CO_3^{2-} 的标准碱溶液。

【仪器、材料和试剂】

1. 仪器和材料

500mL 试剂瓶，量筒，托盘天平，50mL 碱式滴定管，50mL 酸式滴定管，锥形瓶。

2. 试剂

固体 NaOH，浓 HCl，0.05%甲基橙，0.1%酚酞。

【实验前应准备的工作】

1. 若要配制 0.10 $mol \cdot L^{-1}$ NaOH 溶液 500 mL，应称取固体氢氧化钠多少克？用什么天平？若要配制 0.10 $mol \cdot L^{-1}$ HCl 溶液 500mL，应量取浓盐酸（密度 1.18$g \cdot mL^{-1}$，含量 37%）多少毫升？

2. 怎样排出碱式滴定管下部的空气？滴定时应怎样操作才能避免空气进入？若酸式滴定管活塞转动不灵活，需要涂油，应如何操作？

3. 能否用 $Na_2C_2O_4$ 作为基准物标定 HCl 溶液？NaOH 能否用 $NaHC_2O_4 \cdot H_2O$ 来标定？

【实验内容】

1. 0.1$mol \cdot L^{-1}$ HCl 溶液配制

用洁净量筒量取 4.3mL 浓 HCl，稀释至 500mL 后，转入磨口试剂瓶中，盖好瓶塞，充分摇匀，贴好标签备用（试剂名称、浓度、配制日期）。

2. 0.1$mol \cdot L^{-1}$ NaOH 溶液配制

由托盘天平迅速称取 2g 固体 NaOH 于烧杯中，加少量不含 CO_2 的蒸馏水，溶解、稀释至 500mL，转入具橡皮塞的试剂瓶中，盖好瓶塞，摇匀，贴好标签备用（试剂名称、浓度、配制日期）。

3. 0.1$mol \cdot L^{-1}$ HCl 溶液的标定

(1) 称量基准物(Na_2CO_3)　在分析天平上用差减法准确称取 0.11～0.16g（准确至 0.1mg，取此量的依据是什么？）无水 Na_2CO_3 3 份，分别置于 250mL 的锥形瓶中，加入

30mL 蒸馏水，微热溶解后加 1～2 滴甲基橙指示剂。

(2) 标定 HCl 溶液　将配制好的 0.1mol·L^{-1} HCl 溶液装入已用上述溶液润洗好的 50mL 酸式滴定管中，调整初读数在 0.00mL 或接近 0 的任意刻度开始，滴定至由黄色恰变为橙色，记录所消耗 HCl 标准溶液的耗用量。计算 HCl 标准溶液的浓度（保留四位有效数字）。3 份测定的相对平均偏差应小于 0.3%，否则应重复测定（表 7-3）。

表 7-3　HCl 标准溶液的标定

试样编号	1	2	3
倾出前(称量瓶＋试样)质量/g			
倾出后(称量瓶＋试样)质量/g			
$M(Na_2CO_3)$/g			
HCl 终读数/mL			
HCl 初读数/mL			
消耗 HCl 溶液的体积 V(HCl)/mL			
c(HCl)/mol·L^{-1}			
平均值			
相对平均偏差			

4. 0.1 mol·L^{-1} NaOH 的标定

(1) 称量基准物　在分析天平上准确称取 3 份已在 106～110℃烘过 1h 以上的分析纯的邻苯二甲酸氢钾，每份 0.4～0.6g（取此量的依据是什么？）放入 250 mL 锥形瓶中，用 50 mL 煮沸后稍冷的蒸馏水使之溶解。加入 2 滴酚酞指示剂。

(2) 标定 NaOH 溶液　将配制好的 0.1mol·L^{-1} NaOH 溶液装入已用上述溶液润洗好的 50mL 碱式滴定管中，调整初读数在 0.00 mL 或接近 0 的任意刻度开始，滴定至呈微红色半分钟内不褪，即为终点。计算 NaOH 标准溶液的浓度（保留四位有效数字）。3 份测定的相对平均偏差应小于 0.3%，否则应重复测定（表 7-4）。

表 7-4　NaOH 标准溶液的标定

试样编号	1	2	3
倾出前(称量瓶＋试样)质量/g			
倾出后(称量瓶＋试样)质量/g			
$M(KHC_8H_4O_4)$/g			
NaOH 终读数/mL			
NaOH 初读数/mL			
耗 NaOH 溶液的体积 V(NaOH)/mL			
c(NaOH)/mol·L^{-1}			
平均值			
相对平均偏差			

【思考与讨论】

1. 本实验中配制酸碱标准溶液时，试剂只用量筒量取或托盘天平称取，为什么？所用蒸馏水是否需要准确量取？

2. 平行测定时，每次滴定完成后，为什么要将标准溶液加至滴定管零刻度附近再进行下次滴定？

3. 用 NaOH 标准溶液滴定强酸的浓度，分别用甲基橙和酚酞作指示剂，若 NaOH 标准溶液吸收了 CO_2，对结果有什么影响？用该标准溶液滴定弱酸，对结果又有什么影响？

4. 硼酸的性质稳定，而且纯度极高的硼酸也很容易得到，因此，硼酸是标定 NaOH 溶液的理想基准物。这种说法对吗？为什么？

实验 7-4　碱液中氢氧化钠及碳酸钠含量的测定

工业碱性废水中常含有氢氧化钠和碳酸钠，知道其中氢氧化钠及碳酸钠的含量，对于选用正确的水处理方法，有着极其重要的意义。通常分析氢氧化钠及碳酸钠的方法为双指示剂法。通过测定碱液中氢氧化钠及碳酸钠的含量，学习并掌握酸碱滴定的原理和技术。

【实验提要】

碱液中 NaOH 和 Na_2CO_3 含量的测定，可在同一份试液中用两种不同的指示剂来测定，这种测定方法称为双指示剂法。此法方便、快速，应用普遍。

常用的两种指示剂是酚酞和甲基橙。用 HCl 标准溶液滴定碱试液时，先用酚酞为指示剂，滴定到达终点时，即酚酞指示剂由红色刚褪至无色时，全部 NaOH 被中和，Na_2CO_3 则被滴定至 $NaHCO_3$，记下此时 HCl 标准溶液的用量为 V_1(mL)。然后再加入甲基橙指示剂，继续用 HCl 标准溶液滴定至橙色终点，这时 $NaHCO_3$ 被滴定生成 H_2CO_3，第一个终点至第二个终点间消耗的 HCl 标准溶液的量为 V_2(mL)。根据滴定用去 HCl 体积（mL)，即可由下式求出水样中 NaOH 和 Na_2CO_3 含量。

$$x_{\mathrm{NaOH}}=\frac{(V_1-V_2)c_{\mathrm{HCl}}M_{\mathrm{NaOH}}}{V_{试液}} \quad (\mathrm{g/L})$$

$$x_{\mathrm{Na_2CO_3}}=\frac{2V_2c_{\mathrm{HCl}}M_{\mathrm{Na_2CO_3}}}{2V_{试液}} \quad (\mathrm{g/L})$$

式中，c 是浓度，$\mathrm{mol \cdot L^{-1}}$；$V$ 是体积，mL；M 是物质的摩尔质量，$\mathrm{g \cdot mol^{-1}}$。

【仪器、材料和试剂】

1. 仪器和材料

分析天平，250mL 锥形瓶，25mL 移液管，50mL 酸式滴定管，50mL 碱式滴定管，铁架台。

2. 试剂

0.1%酚酞，0.05%甲基橙，0.05$\mathrm{mol \cdot L^{-1}}$ HCl 标准溶液。

【实验前应准备的工作】

1. 盐酸标准溶液怎样配制？如何选择基准物质？

2. 氢氧化钠标准溶液怎样配制？如何选择基准物质？

3. 简述酸碱指示剂的变色原理。

【实验内容】

1. 0.1$\mathrm{mol \cdot L^{-1}}$ HCl 和 NaOH 标准溶液的配制和标定见实验 7-3。

2. 用洁净的公用 25mL 移液管，吸取碱试液 25.00mL，放入 250mL 容量瓶中，加水稀释至刻度，摇匀。

3. 另取一支洁净的 25mL 移液管，吸取稀释后的试液 25.00mL，置于 250mL 锥形瓶中，加入酚酞指示剂一滴，用 HCl 标准溶液滴定至酚酞指示剂由红色褪至无色，记下 HCl 标准溶液的用量，设为 V_1(mL)，然后再加入一滴甲基橙指示剂，继续用 HCl 标准溶液滴定至橙色终点，记下第一个终点至第二个终点间消耗的 HCl 标准溶液的量，设为 V_2(mL)，然后计算 NaOH 和 Na_2CO_3 含量。总碱度以 Na_2O 计量（表 7-5）。

表 7-5 碱液中氢氧化钠及碳酸钠含量的测定

项目 \ 编号	1	2	3	4
HCl 初读数/mL				
HCl 第一终读数/mL				
HCl 第二终读数/mL				
V_1/mL				
V_2/mL				
Na_2CO_3/$g \cdot L^{-1}$				
平均值/$g \cdot L^{-1}$				
NaOH/$g \cdot L^{-1}$				
平均值/$g \cdot L^{-1}$				
Na_2O/$g \cdot L^{-1}$				
Na_2O 的平均值/$g \cdot L^{-1}$				
相对平均偏差				

【思考与讨论】

1. 若要测定碱液的总碱度，应采用何种指示剂？若总碱度以 Na_2O 计量，试推导计算公式。

2. 用 HCl 标准溶液滴定某碱液，一定量的碱液用甲基橙作指示剂消耗 HCl V_1(mL)，同样量的碱液用酚酞作指示剂消耗 HCl V_2(mL)，试判断下列两种情况时试液的组成。(1) $V_1=2V_2$；(2) $2V_1=3V_2$。

3. 本实验中 Na_2CO_3 和 NaOH 测定结果误差较大，而总碱度结果较为准确，试分析其原因。

实验 7-5 碱灰中有关组分和总碱量的测定

碱灰是 Na_2CO_3 与 NaOH 或 Na_2CO_3 与 $NaHCO_3$ 的混合物。碱灰试样中有关组分的含量可用 HCl 标准溶液滴定，滴定时，若用两种不同的指示剂分别指示第一、第二化学计量点，则这种测定方法称为“双指示剂法”。该法方便、快速，在生产中应用普遍。通过本实验，学习并掌握盐酸标准溶液的配制和标定以及把固体试样制成待测试液的方法，掌握碱灰试样中有关组分及总碱量测定的原理和方法，了解酸碱指示剂的变色原理以及酸碱滴定中指示剂的选用原则，练习并巩固滴定基本操作。

【实验提要】

碱灰试样中有关组分的含量可用“双指示剂法”进行测定，其原理如下：在试液中先加酚酞指示剂，用 HCl 标准溶液滴定至红色刚刚褪去，由于酚酞的变色范围在 pH8～10，此时不仅 NaOH 被完全中和，Na_2CO_3 也被滴定成 $NaHCO_3$，记下此时 HCl 标准溶液的耗用

量 V_1；再加入甲基橙指示剂，溶液呈黄色，继续用同浓度的 HCl 标准溶液滴定至溶液呈橙色为终点，此时 $NaHCO_3$ 被滴定成 H_2CO_3，记下 HCl 标准溶液的耗用量为 V_2，根据 V_1、V_2 的相对大小，可以判断碱灰试样的组成和计算相应组分的百分含量。当 $V_1>V_2$ 时，试样组成为 Na_2CO_3+NaOH，则滴定反应和有关组分含量计算公式为：

$$NaOH+HCl \xrightarrow{\text{酚酞}} NaCl+H_2O$$

$$Na_2CO_3+HCl \xrightarrow{\text{酚酞}} NaCl+NaHCO_3$$

$$NaHCO_3+HCl \xrightarrow{\text{甲基橙}} NaCl+H_2CO_3$$

$$w(NaOH)=\frac{c_{HCl}(V_1-V_2)M_{NaOH}\times10^{-3}}{m_s}\times100\%$$

$$w(Na_2CO_3)=\frac{c_{HCl}V_2M_{Na_2CO_3}\times10^{-3}}{m_s}\times100\%$$

当 $V_1<V_2$ 时，试样组成为 $Na_2CO_3+NaHCO_3$，则滴定反应和有关组分含量计算公式为：

$$Na_2CO_3+HCl \xrightarrow{\text{酚酞}} NaCl+NaHCO_3$$

$$NaHCO_3+HCl \xrightarrow{\text{甲基橙}} NaCl+H_2CO_3$$

$$w(NaHCO_3)=\frac{c_{HCl}(V_2-V_1)M_{NaHCO_3}\times10^{-3}}{m_s}\times100\%$$

$$w(Na_2CO_3)=\frac{c_{HCl}V_1M_{NaCO_3}\times10^{-3}}{m_s}\times100\%$$

碱灰的主要成分是 Na_2CO_3，由于制备方法的不同，其中所含的杂质亦不同。当用盐酸标准溶液滴定时，除 Na_2CO_3 被中和外，其他碱性杂质如 NaOH 或 $NaHCO_3$ 也都被中和，因此这个测定结果是碱的总量，通常以 Na_2O 的百分含量来表示。总碱量（以 Na_2O 计）计算公式如下：

$$w(Na_2O)=\frac{c_{HCl}(V_1+V_2)M_{Na_2O}\times10^{-3}}{2m_s}\times100\%$$

式中 c_{HCl}——盐酸标准溶液的浓度，$mol\cdot L^{-1}$；

M_{NaOH}，M_{NaHCO_3}——NaOH 和 $NaHCO_3$ 的摩尔质量，$g\cdot mol^{-1}$；

$M_{Na_2CO_3}$，M_{Na_2O}——Na_2CO_3 和 Na_2O 的摩尔质量，$g\cdot mol^{-1}$；

V_1，V_2——盐酸标准溶液的消耗体积，mL;

m_s——碱灰试样的质量或每次滴定所取试液相当于碱灰试样的质量，g。

【仪器、材料和试剂】

1. 仪器和材料

50mL 酸式滴定管，25mL 移液管，容量瓶，锥形瓶，称量瓶，分析天平，电炉。

2. 试剂

$6mol\cdot L^{-1}$或浓 HCl，0.1%甲基橙，0.2%酚酞，Na_2CO_3 基准试剂。

【实验前应准备的工作】

1. 计算浓 HCl（密度 $1.19g\cdot mL^{-1}$，含量为 37%）的物质的量浓度 c_{HCl}。

2. 若要配制 500mL0.1 $mol\cdot L^{-1}$ HCl 溶液，应取浓 HCl（密度 $1.19g\cdot mL^{-1}$，含量 37%）多少毫升？

3. 导出用无水 Na_2CO_3 基准物标定 HCl 溶液浓度的计算公式。

4. 若 HCl 溶液的浓度为 $0.1mol \cdot L^{-1}$，则标定时每次应称取无水 Na_2CO_3 基准物多少克（按消耗 HCl 溶液 20～30mL 计）?

5. 若标定 HCl 溶液浓度时，5 次平行测定结果分别为 0.1049，0.1053，0.1055，0.1052，0.1046，试计算平均偏差和相对平均偏差。

【实验内容】

1. $0.1mol \cdot L^{-1}$ 盐酸溶液的配制

取适量浓盐酸或 $6mol \cdot L^{-1}$ HCl 于 500mL 试剂瓶中，加蒸馏水稀释至 500mL，摇匀。

2. 盐酸标准溶液浓度的标定

准确称取适量已烘干的无水 Na_2CO_3 基准物于 250mL 锥形瓶中，加 30mL 蒸馏水，温热，摇动使之溶解，然后以甲基橙为指示剂，用待标定的 $0.1mol \cdot L^{-1}$ HCl 标准溶液滴定至溶液由黄色恰变为橙色即为终点，平行测定三份，根据 HCl 标准溶液的消耗量 V_{HCl} 及无水碳酸钠的质量 $m_{Na_2CO_3}$ 计算 HCl 溶液的准确浓度 c_{HCl}（记录格式参见表 7-6）。

表 7-6 HCl 标准溶液的标定

项　目	1	2	3	4
$m_{Na_2CO_3}$/g				
HCl 初读数/mL				
HCl 终读数/mL				
V_{HCl}/mL				
$c_{HCl}/mol \cdot L^{-1}$				
平均值				
相对平均偏差				

3. 碱灰样品的测定

准确称取碱灰试样 1.5～2g（应称准至小数点后第几位?）置于 250mL 烧杯中，加 20～30mL 蒸馏水，用玻璃棒搅拌使其溶解（必要时可稍加热促使溶解，但必须冷却），将溶液定量转入 250mL 容量瓶中并用蒸馏水稀释至刻度，摇匀。用移液管准确移取 25mL 上述试液于 250mL 锥形瓶中，加 1～2 滴酚酞指示剂，用 $0.1mol \cdot L^{-1}$ HCl 标准溶液滴定至溶液由红色恰变为无色即为终点，记下消耗 HCl 标准溶液的体积 V_1。然后再加 2 滴甲基橙指示剂，此时溶液呈黄色，继续用同浓度的 HCl 标准溶液滴定至溶液恰呈橙色即为终点，记下消耗 HCl 标准溶液的体积 V_2。平行测定三份，根据 V_1 和 V_2 的相对大小判断碱灰组成并分别计算有关组分的百分含量和总碱量（以 Na_2O 计）（记录格式参见表 7-7）。

【思考与讨论】

1. 采用“双指示剂法”测定混合碱，在同一份试液中测定，试判断下列五种情况下，混合碱的组成。

①$V_1=0$　②$V_2=0$　③$V_1>V_2$　④$V_1<V_2$　⑤$V_1=V_2$

2. 本实验中，若以 Na_2CO_3 形式表示总碱量，则总碱量计算公式应怎样?

3. 无水 Na_2CO_3 保存不当，吸水 1%，当用此基准物标定盐酸溶液浓度时，其结果如何? 若用此盐酸浓度测定碱灰试样的总碱量，则结果又如何?

4. 若改用硼砂（$Na_2B_4O_7 \cdot 10H_2O$）作基准物标定 HCl 溶液浓度，请写出滴定反应方程式，并导出 HCl 溶液浓度的计算公式。从称量和试剂特点说明用硼砂作基准物的优点。

5. 本实验中 Na_2CO_3 和 $NaHCO_3$ 测定结果误差都较大，试分析其原因。

表 7-7　碱灰样品的测定

项　目	1	2	3	4
碱灰大样的质量 m/g				
m_s/g				
HCl 初读数/mL				
HCl 第一终读数/mL				
HCl 第二终读数/mL				
V_1/mL				
V_2/mL				
$NaHCO_3$(或 NaOH)含量/%				
平均值				
Na_2CO_3 含量/%				
平均值				
Na_2O 含量/%				
平均值				
总碱度的相对平均偏差				

实验 7-6　阿司匹林药片中乙酰水杨酸含量的测定

药品阿司匹林的主要成分是乙酰水杨酸，医药上经常需要测定药品阿司匹林中乙酰水杨酸的含量，用以检查药品的质量。分析乙酰水杨酸的含量通常用间接的酸碱滴定法。

【实验提要】

阿司匹林曾经是国内外广泛使用的解热镇痛药，它的主要成分是乙酰水杨酸。乙酰水杨酸是有机弱酸（$K_a^\ominus = 1\times10^{-5}$），结构式为 （苯环邻位取代：COOH，$OCOCH_3$），摩尔质量为 $180.16g\cdot mol^{-1}$，微溶于水，易溶于乙醇。在强碱性溶液中溶解并分解为水杨酸（邻羟基苯甲酸）和乙酸盐，反应式如下：

$$C_6H_4(COOH)(OCOCH_3) + 3OH^- = C_6H_4(COO^-)(O^-) + CH_3COO^- + 2H_2O$$

由于药片中一般都添加一定量的赋形剂如硬脂酸镁、淀粉等不溶物，不宜直接滴定，可采用返滴定法进行测定。将药片研磨成粉状后加入过量的 NaOH 标准溶液，加热一段时间使乙酰基水解完全，再用 HCl 标准溶液回滴过量的 NaOH，滴定至溶液由红色变为接近无色即为终点。在这一滴定反应中，1mol 乙酰水杨酸消耗 2mol NaOH。

【仪器、材料和试剂】

1. 仪器和材料

分析天平，锥形瓶，50mL 酸式滴定管，研钵，恒温水浴锅，移液管。

2. 试剂

$1mol\cdot L^{-1}$ NaOH 标准溶液，$0.1mol\cdot L^{-1}$ HCl 标准溶液，0.2%酚酞。

【实验前应准备的工作】

1. 请列出本实验中计算药片中乙酰水杨酸含量的关系式。

2. 设计滴定数据记录表格。

【实验内容】

1. 药片中乙酰水杨酸含量的测定。

将阿司匹林药片研成粉末后，准确称取约 1.5g 药粉于干燥 250mL 烧杯中，用移液管准确加入 25.00mL $1mol \cdot L^{-1}$ NaOH 标准溶液后，盖上表面皿，轻摇几下，水浴加热 15min，迅速用流水冷却，将烧杯中的溶液定量转移至 250mL 容量瓶中，用蒸馏水稀释到刻度线，摇匀。

准确移取上述试液 25.00mL 于 250mL 锥形瓶中，加入 2～3 滴酚酞指示剂，用 0.1 $mol \cdot L^{-1}$ HCl 标准溶液滴至红色刚刚消失即为终点，平行测定三次。

2. NaOH 标准溶液与 HCl 标准溶液体积比的测定

用移液管准确移取 25.00mL $1mol \cdot L^{-1}$ NaOH 溶液于 250mL 容量瓶中，稀释至刻度，摇匀。在锥形瓶中加入 25.00mL 上述 NaOH 溶液，在与测定药粉相同的实验条件下进行加热、冷却和滴定。平行测定 3 次。根据两次滴定所消耗的 HCl 溶液的体积计算药片中乙酰水杨酸的质量分数及每片药剂中乙酰水杨酸的质量（$g \cdot 片^{-1}$）。

【思考与讨论】

1. 若测定的是乙酰水杨酸纯品（晶体），可否采用直接滴定法？

2. 为什么要进行酸碱体积比较？

实验 7-7　EDTA 标准溶液的配制和标定

EDTA 化学名为乙二胺四乙酸，通常用 H_4Y 表示。由于它在水中的溶解度很小（22℃时，每 100mL 水中仅能溶解 0.02g），故常用它的二钠盐（$Na_2H_2Y \cdot 2H_2O$）配制溶液。EDTA 分子具有六个配位原子（两个氨基和四个羧基氧），在适当酸度条件下，能与大多数金属离子形成 1∶1 的稳定性较大的螯合物，因此在分析化学中常被用作滴定剂和掩蔽剂。通过本实验，学会 EDTA 标准溶液的配制以及几种不同的标定方法。

【实验提要】

$Na_2H_2Y \cdot 2H_2O$ 在常温下的溶解度约为 $120g \cdot L^{-1}$，可配成 $0.3mol \cdot L^{-1}$ 的溶液，作为标准溶液，通常浓度为 $0.02mol \cdot L^{-1}$，用间接法配制。

标定 EDTA 溶液常用的基准物有 Zn、ZnO、$CaCO_3$、Bi、Cu、$MgSO_4 \cdot 7H_2O$、Hg、Ni、Pb 等。通常选用其中与被测物组分相同的物质作基准物，这样，滴定条件较一致，可减少误差。

EDTA 溶液若用于测定石灰石或白云石中 CaO 、 MgO 的含量，则宜用 $CaCO_3$ 为基准物。首先可加 HCl 溶液，其反应如下：

$$CaCO_3 + 2HCl = CaCl_2 + CO_2 + H_2O$$

然后把溶液转移到容量瓶中稀释，制成钙标准溶液。吸取一定量的钙标准溶液，调节酸度至 pH≈12，用钙指示剂，以 EDTA 溶液滴定至溶液由酒红色变纯蓝色，即为终点。其变色原理如下。

钙指示剂（常以 H_3Ind 表示）在水溶液中按下式离解：

$$H_3Ind \rightleftharpoons 2H^+ + HInd^{2-}$$

在 pH≈12 的溶液中，$HInd^{2-}$ 与 Ca^{2+} 形成比较稳定的配离子，其反应如下：

$$HInd^{2-} + Ca^{2+} \rightleftharpoons CaInd^{-} + H^{+}$$

纯蓝色　　　　　　酒红色

所以在钙标准溶液中加入钙指示剂时，溶液呈酒红色。当用 EDTA 溶液滴定时，由于 EDTA 能与 Ca^{2+}形成比 $CaInd^{-}$ 配离子更稳定的配离子，因此在滴定终点附近，$CaInd^{-}$ 配离子不断转化为较稳定的 CaY^{2-} 配离子，而钙指示剂则被游离出来，其反应可表示如下：

$$CaInd^{-} + H_2Y^{2-} + OH^{-} \rightleftharpoons CaY^{2-} + HInd^{2-} + H_2O$$

酒红色　　　　　　　　　　　无色　　纯蓝色

用此法测定钙时，若有 Mg^{2+} 共存［在调节溶液酸度为 pH≈12 时，Mg^{2+} 将形成 $Mg(OH)_2$沉淀］，则 Mg^{2+}不仅不干扰钙之测定，而且使终点比 Ca^{2+} 单独存在时更敏锐。当 Ca^{2+}、Mg^{2+}共存时，终点由酒红色到纯蓝色，当 Ca^{2+} 单独存在时则由酒红色到紫蓝色。所以测定单独存在 Ca^{2+}时，常常加入少量 Mg^{2+}。

EDTA 溶液若用于测定 Pb^{2+}、Bi^{3+}，则宜以 ZnO 或金属锌为基准物，以二甲酚橙为指示剂。在 pH≈5～6 的溶液中，二甲酚橙指示剂本身显黄色，与 Zn^{2+} 的配位物呈紫红色。EDTA 与 Zn^{2+}形成更稳定的配合物，因此用 EDTA 溶液滴定至近终点时，二甲酚橙被游离了出来，溶液由紫红色变为黄色。

配位滴定中所用的水，应不含 Fe^{3+}、Al^{3+}、Cu^{2+}、Ca^{2+}、Mg^{2+}等杂质离子。

配位反应进行的速度较慢（不像酸碱反应能在瞬间完成），故滴定时加入 EDTA 溶液的速度不能太快，在室温低时，尤要注意。特别是近终点时，应逐滴加入，并充分振摇。

配位滴定中，加入指示剂的量是否适当对于终点的观察十分重要，宜在实验中总结经验，加以掌握。

【仪器、材料和试剂】

1. 仪器和材料

分析天平，托盘天平，滴定管，容量瓶，25mL 移液管，50mL 量筒，250mL 锥形瓶，表面皿，试剂瓶。

2. 试剂

$Na_2H_2Y \cdot 2H_2O$，基准 $CaCO_3$，基准 ZnO，1∶1 $NH_3 \cdot H_2O$，1∶1 HCl，10% NaOH，钙指示剂，二甲酚橙，镁溶液（1g $MgSO_4 \cdot 7H_2O$ 溶于 200mL H_2O），20%六亚甲基四胺溶液。

【实验前应准备的工作】

1. 设计称量和滴定的数据记录表格。

2. 估计配制 500mL0.02mol·L^{-1} EDTA 溶液所需的 $Na_2H_2Y \cdot 2H_2O$（$M = 372.1$ g·mol^{-1}）质量。

3. 估计本实验中 $CaCO_3$ 和 ZnO 的称量范围（按消耗 0.02mol·L^{-1} EDTA 20～30mL 估计）。

4. 导出以 $CaCO_3$ 和 ZnO 为基准物标定 EDTA 时，EDTA 标准溶液浓度计算公式。

【实验内容】

1. 0.02mol·L^{-1} EDTA 溶液的配制

称取一定量 $Na_2H_2Y \cdot 2H_2O$ 于 250mL 烧杯中，加入约 250mL 热蒸馏水，搅拌，溶解后转移至 500mL 细口试剂瓶中，稀释至 500mL，摇匀。

2. 以 $CaCO_3$ 为基准物标定 EDTA 溶液

(1) $0.02mol \cdot L^{-1}$标准钙溶液的配制　准确称取适量的在110℃干燥2h、冷却后的$CaCO_3$于烧杯中，盖以表面皿，加水润湿，再从杯嘴边逐滴加入（注意！为什么?）❶ 数毫升1∶1 HCl至完全溶解，用水把可能溅到表面皿上的溶液淋洗入杯中，加热至沸腾，待冷却后移入250mL容量瓶中，稀释至刻度，摇匀。

(2) 标定　用移液管移取25.00mL标准钙溶液，置于锥形瓶中，加入约25mL水、2mL镁溶液、10mL 10% NaOH溶液及约10mg（绿豆大小）钙指示剂，摇匀后用EDTA溶液滴定至由红色变至蓝色，即为终点。平行测定三次，计算EDTA的浓度和相对平均偏差。

3. 以ZnO为基准物❷标定EDTA溶液

(1) 锌标准溶液的配制　准确称取适量的在800～1000℃灼烧过（需20min以上）的基准物ZnO于100mL烧杯中，用少量水润湿，然后逐滴加入1∶1 HCl，边加边搅至完全溶解为止。然后，将溶液定量转移入250mL容量瓶中，稀释至刻度并摇匀。

(2) 标定　移取25mL锌标准溶液于250mL锥形瓶，加约30mL水、2-3滴二甲酚橙指示剂，先加1∶1氨水至溶液由黄色刚变橙色（不能多加），然后滴加20%六亚甲基四胺至溶液呈稳定的紫红色后再多加3mL❸，用EDTA溶液滴至溶液由红紫色变亮黄色，即为终点。平行测定三次，计算EDTA的浓度和相对平均偏差。

【思考与讨论】

1. 为什么通常使用乙二胺四乙酸二钠盐配制EDTA标准溶液，而不用乙二胺四乙酸？

2. 以HCl溶液溶解$CaCO_3$基准物时，操作中应注意什么？

3. 以$CaCO_3$为基准物标定EDTA溶液时，加入镁溶液的目的是什么？为什么以铬黑T为指示剂时要加入MgY^{2-}，而不能直接加入Mg^{2+}？以钙指示剂为指示剂时则要直接加入Mg^{2+}，而不能加入MgY^{2-}？

4. 以$CaCO_3$为基准物，以钙指示剂为指示剂标定EDTA溶液时，应控制溶液的酸度为多少？为什么？怎样控制？

5. 以ZnO为基准物，以二甲酚橙为指示剂标定EDTA溶液浓度的原理是什么？溶液的pH值应控制在什么范围？若溶液为强酸性，应怎样调节？

6. 如果EDTA溶液在长期储存中因侵蚀玻璃而含有少量CaY^{2-}、MgY^{2-}，则在pH=10的碱性溶液中用Mg^{2+}标定和pH=4～5的酸性介质中用Zn^{2+}标定，所得结果是否一致？为什么？

实验7-8　自来水总硬度的测定

自来水中一般主要含有Ca^{2+}、Mg^{2+}、Na^+、K^+等阳离子，另外还有少量Fe^{3+}、Al^{3+}、Cu^{2+}、Zn^{2+}等离子。水的总硬度是指水中所含钙、镁离子的总量$[Ca^{2+}+Mg^{2+}]$，它是水质常规检测项目之一，可采用EDTA配位滴定法进行测定。本实验用EDTA配位滴定法测定自来水的总硬度，通过实验，了解配位滴定法测定水总硬度的原理和方法，进一步练习称量和滴定基本操作。

---

❶ 目的是为了防止反应过于激烈而产生CO_2气泡，使$CaCO_3$飞溅损失。

❷ 根据试样性质，选用一种标定方法，也可用金属锌作基准物。

❸ 此处六亚甲基四胺用作缓冲剂，使溶液的酸度稳定在pH=5～6范围内。

【实验提要】

水的总硬度测定原理如下：首先，向水样中加入NH_3-NH_4Cl缓冲溶液，使溶液的pH保持在10左右，然后以铬黑T（以EBT表示，pH≈10时EBT主要存在形态为HIn^{2-}，呈蓝色）为指示剂，用EDTA标准溶液滴定。滴定前，铬黑T先与Ca^{2+}、Mg^{2+}生成紫红色配位物：

$$\underset{}{Ca^{2+}}+\underset{\text{蓝色}}{HIn^{2-}} \rightleftharpoons \underset{\text{红色}}{CaIn^-}+H^+ \qquad \lg K_{CaIn^-}=3.7$$

$$Mg^{2+}+\underset{\text{蓝色}}{HIn^{2-}} \rightleftharpoons \underset{\text{红色}}{MgIn^-}+H^+ \qquad \lg K_{MgIn^-}=5.7$$

滴定开始后，滴入的EDTA首先与溶液中未配位的Ca^{2+}、Mg^{2+}生成配位物：

$$Ca^{2+}+H_2Y^{2-} \rightleftharpoons \underset{\text{无色}}{CaY^{2-}}+2H^+ \qquad \lg K_{CaY^{2-}}=10.25$$

$$Mg^{2+}+H_2Y^{2-} \rightleftharpoons \underset{\text{无色}}{MgY^{2-}}+2H^+ \qquad \lg K_{MgY^{2-}}=8.25$$

待反应接近化学计量点时，由于CaY^{2-}、MgY^{2-}的稳定性远高于$CaIn^-$、$MgIn^-$，因此，溶液中将会发生配位物的转化反应，继续滴入的EDTA将夺取$CaIn^-$和$MgIn^-$中的Ca^{2+}、Mg^{2+}，使铬黑T指示剂释放出来：

$$\underset{\text{红色}}{CaIn^-}+H_2Y^{2-} \rightleftharpoons \underset{\text{无色}}{CaY^{2-}}+\underset{\text{蓝色}}{HIn^{2-}}+H^+$$

$$\underset{\text{红色}}{MgIn^-}+H_2Y^- \rightleftharpoons \underset{\text{无色}}{MgY^{2-}}+\underset{\text{蓝色}}{HIn^{2-}}+H^+$$

所以，当滴入的EDTA把$CaIn^-$、$MgIn^-$中的Ca^{2+}、Mg^{2+}水部分夺走后，溶液即由紫红色转变为HIn^{2-}的蓝色，并指示终点的到达，所测得的是Ca^{2+}和Mg^{2+}的合量，即水的总硬度。

如果水样中还共存有少量Fe^{3+}、Al^{3+}、Cu^{2+}、Zn^{2+}等离子，将会对硬度测定产生干扰。Fe^{3+}、Al^{3+}的干扰，可用三乙醇胺掩蔽；Cu^{2+}、Zn^{2+}的干扰可用Na_2S消除。

由于配位反应速度相对较慢，所以，滴定时若室温过低，可将水样加热至30～40℃，滴定速度也不可太快，滴定时应不断摇动溶液，使充分反应。

水的硬度表示方法有多种，随各国的习惯而有所不同。德国硬度（°d）是每度相当于1L水中含10mgCaO；法国硬度（°f）是每度相当于1L水中含10mg $CaCO_3$；美国硬度则是每度等于法国硬度的十分之一。我国采用的是德国硬度单位，所以，水的总硬度可根据下式计算：

$$\text{水的总硬度}=\frac{c_Y V_Y M_{CaO}\times 1000}{V_{\text{水样}}} \quad (CaO,\ mg\cdot L^{-1})$$

$$=\frac{c_Y V_Y M_{CaO}\times 100}{V_{\text{水样}}} \quad (°d)$$

式中 c_Y——EDTA标准溶液的物质的量浓度，$mol\cdot L^{-1}$；

V_Y——滴定时EDTA标准溶液的消耗量，mL；

M_{CaO}——CaO的摩尔质量，$g\cdot mol^{-1}$。

【仪器、材料和试剂】

1. 仪器和材料

分析天平，电炉，50mL酸式或碱式滴定管，250mL容量瓶，250mL锥形瓶，25mL移液管，100mL烧杯，广泛pH试纸。

2. 试剂

$Na_2H_2Y \cdot 2H_2O$（EDTA 二钠盐），基准 $CaCO_3$，1∶1 氨水，6mol·L^{-1} HCl，pH＝10 的 NH_3-NH_4Cl 缓冲溶液，20％三乙醇胺，2％ Na_2S，铬黑 T（1∶100 NaCl）。

【实验前应准备的工作】

1. 水的硬度有哪几种表示方法？

2. 若配制 500mL c_Y＝0.02mol·L^{-1} EDTA 溶液应称取 EDTA 二钠盐（$Na_2H_2Y \cdot 2H_2O$）多少克？

3. 导出用 $CaCO_3$ 作基准物标定 EDTA 溶液浓度的计算公式。

4. 在测定自来水总硬度时，加入三乙醇胺和 Na_2S 的目的是什么？

5. 配位滴定中为什么要加入缓冲溶液？

【实验内容】

1. 0.02mol·L^{-1} EDTA 溶液的配制和标定

参阅实验 7-7，选择合适的标定方法。以基准物 $CaCO_3$ 为例，记录格式参见表 7-8。

2. 自来水总硬度的测定

取 100.0mL 自来水样于 250mL 锥形瓶中，加入 1～2 滴 6mol·L^{-1} HCl 使试液酸化。煮沸 2～3min，以除去其中的 CO_2。冷却后，分别加入 3mL 20％三乙醇胺溶液、5mL pH＝10 NH_3-NH_4Cl 缓冲溶液及 1mL 2％ Na_2S 溶液，摇匀，然后加 2～3 滴 1％铬黑 T 指示剂（此时，溶液呈红色），用 0.02mol·L^{-1} EDTA 标准溶液滴定至溶液由紫红色恰变为蓝色即为终点。平行测定三次，计算水样的总硬度（以 CaO，mg·L^{-1}计，记录格式参见表7-9）。

表 7-8　EDTA 标准溶液浓度的标定

编　号	1	2	3	4
m_{CaCO_3}/g				
$c_{Ca^{2+}}$/mol·L^{-1}				
$V_{试}$/mL				
EDTA 终读数/mL				
EDTA 初读数/mL				
V_Y/mL				
c_Y/mol·L^{-1}				
平均值/mol·L^{-1}				
相对平均偏差/％				

表 7-9　自来水总硬度的测定

编　号	1	2	3	4
c_Y/mol·L^{-1}				
$V_{水样}$/mL				
EDTA 终读数/mL				
EDTA 初读数/mL				
V_Y/mL				
总硬度(CaO)/mg·L^{-1}				
平均值(CaO)/mg·L^{-1}				
相对平均偏差/％				

【思考与讨论】

1. 测定自来水总硬度时为什么要将 pH 值控制在 10？若 $pH>12$ 或 $pH<7$ 会对结果产生什么影响？

2. 若仅测定钙硬度，简述测定方法。

3. 若配制 EDTA 溶液所用水中含有 Ca^{2+}，则下列情况对测定结果有何影响？

(1) 以 $CaCO_3$ 为基准物标定 EDTA 溶液，用 EDTA 标准溶液滴定试液中的 Zn^{2+}，以二甲酚橙为指示剂；

(2) 以 ZnO 为基准物、二甲酚橙为指示剂标定，用 EDTA 标准溶液滴定试液中 Ca^{2+} 的含量；

(3) 以 $CaCO_3$ 为基准物质、钙指示剂为指示剂标定 EDTA 溶液，用所得 EDTA 标准溶液滴定试液中 Ca^{2+} 的含量。

4. 以 HCl 溶液溶解 $CaCO_3$ 基准物时，能否用如下方法操作？为什么？

"准确称取适量的 $CaCO_3$ 基准物于烧杯中，加水润湿，沿烧杯内壁滴加入数毫升 1∶1 HCl，用玻璃棒轻轻搅拌至完全溶解，用少量水冲洗玻璃棒和烧杯内壁，盖以表面皿，加热至沸。"

实验 7-9　石灰石中钙和镁的测定

石灰石的主要成分是碳酸钙，同时也含有一定量的碳酸镁、二氧化硅、铁、铝及其他重金属离子如钛、锰离子等。通常试样用酸溶解后，如果干扰成分不是很多，可直接用配位滴定法测定。通过本实验，可使学生学会酸法溶样的方法，掌握配位滴定法测定石灰石中钙、镁含量的方法和原理。

【实验提要】

试样经盐酸溶解后，调节溶液的 pH 值，在 $pH=10$ 下，用 EDTA 标准溶液滴定 Ca^{2+}、Mg^{2+} 的总量。滴定时，以酸性铬蓝 K 为指示剂，在 $pH=10$ 的缓冲溶液中，指示剂与 Ca^{2+}、Mg^{2+} 生成酒红色配位物，当用 EDTA 滴定到等当点时，游离出指示剂，溶液显蓝色。为了使终点颜色变得更为敏锐，常将酸性铬蓝 K 和惰性染料萘酚绿 B 混合使用，简称 K·B 指示剂。此时滴定到溶液由紫红色变为纯蓝色即为终点。

另吸取一份试液，调节试液的 pH 值，当 $pH\approx12$ 时，此时 Mg^{2+} 生成 $Mg(OH)_2$ 沉淀，不与 EDTA 反应，这时可用 EDTA 单独滴定 Ca^{2+}。用差减法即可算出钙、镁的含量。

滴定时，试液中 Fe^{3+}、Al^{3+} 等干扰可用三乙醇胺掩蔽，Cu^{2+}、Zn^{2+} 等干扰可用 KSCN 掩蔽。如试样成分复杂，在试样溶解后，可在试液中加入六亚甲基四胺和铜试剂，使重金属离子与之反应，生成沉淀，过滤后即可按上述方法分别测定 Ca^{2+}、Mg^{2+} 总量和 Ca^{2+} 含量。

【仪器、材料和试剂】

1. 仪器和材料

分析天平，250mL 锥形瓶，25mL 移液管，50mL 的滴定管，铁架台。

2. 试剂

石灰石试样，1∶1 HCl，1∶2 三乙醇胺，$6mol\cdot L^{-1}$ NaOH，钙指示剂，K·B 指示剂（取 0.2g 酸性铬蓝 K、0.4g 萘酚绿 B 于烧杯中，加水溶解后，稀释至 100mL），$pH=10$ 缓冲溶液（称取 67g 固体 NH_4Cl，溶于少量水中，加 570mL 浓氨水，用水稀释至 1L）。

【实验前应准备的工作】

1. 设计本实验数据记录和处理的表格。

2. 在 pH>12 时，滴定钙时，镁会不会有影响？

3. 以 $CaCO_3$ 为基准物，以钙指示剂为指示剂标定 EDTA 溶液时，应控制溶液的酸度为多少？为什么？怎样控制？

4. 实验中用数毫升 1∶1 HCl 溶解 $CaCO_3$ 基准物和石灰石试样，如何估算 HCl 的体积？

【实验内容】

1. 0.02mol·L^{-1} EDTA 溶液的配制和标定

参阅实验 7-7，选择合适的标定方法。以基准物 $CaCO_3$ 为例，记录格式参见表 7-8。

2. 试样处理

准确称取 0.5g 左右（准确到 0.1mg）石灰石试样，置于 250mL 烧杯中，加入少量水润湿，盖上表面皿，慢慢加入 10mL 1∶1 HCl 溶液，加热微沸 2min，冷却至室温，转入 250mL 容量瓶中，用水稀释至刻度。

3. 测 CaO 含量

用移液管移取 25.00mL 试液于 250mL 锥形瓶中，加水约 75mL、三乙醇胺 5mL、6mol·L^{-1} NaOH 10mL、钙指示剂少量，摇匀。用 EDTA 标准溶液滴定至溶液由酒红色变为纯蓝色。记录消耗 EDTA 标准溶液的体积 V_1（mL），样品中钙含量计算公式如下：

$$\text{CaO 含量}=\frac{c_{EDTA}V_1M_{CaO}}{m\times\frac{25}{250}\times1000}\times100\%$$

4. 测 MgO 含量

用 25mL 移液管移取试液于 250mL 锥形瓶中，各加水 75mL、1∶2 三乙醇胺 5mL，摇匀，再加 10mL pH=10 缓冲溶液、少量 K·B 指示剂，用 EDTA 标准溶液滴定至溶液由紫红色变为纯蓝色即为终点，记录消耗 EDTA 体积为 V_2（mL），样品中镁含量计算公式如下：

$$\text{MgO 含量}=\frac{(V_2-V_1)c_{EDTA}V_{MgO}}{m\times\frac{25}{250}\times1000}\times100\%$$

【思考与讨论】

1. 在测定石灰石中时，滴定 Ca^{2+}、Mg^{2+} 时，为何要加三乙醇胺？三乙醇胺能否在加入 NaOH 后再加？

2. 本实验的误差来源有哪些？

3. 是否可以在一种溶液中同时滴定 Ca^{2+}、Mg^{2+}？

实验 7-10 焊锡中铅、锡的测定

焊锡主要由锡和铅组成，其含量可用 EDTA 配位滴定法进行测定。通过实验，了解用返滴定与置换滴定法测定焊锡中锡、铅含量的原理和方法，熟悉二甲酚橙指示剂的特点和变色原理。

【实验提要】

焊锡样品经浓盐酸、双氧水处理后转成溶液，定量加入过量的 EDTA 标准溶液，然后用六亚甲基四胺调节并控制溶液的 pH≈5.5，此时，Pb^{2+} 和 Sn^{4+} 分别形成 PbY^{2-} 和 SnY：

$$Pb^{2+}+H_2Y^{2-}\rightleftharpoons PbY^{2-}+2H^+$$

$$Sn^{4+}+H_2Y^{2-}\rightleftharpoons SnY+2H^+$$

过量的 EDTA 以二甲酚橙为指示剂，用 Pb^{2+} 标准溶液返滴定，据此可以计算其中锡和铅的总量。

在经 Pb^{2+} 返滴定后的试液中，加入适量 NH_4F，此时发生如下置换反应：

$$SnY+6F^-+2H^+ \rightleftharpoons SnF_6^{2-}+H_2Y^{2-}$$

释放出的 EDTA 可继续用 Pb^{2+} 标准溶液滴定，据此可计算试液中锡的含量。

试液中含有的少量 Cu^{2+}、Zn^{2+} 等离子对测定有干扰，可用邻二氮菲掩蔽。

二甲酚橙（Xylenol Orange）常用 XO 表示，属于三苯甲烷类染料，易溶于水，可看作七元弱酸（H_7In），其中 H_7In 至 H_3In^{4-} 呈黄色，H_2In^{5-} 至 In^{7-} 呈红色，所以 XO 在溶液中的颜色随酸度而变。当 pH<6.3 时溶液呈黄色，当 pH>6.3 时溶液呈红色。二甲酚橙与大部分金属离子如 Pb^{2+}、Zn^{2+}、Bi^{3+}、Cd^{2+}、Hg^{2+} 等形成的配位物呈紫红色，因此在 pH<6.3 的适当酸度下，用 Pb^{2+} 标准溶液滴定到终点时，溶液由黄色转变为紫红色。

Al^{3+} 对二甲酚橙有封闭作用，Fe^{3+}、Ni^{2+}、Co^{2+}、Cu^{2+} 等离子则使二甲酚橙指示剂僵化，因此上述离子存在时，必须设法消除它们的干扰。

【仪器、材料和试剂】

1. 仪器和材料

分析天平，250mL 容量瓶，25mL 移液管，50mL 酸式滴定管，250mL 锥形瓶，表面皿，电炉。

2. 试剂

$Pb(NO_3)_2$，NH_4F，浓 HCl，6mol·L^{-1} HNO_3，30% H_2O_2，0.01mol·L^{-1} EDTA 标准溶液，0.1mol·L^{-1} EDTA，30% $(CH_2)_6N_4$，0.2%二甲酚橙，0.15%邻二氮菲。

【实验前应准备的工作】

1. 设计本实验数据记录和处理的表格。

2. 本实验中加氟化铵的作用是什么？加入氟化铵后，溶液颜色为什么从红色变成黄色？

3. 导出本实验中测定样品中锡含量（以 Sn 计）的计算公式。

【实验内容】

1. 0.01mol·L^{-1} Pb^{2+} 标准溶液的配制

称取约 1.3g $Pb(NO_3)_2$ 溶于少量蒸馏水中，加入 12 滴 6mol·L^{-1} HNO_3，用蒸馏水稀释至 400mL，转入 500mL 试剂瓶中，摇匀。

2. 0.01mol·L^{-1} Pb^{2+} 标准溶液浓度的标定

移取 25.00mL 已知准确浓度的 0.01mol·L^{-1} EDTA 标准溶液于 250mL 锥形瓶中，加入 5mL 30%六亚甲基四胺、2 滴 0.2%二甲酚橙指示剂，加蒸馏水至 100mL，用待标定的 0.01mol·L^{-1} Pb^{2+} 标准溶液滴定至溶液由黄色恰变为红色即为终点，计算 Pb^{2+} 标准溶液的准确浓度。

3. 试样分析

准确称取 0.25～0.30g 试样于 100mL 烧杯中，盖以表面皿。加入 20mL 浓 HCl 和 3mL 30% H_2O_2，摇匀，待反应变缓和后逐渐加热并保持微沸状态，直至试样完全溶解。稍冷（此时可能会有些白色固体析出），加入 7mL 0.15%邻二氮菲溶液，充分摇匀，加入 25.00mL 0.1 mol·L^{-1} EDTA 溶液，煮沸 1min，此时溶液变为澄清。加 70～80mL 蒸馏水稀释，冷却后定量转入 250mL 容量瓶中，用蒸馏水稀至刻度，充分摇匀。

移取 25.00mL 上述试液于 250mL 锥形瓶中，加蒸馏水至 80mL，再加入 15mL 30%六亚甲基四胺缓冲溶液、2 滴 0.2%二甲酚橙指示剂，用 0.01mol·L^{-1} Pb^{2+} 标准溶液滴定至溶液由黄色恰变为红色即为终点，记录 Pb^{2+} 标准溶液的耗用量，设为 V_1(mL)。再加入 2g NH_4F，摇匀后放置约 10min，此时溶液为黄色，再用同浓度的 Pb^{2+} 标准溶液滴定至溶液由黄色变为稳定的红色在 1min 内不褪色即为终点，记录 Pb^{2+} 标准溶液的耗用量，设为 V_2

(mL)。

为了消除由于差减法计算 Pb 含量所引起的误差，在试样测定的同时做一份空白实验。测定步骤除了不加试样外，其他各步骤与试样测定相同，直至空白溶液稀至 250mL 为止。吸取 25.00mL 空白溶液，置于 250mL 锥形瓶中，加蒸馏水至 80mL 后，再加入 15mL 30% 六亚甲基四胺、2 滴 0.2%二甲酚橙指示剂，用 $0.01mol \cdot L^{-1}$ Pb^{2+} 标准溶液滴定至溶液由黄色恰变为红色即为终点，记录 Pb^{2+} 标准溶液的耗用量，设为 V_0(mL)，按下式计算样品中铅的百分含量：

$$\text{Pb 含量}=\frac{(V_0-V_1-V_2)c_{Pb^{2+}}M_{Pb}\times 10^{-3}}{m_s\times(1/10)}\times 100\%$$

【思考与讨论】

1. 本实验中哪些步骤容易引起误差？

2. 本实验中，试样溶解后稍冷，可能析出的白色固体物是什么？加入 $0.1mol \cdot L^{-1}$ EDTA并加热后，白色固体物为什么会溶解？

实验 7-11 碘和硫代硫酸钠标准溶液的配制和标定

碘法是氧化还原滴定中一种重要的滴定分析方法。它是利用 I_2 的氧化性和 I^- 的还原性来进行的。

$$I_2+2e^- \longrightarrow 2I^- \qquad \varphi^{\ominus}_{I_2/I^-}=0.5355(V)$$

从标准电极电势可知：I_2 具有一定的氧化性，可以定量氧化一些具有较强还原性的物质如：Sn(Ⅱ)、S^{2-}、SO_3^{2-}、$Na_2S_2O_3$、As_2O_3 等，因此可以用碘标准溶液直接滴定这类还原性物质，这种方法称为直接碘法。而 I^- 具有一定的还原性，能被一些氧化剂如：$K_2Cr_2O_7$、KIO_3、$KBrO_3$、H_2O_2、NaClO、Cu^{2+} 等定量氧化析出 I_2，析出的 I_2 可用 $Na_2S_2O_3$ 标准溶液滴定，这种方法称为间接碘法。

碘标准溶液和硫代硫酸钠标准溶液是碘法的两个标准溶液，通过本实验，掌握这两个标准溶液的配制和标定方法。

【实验提要】

用升华法制得的纯 I_2 常用作基准物，可以用直接法配制标准溶液，要注意的是 I_2 具有挥发性，在称量和溶解过程中可能因挥发而产生误差。若用普通的 I_2 配制标准溶液，则应先配成近似浓度，然后标定 。I_2 微溶于 H_2O（溶解度 $0.00133mol \cdot L^{-1}$），易溶于 KI 溶液，但在稀的 KI 溶液中溶解得很慢，所以配制 I_2 溶液时不能过早加水稀释，应先将 I_2 与 KI 混合，用少量水充分研磨，溶解完全后再稀释。I_2 与 KI 间存在如下平衡：

$$I_2+I^- \rightleftharpoons I_3^-$$

游离 I_2 容易挥发损失，这是影响碘溶液稳定性的原因之一。因此溶液中应维持适当过量的 I^-，以减少 I_2 的挥发。

空气能氧化 I^-，引起 I_2 浓度增加：

$$4I^-+O_2+4H^+ \longrightarrow 2I_2+2H_2O$$

此氧化作用缓慢，但能为光、热及酸的作用而加速，因此 I_2 溶液应贮于棕色瓶中置冷暗处保存。I_2 能缓慢腐蚀橡胶和其他有机物，所以 I_2 溶液应避免与这类物质接触。

标定 I_2 溶液浓度的最好方法是用三氧化二砷（As_2O_3，俗名砒霜，剧毒!）作基准物。As_2O_3 难溶于水，易溶于碱性溶液中生成亚砷酸盐：

$$As_2O_3+6OH^- \longrightarrow 2AsO_3^{3-}+3H_2O$$

亚砷酸盐与 I_2 反应是可逆的：

$$AsO_3^{3-} + I_2 + H_2O \longrightarrow AsO_4^{3-} + 2I^- + 2H^+$$

随着滴定反应的进行，溶液酸度增加，反应将反方向进行，即 AsO_4^{3-} 将氧化 I^-，使滴定反应不能完成。但是又不能在强碱溶液中进行滴定，因此一般在酸性溶液中加入过量 $NaHCO_3$，使溶液的 pH 值保持在 8 左右，所以实际上滴定反应是：

$$I_2 + AsO_3^{3-} + 2HCO_3^- \longrightarrow 2I^- + AsO_4^{3-} + 2CO_2\uparrow + H_2O$$

I_2 溶液的浓度，常用 $Na_2S_2O_3$ 标准溶液来标定。

硫代硫酸钠（$Na_2S_2O_3 \cdot 5H_2O$）一般都含有少量杂质，如 S、Na_2SO_3、Na_2SO_4、Na_2CO_3 及 NaCl 等，同时还容易风化和潮解。因此不能直接配制准确浓度的溶液。

$Na_2S_2O_3$ 溶液易受空气和微生物等的作用而分解。

(1) 溶解的 CO_2 的作用　$Na_2S_2O_3$ 在中性或碱性溶液中较稳定，当 $pH<4.6$ 时即不稳定。溶液中含有 CO_2 时，它会促进 $Na_2S_2O_3$ 分解：

$$Na_2S_2O_3 + H_2CO_3 \longrightarrow NaHSO_3 + NaHCO_3 + S\downarrow$$

此分解作用一般发生在溶液配成后的最初十天内。分解后一分子 $Na_2S_2O_3$ 变成了一分子 $NaHSO_3$，一分子 $Na_2S_2O_3$ 只能和一个碘原子作用，而一分子 $NaHSO_3$ 却能和两个碘原子作用，因此从反应能力看溶液的浓度增加了。以后由于空气的氧化作用，浓度又慢慢减小。

在 pH9～10 范围硫代硫酸盐溶液最为稳定，所以在 $Na_2S_2O_3$ 溶液中加入少量 Na_2CO_3。

(2) 空气的氧化作用

$$2Na_2S_2O_3 + O_2 \longrightarrow 2Na_2SO_4 + 2S\downarrow$$

(3) 微生物的作用　这是使 $Na_2S_2O_3$ 分解的主要原因。为了避免微生物的分解作用，可加入少量 HgI_2（$10mg \cdot L^{-1}$）。

为了减少溶解在水中的 CO_2 和杀死水中微生物，应用新煮沸后冷却的蒸馏水配制溶液并加入少量 Na_2CO_3（浓度约为 0.02%），以防止 $Na_2S_2O_3$ 分解。

日光能促进 $Na_2S_2O_3$ 溶液分解，所以 $Na_2S_2O_3$ 溶液应储于棕色瓶中，放置暗处，经 8～14天再标定。长期使用的溶液，应定期标定。若保存得好，可每两月标定一次。

通常用 $K_2Cr_2O_7$ 作基准物标定 $Na_2S_2O_3$ 溶液的浓度。$K_2Cr_2O_7$ 先与 KI 反应析出 I_2：

$$Cr_2O_7^{2-} + 6I^- + 14H^+ \rightleftharpoons 2Cr^{3+} + 3I_2 + 7H_2O$$

析出的 I_2 再用标准 $Na_2S_2O_3$ 溶液滴定：

$$I_2 + 2S_2O_3^{2-} = S_4O_6^{2-} + 2I^-$$

这个标定方法是间接碘法的应用。

【仪器、材料和试剂】

1. 仪器和材料

分析天平，托盘天平，50mL 滴定管，容量瓶，25mL 移液管，锥形瓶，50mL 量筒，20mL 量筒，表面皿，试剂瓶。

2. 试剂

$Na_2S_2O_3 \cdot 5H_2O$，Na_2CO_3，基准 As_2O_3，I_2，基准 $K_2Cr_2O_7$，基准 KIO_3，10% KI，$2mol \cdot L^{-1}$ HCl，$6mol \cdot L^{-1}$ HCl，$2mol \cdot L^{-1}$ NaOH，4% $NaHCO_3$，$0.5mol \cdot L^{-1}$ H_2SO_4，1%酚酞，1%淀粉。

【实验前应准备的工作】

1. 设计称量、滴定数据记录的表格。

2. 导出用 As_2O_3 和 $Na_2S_2O_3$ 标准溶液标定 I_2 标准溶液的 I_2 浓度计算公式。

3. 估计本实验中，用 $K_2Cr_2O_7$ 或 KIO_3 作基准物标定 $Na_2S_2O_3$ 标准溶液浓度时 $K_2Cr_2O_7$ 或 KIO_3 的称量范围（按消耗 0.1mol·L^{-1} $Na_2S_2O_3$ 20～30mL 估计）。

4. 导出用 $K_2Cr_2O_7$ 及 KIO_3 作基准物时，$Na_2S_2O_3$ 标准溶液浓度的计算公式。

【实验内容】

1. 0.05mol·L^{-1} I_2 溶液的配制

称取 13g I_2 和 40g KI 置于小研钵或小烧杯中，加水少许，研磨或搅拌至 I_2 全部溶解后，转移入棕色瓶中，加水稀释至 1L，塞紧，摇匀后放置过夜再标定。

2. 0.1mol·L^{-1} $Na_2S_2O_3$ 溶液的配制

称取 25g $Na_2S_2O_3·5H_2O$ 于 500mL 烧杯中，加入 300mL 新煮沸已冷却的蒸馏水，待完全溶解后，加入 0.2g Na_2CO_3，然后用新煮沸已冷却的蒸馏水稀释至 1L，贮于棕色瓶中，在暗处放置 7～14 天后标定。

3. 0.05mol·L^{-1} I_2 溶液浓度的标定

（1）用 As_2O_3 标定　准确称取在 H_2SO_4 干燥器中干燥 24h 的 As_2O_3，置于 250mL 锥形瓶中，加入 2mol·L^{-1} NaOH 溶液 10mL，待 As_2O_3 完全溶解后，加 1 滴酚酞指示剂，用 0.5 mol·L^{-1} H_2SO_4 溶液或 HCl 溶液中和至成微酸性，然后加入 25mL 4% $NaHCO_3$ 溶液和 1mL 1%淀粉溶液，再用 I_2 标准溶液滴定至出现蓝色，即为终点。平行测定三次，根据 I_2 溶液的用量及 As_2O_3 的质量计算 I_2 标准溶液的浓度和相对平均偏差。

（2）用 $Na_2S_2O_3$ 标准溶液标定　准确吸取 25.00mL I_2 标准溶液置于 250mL 碘量瓶中，加 50mL 水，用 0.1mol·L^{-1} $Na_2S_2O_3$ 标准溶液滴定至呈浅黄色后，加入 1%淀粉溶液 1mL，用 $Na_2S_2O_3$ 溶液继续滴定至蓝色恰好消失，即为终点。平行测定三次，根据 $Na_2S_2O_3$ 及 I_2 溶液的用量和 $Na_2S_2O_3$ 溶液的浓度，计算 I_2 标准溶液的浓度和相对平均偏差。

4. 0.1mol·L^{-1} $Na_2S_2O_3$ 溶液浓度的标定

（1）用 $K_2Cr_2O_7$ 标定　准确称取已烘干的 $K_2Cr_2O_7$（A.R.，其质量相当于 20～30mL 0.1mol·L^{-1} $Na_2S_2O_3$ 溶液）于 250mL 碘量瓶中，加入约 15mL 水使之溶解，再加入 20mL10%KI 溶液（或 2g 固体 KI）和 6mol·L^{-1} HCl 溶液 5mL，混匀后用表面皿盖好，放在暗处 5min。然后用 50mL 水稀释，用 0.1mol·L^{-1} $Na_2S_2O_3$ 溶液滴定到呈浅黄绿色。加入 1%淀粉溶液 1mL，继续滴定至蓝色变绿色，即为终点。平行测定三次，根据 $K_2Cr_2O_7$ 的质量及消耗的 $Na_2S_2O_3$ 溶液体积，计算 $Na_2S_2O_3$ 溶液的浓度和相对平均偏差。

（2）用 KIO_3 标定　准确称取已烘干的 KIO_3（即消耗 0.1mol·L^{-1} $Na_2S_2O_3$ 20～30mL 估计称样量）于 150mL 烧杯中，加水约 30mL 使之溶解。定量转移到 250mL 容量瓶中，用蒸馏水稀释至刻度，摇匀。准确移取 25.00mL 于 250mL 锥形瓶中，加入 20mL 10% KI、5mL 6mol·L^{-1} HCl、50mL H_2O，立即用 $Na_2S_2O_3$ 溶液滴定至浅黄色，加入 1%淀粉溶液 1mL，继续滴定至蓝色恰好消失为终点。平行测定三次，根据 KIO_3 质量及消耗的 $Na_2S_2O_3$ 体积计算 $Na_2S_2O_3$ 溶液的浓度和相对平均偏差。

【思考与讨论】

1. 如何配制和保存浓度比较稳定的 I_2 和 $Na_2S_2O_3$ 标准溶液？

2. 用 As_2O_3 作基准标定 I_2 溶液时，为什么先要加酸至呈微酸性，还要加入 $NaHCO_3$ 溶液？As_2O_3 与 I_2 的化学计量关系是什么？

3. 用 $K_2Cr_2O_7$ 作基准标定 $Na_2S_2O_3$ 溶液时，为什么要加入过量的 KI 和 HCl 溶液？为什么放置一定时间后才加水稀释？如果：（1）加 KI 溶液而不加 HCl 溶液；（2）加酸后不放置暗处；(3) 不放置或少放置一定时间即加水稀释，会产生什么影响？

4. 为什么用 I_2 溶液滴定 $Na_2S_2O_3$ 溶液时应预先加入淀粉指示剂？而用 $Na_2S_2O_3$ 滴定 I_2 溶液时必须在将近终点之前才加入？

5. 如果分析的试样不同，$Na_2S_2O_3$ 和 I_2 标准溶液的浓度是否都应配成 0.1 mol·L^{-1}和 0.05mol·L^{-1}？

6. 如果 $Na_2S_2O_3$ 标准溶液是用来分析铜的，为什么可用纯铜作基准物标定 $Na_2S_2O_3$ 溶液的浓度？

实验 7-12　水样高锰酸钾指数的测定

水体需氧量可分为化学需氧量（COD）和生物需氧量（BOD）两种。化学需氧量是指在规定条件下，用强氧化剂处理废水样时所消耗该氧化剂的量，以“O_2，mg·L^{-1}”表示，它是量度废水中还原性物质的重要指标。还原性物质主要包括有机物和亚硝酸盐、亚铁盐、硫化物等无机物。根据所用氧化剂的不同，化学需氧量可分为重铬酸钾法（COD_{Cr}）和高锰酸钾法，后者又可分为酸性高锰酸钾法（COD_{Mn}）和碱性高锰酸钾法（COD_{OH}）。目前，酸性高锰酸钾法称为高锰酸钾指数，主要用于估计生物需氧量（BOD_5）的稀释倍数，适用于饮用水、水源水、地面水或污染较轻的水样的测定，对污染较重的水，可经稀释后测定，不适用于测定工业废水中有机污染的负荷量。当水样中 Cl^- 含量大于 300mg·L^{-1}时，应改用碱性高锰酸钾法。本实验测定水样高锰酸钾指数，通过实验，学会高锰酸钾标准溶液的配制和标定方法，学习并掌握氧化还原滴定的原理和技术，增强环保意识。

【实验提要】

1. 高锰酸钾标准溶液的配制和标定

纯的 $KMnO_4$ 溶液是很稳定的，但一般 $KMnO_4$ 试剂中常含有少量 MnO_2 和其他杂质，而且蒸馏水中也常含有微量还原性物质，它们可与 MnO_4^- 反应而析出 $MnO(OH)_2$ 沉淀，MnO_2 和 $MnO(OH)_2$ 又能进一步促进 $KMnO_4$ 溶液的分解，故不能直接用 $KMnO_4$ 试剂配制标准溶液，通常先配制近似浓度的溶液，然后再进行标定。此外，热、光、酸、碱等也能促进 $KMnO_4$ 溶液的分解。为了配制较稳定的 $KMnO_4$ 溶液，常采取下列措施。

(1) 称取稍多于理论量的 $KMnO_4$ 试剂溶解于规定体积的蒸馏水中，将此 $KMnO_4$ 溶液加热至沸，并保持微沸 1h（应补充挥发的水分），然后放置 2～3 天，使溶液中可能存在的还原性物质完全氧化。

(2) 用微孔玻璃砂芯漏斗过滤；除去析出的沉淀，将过滤后的 $KMnO_4$ 溶液储存于棕色试剂瓶中，并存放于暗处，以待标定。

(3) 如需要浓度较稀的 $KMnO_4$ 溶液，可用蒸馏水将 $KMnO_4$ 溶液临时稀释和标定后使用，但不宜长期储存。

标定 $KMnO_4$ 溶液的基准物相当多，如 $Na_2C_2O_4$、As_2O_3、$H_2C_2O_4 \cdot 2H_2O$ 和纯铁丝等，其中以 $Na_2C_2O_4$ 较为常用，因为它容易提纯，性质稳定，不含结晶水。在 H_2SO_4 溶液中，用 $Na_2C_2O_4$ 标定 $KMnO_4$ 溶液的滴定反应如下：

$$2MnO_4^- + 5H_2C_2O_4 + 6H^+ \longrightarrow 2Mn^{2+} + 10CO_2\uparrow + 8H_2O$$

滴定时可利用 MnO_4^- 本身的颜色指示滴定终点，但是当 $KMnO_4$ 标准溶液浓度很稀时，最好采用适当的氧化还原指示剂如二苯胺磺酸钠来确定终点。

2. 高锰酸钾指数的测定

高锰酸钾指数的测定须采用返滴定的方式进行。其原理如下：在酸性（硫酸溶液）和加热条件下，于水样 V_s（mL）中先准确加入适当过量的 $KMnO_4$ 标准溶液 V_1（mL），置于沸水浴中加热一定时间，使之与水中某些有机及无机还原性物质充分反应后，再准确加入适当过量的草酸钠标准溶液 V_3（mL）还原剩余的 $KMnO_4$，最后用 $KMnO_4$ 标准溶液回滴剩余部分的 $Na_2C_2O_4$，记消耗 $KMnO_4$ 溶液 V_2(mL)，根据下式计算高锰酸钾指数：

$$\text{高锰酸钾指数}=\frac{[c(\frac{1}{5}KMnO_4)(V_1+V_2)-c(\frac{1}{2}Na_2C_2O_4)V_3]M(\frac{1}{4}O_2)\times 1000}{V_s}(O_2,mg\cdot L^{-1})$$

该方法的检出下限为 $0.5mg\cdot L^{-1}$，测定上限为 $4.5mg\cdot L^{-1}$。若用上述方法测得高锰酸钾指数 $>5mg\cdot L^{-1}$，则应少取水样并经适当稀释后再测定，但须做空白实验，并对计算公式作相应的修正（见中华人民共和国国家标准 GB 11892—89 水质 高锰酸盐指数的测定）。

【仪器、材料和试剂】

1. 仪器和材料

分析天平，锥形瓶，500mL 棕色试剂瓶，250mL 容量瓶，10mL、25mL、50mL 移液管，50mL 酸式滴定管，10mL、100mL 量筒，电炉，恒温水浴锅。

2. 试剂

$$1:3\ H_2SO_4，基准\ Na_2C_2O_4，c\left(\frac{1}{5}KMnO_4\right)=0.1mol\cdot L^{-1}\ KMnO_4。$$

【实验前应准备的工作】

1. 用草酸钠基准物标定 $KMnO_4$ 溶液时，应严格控制哪些反应条件？为什么？

2. 如何配制 500mL $c(\frac{1}{5}KMnO_4)\approx 0.10mol\cdot L^{-1}$ $KMnO_4$ 溶液？

3. 导出用草酸钠基准物标定 $KMnO_4$ 溶液浓度的计算公式。

4. 若要标定 $c(\frac{1}{5}KMnO_4)\approx 0.010mol\cdot L^{-1}$ $KMnO_4$ 溶液，则应称取草酸钠基准物在什么范围较适宜？

5. 若分析天平称量的读数误差为±0.0001g，为使称量误差控制在 0.1%以内，则称取试样质量至少要多少克？

6. $KMnO_4$ 标准溶液是否可以直接配制？为什么？

【实验内容】

1. $c(\frac{1}{2}Na_2C_2O_4)=0.01mol\cdot L^{-1}$ 草酸钠标准溶液的配制

准确称取一定量（自己计算）经 120℃ 烘干的草酸钠基准物于 100mL 烧杯中，用适量蒸馏水溶解后定量转入 250mL 容量瓶中，加蒸馏水稀释至刻度，摇匀，计算草酸钠溶液的准确浓度。

2. $c(\frac{1}{5}KMnO_4)=0.010mol\cdot L^{-1}$ $KMnO_4$ 溶液的配制和标定

取 50mL $c(\frac{1}{5}KMnO_4)=0.10mol\cdot L^{-1}$ $KMnO_4$ 溶液于试剂瓶中，用蒸馏水稀释至 500mL，摇匀。

准确移取 25.00mL 草酸钠标准溶液于 250mL 锥形瓶中，加入 10mL 1：3 H_2SO_4，摇匀后置于水浴上加热至 75～80℃，趁热用待标定的 $KMnO_4$ 溶液滴定。开始时反应速度较慢，待溶液中产生 Mn^{2+} 后，反应速度逐渐加快，故滴定速度要与之相适应，直至溶液恰呈微红色且在半分钟内不褪色即为终点，平行测定三份，计算 $KMnO_4$ 标准溶液的浓度（记录格式参见表 7-10）。

表 7-10 $KMnO_4$ 标准溶液浓度的标定

编号	1	2	3	4
$m_{Na_2C_2O_4}/g$				
$c(\frac{1}{2}Na_2C_2O_4)/mol \cdot L^{-1}$				
$V_{Na_2C_2O_4}/mL$	25.00			
$KMnO_4$ 初读数/mL				
$KMnO_4$ 终读数/mL				
V_{KMnO_4}/mL				
$c(\frac{1}{5}KMnO_4)/mol \cdot L^{-1}$				
平均值/mol·L^{-1}				
相对平均偏差/%				

3. 高锰酸钾指数的测定

准确取 100.0mL 均匀水样于 250mL 锥形瓶中，加入 10.0mL 1∶3 硫酸，混匀，从滴定管中准确加入适当过量的 $KMnO_4$ 标准溶液（$V_1 \approx 10mL$），摇匀后立即放入沸水浴中，加热 30min（从水浴重新沸腾开始计时，沸水浴液面应高于反应液的液面）。取下锥形瓶，趁热加入 10.00mL 草酸钠标准溶液，此时红色应褪去，立即用 $KMnO_4$ 标准溶液滴定至溶液恰呈微红色且在半分钟内不褪色即为终点。平行测定三份，计算高锰酸钾指数（记录格式参见表 7-11）。

表 7-11 高锰酸钾指数的测定

编号	1	2	3	4
$V_{水样}/mL$				
V_1/mL				
加热时间/min				
V_3/mL				
V_2/mL				
$(V_1+V_2)/mL$				
高锰酸钾指数(O_2)/mg·L^{-1}				
平均值(O_2)/mg·L^{-1}				
相对平均偏差/%				

【思考与讨论】

1. 废水样品高锰酸钾指数的测定为什么要采用返滴定的方式？
2. 溶液的酸度过低或过高对本实验有何影响？
3. 滴定时，为什么第一滴 $KMnO_4$ 溶液加入后红色褪去很慢，以后褪色较快？
4. 在 $KMnO_4$ 滴定 $Na_2C_2O_4$ 时为什么要加热？温度过高（如 90～100℃）行吗？为什么？

实验 7-13 废水化学需氧量测定

化学需氧量（COD），是指一定条件下，用强氧化剂处理水样时所消耗氧化剂的量，以氧的 mg·L^{-1}来表示。化学需氧量反映了水中受还原性物质污染的程度。水中还原性物质包括有机物、亚硝酸盐、亚铁盐、硫化物等。水被有机物污染是很普遍的，因此化学需氧量也作为有机物相对含量的指标之一。

水样的化学需氧量，可受加入氧化剂的种类及浓度、反应溶液的酸度、反应温度和时间，以及催化剂的有无而获得不同的结果。因此，化学需氧量亦是一个条件性指标，必须严格按照操作步骤进行。对工业废水，我国规定用重铬酸钾法（国家标准 GB 11914—89），其测得的值称为化学需氧量（COD_{Cr}）。本实验采用重铬酸钾法，通过实验，学习并掌握氧化还原滴定的原理和技术，进一步增强环保意识。

【实验提要】

在强酸性溶液中，一定量的重铬酸钾氧化水样中的还原物质，过量的重铬酸钾以试亚铁灵为指示剂，用硫酸亚铁铵溶液返滴，根据硫酸亚铁铵溶液用量算出水样中还原性物质消耗氧的量。

在酸性条件下重铬酸钾氧化性很强，可氧化大部分有机物，加入硫酸银作催化剂时，直链脂肪族化合物可完全被氧化，而芳香族有机物却不易被氧化，吡啶不被氧化，挥发性直链脂肪族化合物、苯等有机物存在于蒸气相，不能与氧化剂液体接触，氧化不明显。氯离子能被重铬酸盐氧化，并且能与硫酸银作用产生沉淀，影响测定结果，故在回流前向水样加入硫酸汞，使成为配位物以消除干扰。氯离子含量高于 1000mg·L^{-1}的样品应先做定量稀释，使含量降低于 1000mg·L^{-1}以下，再行测试。用 0.25mg·L^{-1}重铬酸钾溶液可测定大于 50mg·L^{-1}的 COD 值，用 0.025mg·L^{-1}浓度的重铬酸钾可测定 5～50mg·L^{-1}的 COD 值，但准确度较差。

该方法适用于各种类型的含 COD 值大于 30mg·L^{-1}的水样，未经稀释的水样的 COD 测定上限为 700mg·L^{-1}。

【仪器、材料和试剂】

1. 仪器和材料

（1）回流装置：带 250mL 锥形瓶的全玻璃回流装置（如取样量在 30mL 以上，采用 500mL 锥形瓶的全玻璃回流装置）。

（2）加热装置：套式恒温器。

（3）25mL 酸式滴定管。

2. 试剂

$c(\frac{1}{6}K_2Cr_2O_7)=0.2500mol\cdot L^{-1}$重铬酸钾溶液，试亚铁灵指示液［称取 1.485g 邻菲啰啉，0.695g 硫酸亚铁（$FeSO_4\cdot 7H_2O$）溶于水中，稀释至 100mL，储于棕色瓶内］，0.1 mol·L^{-1}硫酸亚铁铵标准溶液，硫酸-硫酸银溶液（于 500mL 浓硫酸加入 5g 硫酸银。放置 1～2天，不时摇动使其溶解），硫酸汞。

【实验内容】

1. 浓度为 $c(\frac{1}{6}K_2Cr_2O_7)=0.2500mol\cdot L^{-1}$重铬酸钾溶液配制

称取预先在 120℃烘干 2h 的基准或优级纯重铬酸钾 3.0645g 溶于水中，移入 250mL 容量瓶，稀释至标线，摇匀。

2. 0.1mol·L^{-1}硫酸亚铁铵标准溶液配制与标定

称取 19.8g 硫酸亚铁铵溶于水中，边搅拌边慢慢加入 10mL 浓硫酸，冷却后移入 500mL 容量瓶中，加水稀释至标线，摇匀。临用前，用重铬酸钾标准溶液标定。

标定方法：准确吸取 10.00mL 重铬酸钾标准溶液于 250mL 锥形瓶中，加水稀释至 100mL 左右，缓慢加入 10mL 浓硫酸，混匀。冷却后，加入 3 滴试亚铁灵指示剂（约 0.15mL），用硫酸亚铁铵滴定，溶液的颜色由黄色经蓝绿色至红褐色即为终点。

$$c_{(NH_4)_2Fe(SO_4)_2}=\frac{0.2500\times10.00}{V}$$

式中 c——硫酸亚铁铵标准溶液的浓度，$mol\cdot L^{-1}$；

V——硫酸亚铁铵标准滴定溶液的用量，mL。

3. 化学需氧量的测定

取 20.00mL 混合均匀的水样（或适量水样稀释至 20.00mL）置 250mL 磨口的回流锥形瓶中，准确加入 10.00mL 重铬酸钾标准溶液及数粒小玻璃或沸石，连接磨合回流冷凝管，从冷凝管上口慢慢加入 30mL 硫酸-硫酸银溶液，轻轻摇动锥形瓶使溶液混匀，加热回流 15min（自开始沸腾时计时）。

注意：(1) 对于化学耗氧量高的水样，可先取上述操作所需体积 1/10 的废水样和试剂，于 15mm×150mm 硬质玻璃试管中，摇匀，加热后观察是否变成绿色。如溶液显绿色，再适当减少废水的取样量，直至溶液不变绿色为止，从而确定废水样分析时应取用的体积。稀释时，所取废水样量不得少于 5mL。如果化学需氧量很高，则废水样应多次稀释。

(2) 废水中氯离子含量超过 $30mg\cdot L^{-1}$ 时，应先把 0.4g 硫酸汞加入回流锥形瓶中，再加 20.00mL 废水（或适量废水稀释至 20.00mL），摇匀，以下操作同上。

冷却后，用 90mL 水冲洗冷凝管壁，取下锥形瓶，溶液总体积不得少于 140mL，否则因酸度太大，滴定终点不明显。

再度冷却后，加三滴试亚铁灵指示液，用硫酸亚铁铵标准溶液滴定，溶液的颜色由黄色经蓝绿色至红褐色即为终点，记录硫酸亚铁铵标准溶液的用量。

测定水样的同时，以 20.00mL 蒸馏水，按同样操作步骤做空白实验，记录滴定空白时硫酸亚铁铵标准溶液的用量。

以 $mg\cdot L^{-1}$ 计的水样化学需氧量，计算公式如下：

$$COD_{Cr}(mg\cdot L^{-1})=\frac{c(V_1-V_2)\times8000}{V_0}$$

式中 c——硫酸亚铁铵标准溶液的浓度，$mol\cdot L^{-1}$；

V_1——空白实验所消耗的硫酸亚铁铵标准溶液的体积，mL；

V_2——试样测定所消耗的硫酸亚铁铵标准溶液的体积，mL；

V_0——试样的体积，mL；

8000——$\frac{1}{4}O_2$ 的摩尔质量以 $mg\cdot L^{-1}$ 为单位的换算量。

【思考与讨论】

1. 使用 0.4g 硫酸汞配位氯离子的最高量可达 10mg，如取用 20.00mL 水样，即最高可配位 $2000mg\cdot L^{-1}$ 氯离子浓度的水样。若氯离子浓度偏低，亦可少加硫酸汞：氯离子＝10：1（质量）。若出现少量氯化汞沉淀，并不影响测定，为什么？

2. 对化学需氧量小于 $50mg\cdot L^{-1}$ 的水样，改用 $0.0250mol\cdot L^{-1}$ 重铬酸钾标准溶液，回滴时用 $0.01mol\cdot L^{-1}$ 硫酸亚铁铵标准溶液是否可行？

3. COD_{Cr} 的测定结果应保留几位有效数字？

4. 室温较高时，硫酸亚铁铵标准浓度有什么变化？

5. COD_{Mn} 与 COD_{Cr} 有什么区别？

6. 为什么要做空白实验？

实验 7-14　黄铜中铜含量测定

黄铜是铜锌合金，还含有少量铅、铁等元素，工业上，经常需要测定黄铜中铜的含量，常用的方法是碘量法。通过本实验，可使学生掌握常用材料的一种分析方法，练习定量分析基本操作方法，熟悉碘量法的基本原理。

【实验提要】

利用氧化性酸将黄铜中各元素变成离子（Cu^{2+}、Zn^{2+}、Pb^{2+}、Fe^{3+}）等，例如铜同 HNO_3 反应：

$$Cu+4HNO_3 = Cu(NO_3)_2+2H_2O+2NO_2\uparrow$$

再用氨水中和过量的 HNO_3，直至产生白色为主的沉淀为止［沉淀物是 $Cu(OH)_2$、$Zn(OH)_2$、$Pb(OH)_3$ 等的混合物］。加入 NH_4HF_2 使 Fe^{3+} 被 F^- 配位生成稳定的 $[FeF_6]^{3-}$ 而防止干扰 Cu^{2+} 分析。

加入 KI 溶液，将 Cu^{2+} 还原成 Cu^+ 并生成 CuI 沉淀，而游离出 I_2。

$$2Cu^{2+}+4I^- = 2CuI\downarrow+I_2$$

用还原剂 $Na_2S_2O_3$ 溶液（标准溶液）滴定生成的 I_2，用淀粉溶液作指示剂（遇 I_2 呈蓝色）。反应式：

$$2Na_2S_2O_3+I_2 = 2NaI+Na_2S_4O_6$$

根据所称黄铜样的重量和滴定消耗的 $Na_2S_2O_3$ 标准溶液的体积，即可计算出黄铜中铜含量。

【仪器、材料和试剂】

1. 仪器和材料

分析天平，250mL 锥形瓶，洗瓶，50mL 的滴定管，铁架台，25mL 移液管。

2. 试剂

黄铜屑，1∶2 硝酸，1∶1 氨水，1∶1 HAc，15% NH_4HF_2，5% KI，0.05mol·L^{-1} $Na_2S_2O_3$，10% KSCN，0.5%淀粉溶液。

【实验前应准备的工作】

1. 碘量法的原理是什么？
2. 黄铜的成分主要是什么，哪些成分对测定有干扰？如何消除这些干扰？
3. 设计本实验数据记录和处理的表格。

【实验内容】

1. 0.05mol·L^{-1} $Na_2S_2O_3$ 的配制和标定

参阅实验 7-11，以滴定度 $T_{Cu/Na_2S_2O_3}$（g·mL^{-1}）表示 $Na_2S_2O_3$ 的浓度。

2. 精确称取 0.1g 左右的黄铜屑试样置于 250mL 锥形瓶中。滴入 1∶2 硝酸 3～4mL（HNO_3 过量），使黄铜溶解。必要时可适当加热，以加速溶解并使未反应的过量硝酸蒸发掉。

3. 用约 40mL 蒸馏水冲洗锥形瓶四周壁，然后逐滴加 1∶1 氨水至刚产生沉淀为止。加入 15%的 NH_4HF_2 溶液 10mL（加入 NH_4HF_2 后沉淀应消失），然后加 8mL 1∶1 HAc，再加 25mL 5% KI，立即用 $Na_2S_2O_3$ 标准溶液滴定到米黄色，然后放 2mL 淀粉溶液作指示剂（变蓝），再用标准 $Na_2S_2O_3$ 溶液滴定至浅蓝色。加 10% KSCN 溶液 5mL，此时蓝色又加深，再滴加到蓝色消色即到终点（终点为灰白色），记录标准溶液 $Na_2S_2O_3$ 所消耗的体积。

计算：

$$\text{Cu 含量}=\frac{TV}{m}\times 100\%$$

式中 T——标准 $Na_2S_2O_3$ 溶液每毫升对铜的滴定度，$g\cdot mL^{-1}$；

V——滴定时所消耗硫代硫酸钠的体积，mL；

m——试样质量，g。

【思考与讨论】

1. 为什么淀粉溶液不与 KI 同时加入溶液，而要在用 $Na_2S_2O_3$ 标准溶液滴定到米黄色时才加入？

2. 加入 KSCN 有什么作用？过早加入 KSCN 对结果有什么影响？

实验 7-15 碘量法测定葡萄糖

医学上经常需要检测葡萄糖的含量，常用的测定方法是碘量法。通过本实验，可使学生练习碘量法的实验操作，熟悉碘价态变化的条件及其在测定葡萄糖时的应用。

【实验提要】

碘量法在有机分析中的应用比无机分析广泛。一些具有直接氧化碘或还原碘的官能团的有机物，或通过取代、加成、置换等反应能与碘定量反应。理论上，这些有机物都可以采用直接或间接碘量法进行测定。

I_2 与 NaOH 作用可生成次碘酸钠（NaIO），葡萄糖分子中的醛基可定量地被 NaIO 氧化成羧基：

$$I_2+2OH^- = IO^- + I^- + H_2O$$

$$CH_2OH(CHOH)_4CHO + IO^- + OH^- = CH_2OH(CHOH)_4COO^- + I^- + H_2O$$

未与葡萄糖作用的 NaIO 在碱性溶液中歧化成 NaI 和 $NaIO_3$。

$$3IO^- = IO_3^- + 2I^-$$

当酸化溶液时 $NaIO_3$ 又恢复成 I_2 析出，用 $Na_2S_2O_3$ 标准溶液滴定析出的 I_2，便可求出葡萄糖的含量。

$$I_2 + 2S_2O_3^{2-} = S_4O_6^{2-} + 2I^-$$

因为 1mol I_2 产生 1mol IO^-，而 1mol 葡萄糖消耗 1mol IO^-，所以，相当于 1mol 葡萄糖消耗 1mol I_2。

【仪器、材料和试剂】

1. 仪器和材料

分析天平，锥形瓶，铁架台，100mL、500mL 的移液管，50mL 的酸式和碱式滴定管，500mL 棕色细口瓶。

2. 试剂

$Na_2S_2O_3\cdot 5H_2O$，I_2，KI，$K_2Cr_2O_7$，1∶1 HCl，2mol·L^{-1} NaOH，0.5%淀粉溶液（称取 5g 淀粉置于小烧杯中，用水调成糊状，在搅动下加到煮沸的 1L 水中，继续煮沸至透明。冷却后转入洁净的滴瓶中，夏季一周内有效，冬季 2 周有效。如果随同淀粉糊加入少量的 HgI_2，可使溶液稳定较长时间）。

【实验前应准备的工作】

1. 配制和标定 $Na_2S_2O_3$ 标准溶液时应严格控制哪些反应条件？

2. 本实验是否要做空白实验？

3. 设计本实验数据记录和处理的表格。

4. 根据实验过程推导葡萄糖含量的计算公式。

【实验内容】

1. 0.05mol·L^{-1}碘溶液的配制以及 0.05mol·L^{-1} $Na_2S_2O_3$ 标准溶液的配制和标定

参阅实验 7-11。

2. $Na_2S_2O_3$ 标准溶液与 I_2 溶液的体积比

将两种溶液分别装入碱式和酸式滴定管中。从酸式滴定管中放出 20.00mL 碘溶液于锥形瓶中，加水至 100mL，用 $Na_2S_2O_3$ 标准溶液滴定至浅黄色，加入 2mL 淀粉溶液，继续滴定至蓝色消失为终点。平行滴定 3 次，计算每毫升碘溶液相当于多少毫升 $Na_2S_2O_3$ 溶液，即 $V(Na_2S_2O_3)/V(I_2)$。

3. 葡萄糖（$C_6H_{12}O_6 \cdot H_2O$，M=198.2g·mol^{-1}）含量的测定

准确称取 0.5g 葡萄糖样品置于烧杯中，加少量水溶解后定量转移至 100mL 容量瓶中，加水定容后摇匀。移出 25.00mL 试液于锥形瓶中，加入 40.00mL 碘溶液，在摇动下缓慢滴加稀 NaOH 溶液，直至溶液变为浅黄色（约需 30mL）。盖上表面皿，放置 15min。然后加入 2mL 1∶1 HCl 溶液，立即用 $Na_2S_2O_3$ 标准溶液滴定至浅黄色，加入 2mL 淀粉溶液，继续滴定至蓝色消失为终点。平行滴定三次，计算试样中葡萄糖的含量（%）。

【思考与讨论】

1. 配制 I_2 溶液时为什么要加入过量的 KI？为什么先用很少量的水进行溶解？

2. 计算葡萄糖含量时是否需要 I_2 溶液的浓度值？

3. I_2 溶液可否装在碱式滴定管中？为什么？

实验 7-16 可溶性钡盐中钡的测定

硫酸根和钡离子生成晶型硫酸钡沉淀，它溶度积小，可认为是定量的沉淀，故通常被用来分析钡或硫酸根的含量。重量分析法虽然耗时较长，手续繁多，但高含量组分的分析，准确度高，故常作为标准方法。通过本实验，让学生学习晶型沉淀的制备方法及重量分析的基本操作，建立恒重的概念，熟悉恒重的操作条件。

【实验提要】

重量分析法不需要基准物质，通过直接沉淀和称量而测得物质的含量，其测定结果的准确度很高。尽管沉淀重量法的操作过程较长，但由于它有不可替代的特点，目前在常量的 S、Ni、P、Si 等元素或其化合物的定量分析中还经常使用。

含 Ba^{2+} 试液用 HCl 酸化，加热至近沸，在不断搅动下缓慢滴加热的稀硫酸，形成的 $BaSO_4$ 沉淀经陈化、过滤、洗涤、灼烧后以 $BaSO_4$ 形式称量，即可求得钡的含量。

为了获得颗粒较大、纯净的结晶型沉淀，应在酸性、较稀的热溶液中缓慢地加入沉淀剂，以降低过饱和度，沉淀完成后还需陈化；为保证沉淀完全，沉淀剂必须过量，并在自然冷却后再过滤；沉淀前试液经酸化可防止碳酸盐等钡的弱酸盐沉淀产生。选用稀酸为洗涤剂可减少 $BaSO_4$ 的溶解损失，残存的硫酸在灼烧时可被分解除掉。

【仪器、材料和试剂】

1. 仪器和材料

分析天平，瓷坩埚，电热干燥箱，马弗炉，水浴锅。

2. 试剂

2mol·L^{-1} HCl，1mol·L^{-1} H_2SO_4，0.1mol·L^{-1} $AgNO_3$。

【实验前应准备的工作】

1. 预习重量分析的一般操作。

2. $BaCl_2 \cdot 2H_2O$ 是毒品，剩余样品应怎样处理？

3. 若试样中含有 1%的 $SrCl_2$，它对本实验结果有无影响？

【实验内容】

1. 瓷坩埚的准备

洗净两个瓷坩埚，晾干或在电热干燥箱中烘干。放入低温马弗炉中缓慢升到 800℃，且保温 30min，取出，稍冷，再夹入干燥器中，不可马上盖严，要暂留一小缝隙（≈3mm），过 1min 后盖严，冷却 30～40min，前 20min 在实验室中冷却，然后放到天平室冷却（各次灼烧后的冷却时间要一致）。在分析天平上准确称量。为了防止受潮，称量速度要快，平衡后马上读数。然后，再放入马弗炉中，在 800℃下保持 15min，取出，再次称重，两次灼烧后所称得坩埚质量之差若不超过 0.3mg，即已恒重；否则还要再烧 15min，冷却、称量，直至恒重。

2. 沉淀的制备

准确称取 0.4～0.6g$BaCl_2 \cdot 2H_2O$ 试样两份，分别置于 250mL 烧杯中，各加 70mL 水溶解（若是液体试样，则移取 25.00mL 两份，各加 50mL 水稀释），各加 2mL 2mol·L^{-1} HCl 溶液，盖上表面皿，在水浴锅上蒸汽加热至 80℃以上。

在两个小烧杯中各加 4mL 1mol·L^{-1} H_2SO_4 溶液，并加水稀释至 50mL，加热至近沸，在连续搅拌下逐滴加到试液中。沉淀剂加完后，待沉淀下降溶液变清时，向上层清液中加 2 滴 H_2SO_4 溶液，仔细观察是否沉淀完全。若清液变浊，应补加一些沉淀剂。盖上表面皿，在微沸的水浴上陈化 1h，其间要搅动几次。

3. 配制稀硫酸洗涤液

取 1mL H_2SO_4 溶液，稀释至 100mL。

4. 称量形式的获得

沉淀自然冷却后，用慢速定量滤纸藉倾泻法过滤。先滤去上层清液，再用稀硫酸洗涤沉淀三次，每次用 15mL，然后将沉淀转移到滤纸上，再用滤纸角擦黏附在玻璃棒和杯壁上的细微沉淀，尔后反复用洗瓶中蒸馏水冲洗杯壁和搅拌棒，直至转移完全。最后淋洗滤纸和沉淀数次至滤液中无 Cl^- 为止。将滤纸取出并包好，放进已恒重的坩埚中，经小火烘干、中火炭化、大火灰化后，再用大火灼烧 30min，冷却、称量。再灼烧 15min，冷却、称量，直至恒重。灼烧及冷却的条件要与空坩埚恒重时相同。

计算两份固体样品中 $BaCl_2 \cdot 2H_2O$ 的含量（%）或两份液体样品的 Ba^{2+} 的浓度（mg·mL^{-1}）。

【思考与讨论】

1. 为什么沉淀 Ba^{2+} 时要稀释试液，加入 HCl 加热并在不断搅拌下逐滴加入沉淀剂？

2. 沉淀完全后为什么还要在水浴上陈化？过滤前为何要自然冷却？趁热过滤或强制冷却好不好？

3. 洗涤沉淀时，为什么用洗涤液或水都要少量、多次？

4. 本实验根据什么称取 0.4～0.6g $BaCl_2 \cdot 2H_2O$ 试样？称样过多或过少有什么影响？某样品含 S 约为 5%，用 $BaSO_4$ 重量法测定 S 应称取多少克样品？

5. 测定样品中的 S^{2-} 和 SO_4^{2-} 时，以 $BaCl_2$ 为沉淀剂，这时应选用何种洗涤剂洗涤沉淀？为什么？

6. 为保证 $BaSO_4$ 沉淀的溶解损失不超过 0.1%，洗涤沉淀用水最多不能超过多少毫升？

实验 7-17 含氟牙膏中微量氟的测定

离子选择电极是一种电化学传感器，它将溶液中特定离子的活度转换成相应的电位，据此可以测定某些特定离子的含量。本实验采用氟离子选择电极测定含氟牙膏中的氟含量。通过实验，了解氟离子选择电极的结构及用酸度计测定电位的方法，学习并掌握用标准曲线法和标准加入法测定氟含量的原理和方法，了解总离子强度调节缓冲溶液的意义和作用。

【实验提要】

离子选择性电极是一种电化学传感器，它将溶液中特定离子的活度转换成相应的电位，据此可以测定某些特定离子的含量。氟离子选择性电极的敏感膜由掺有少量 EuF_2 的 LaF_3 单晶切片制成，将 LaF_3 单晶膜封在聚四氟乙烯塑料或玻璃管的一端，管内一般充有 0.1 mol·L^{-1} NaCl 和 0.1～0.01mol·L^{-1} NaF 混合溶液作为内参比溶液，并以 Ag-AgCl 电极作内参比电极（F^- 用以控制膜内表面的电位，Cl^- 用以固定内参比电极的电位），氟离子选择性电极见图 7-1。

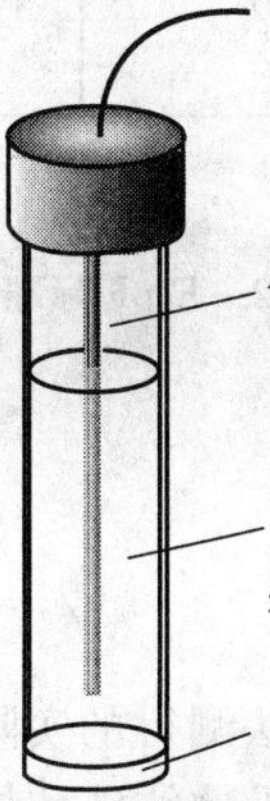

Ag-AgCl 内参比电极

F^-、Cl^- 内参比溶液

氟化镧单晶膜

图 7-1 氟离子选择性电极

氟离子选择性电极是一种对 F^- 呈线性 Nernst 响应的电极，当 F^- 的溶液浓度在 1～10^{-6}mol·L^{-1}浓度范围内时，氟离子选择性电极的电极电位符合 Nernst 方程，即：

$$\varphi_{氟}=K-s\lg a_{F^-}$$

式中，$\varphi_{氟}$ 表示氟离子选择性电极的电极电位；a_{F^-} 表示 F^- 活度（$a_{F^-}=\gamma_{F^-}c_{F^-}$）；$K$ 是与该电极膜、内参比电极等有关的常数；s 称为电极的斜率，理论上 $s=\dfrac{2.303RT}{F}$；F 为法拉第常数，96487C·mol^{-1}；R 为气体常数，8.314J·mol^{-1}·K^{-1}；T 为溶液的热力学温度，K。

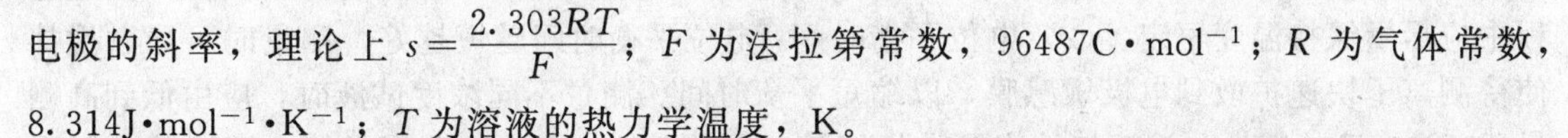

由于单一电极的电位无法测定，故实验中将氟离子选择性电极和作为参比电极的甘汞电极一起插入待测溶液中组成原电池，称为工作电池，其中氟离子选择性电极为正极，甘汞电极为负极，电池的电动势为：

$$E=\varphi_{氟}-\varphi_{甘汞}=K-s\lg a_{F^-}-\varphi_{甘汞}=K'-s\lg a_{F^-}$$

若在测定时，每一个溶液的离子强度都相等，氟离子的活度系数 γ_{F^-} 为一定值，则：

$$E=K'-s\lg a_{F^-}=K'-s\lg\gamma_{F^-}c_{F^-}=K'-s\lg\gamma_{F^-}-s\lg c_{F^-}$$

令：
$$K^*=K'-s\lg\gamma_{F^-}$$

则：
$$E=K^*-s\lg c_{F^-}$$

令：$pF=-\lg c_{F^-}$ 则：$E=K^*+s pF$

可以看到，工作电池的电动势 E 与 F^- 浓度 c_{F^-} 的对数成直线关系。在用标准曲线法进行测定时，先配制一系列 F^- 标准溶液，测定它们的电动势，绘制 E-pF 标准工作曲线（见图 7-2），然后再测定样品待测液的电动势 E_x，从工作曲线上查出与 E_x 所对应的 F^- 浓度的负对数 pF_x，进而计算 c_{F^-} 和产品中的氟含量。

标准曲线法一般适用于组成较简单的体系，若待测体系较复杂，可采用标准加入法。其原理如下。

设试液体积为 V_0(mL)，其中 F^- 浓度为 c_x(mol·L^{-1})，先测得其电动势为 E_1，则：

$$E_1=K'-s\lg\gamma_1 c_x$$

然后，在试液中加入 V_s(mL)（$V_s \ll V_0$，一般为试液的 1%）浓度为 c_s(mol·L^{-1}) 的

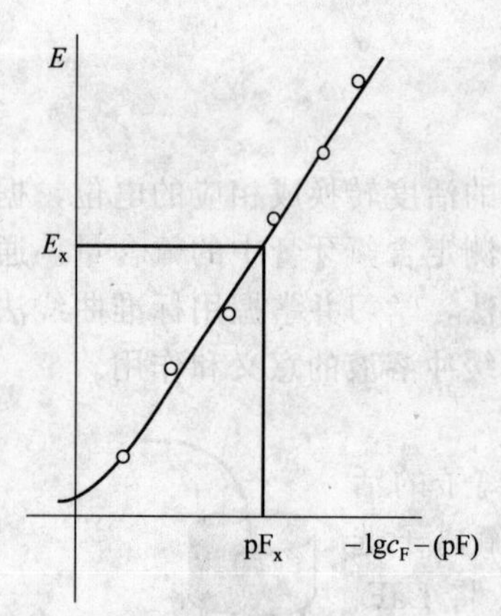

图 7-2 E-pF 标准工作曲线

F^- 标准溶液，再测定其电动势 E_2，则：

$$E_2=K'-s\lg\gamma_2(c_x+\Delta c)$$

其中：
$$\Delta c=\frac{c_s V_s}{V_0+V_s}\approx\frac{c_s V_s}{V_0}$$

由于 $V_s \ll V_0$，可认为 $\gamma_1\approx\gamma_2=\gamma$，则有：

$$\Delta E=E_1-E_2=s\lg(1+\frac{\Delta c}{c_x})$$

即：
$$c_x=\Delta c(10^{\Delta E/s}-1)^{-1}$$

$$c_x=\frac{c_s V_s}{V_0(10^{\frac{\Delta E}{s}}-1)}$$

式中的电极响应斜率 s 常与理论值有出入，一般要进行实验测定。测定 s 的方法是：将测出 E_2 后的溶液用空白溶液稀释一倍，然后再测定其电动势为 E_3，则：

$$E_3=K'-s\lg\left[\frac{1}{2}(c_x+\Delta c)\gamma_3\right]$$

因为 $\gamma_2\approx\gamma_3$，所以 $E_3-E_2=s\lg2$，

即：$s=(E_3-E_2)/\lg2$

这种方法测得的实际斜率误差较大，最好根据图 7-2，用两点式计算直线的斜率。

标准曲线法和标准加入法都称为直接电位法，主要有三个因素影响结果的准确度，它们是：(1) 电极的选择性；(2) 电位计（pH 计）的精度；(3) 测量时的外部条件。前面两个因素是由仪器的性能决定的。因此，可以通过选择测量时的外部条件来提高准确度。

测量时的外部条件主要有三个。(1) 测量温度：电极的斜率与温度有关，因此，测量过程中应尽量保持温度恒定。(2) 电位平衡时间：电位平衡时间越短越好。测量时可通过搅拌使待测离子快速扩散到电极敏感膜，以缩短平衡时间。测量不同浓度试液时，应由低到高测量。(3) 溶液的特性：溶液特性主要是指溶液离子强度、pH 及共存离子等。溶液的离子强度应保持恒定，溶液的 pH 应满足电极的要求以避免对敏感膜造成腐蚀，氟离子选择性电极使用时的 pH 范围为 5～7，pH 过低，氟可能会以 HF 或 HF_2^- 的形式存在，降低了 F^- 的活度；pH 过高，LaF_3 单晶膜中的 F^- 与溶液中的 OH^- 将发生交换反应，晶体表面形成 $La(OH)_3$ 而对敏感膜造成腐蚀。共存离子可能对测定产生干扰，干扰的影响表现在两个方面：一是能使电极产生一定响应；二是干扰离子与待测离子发生配合或沉淀反应。如 Fe^{3+}、Al^{3+}、Ca^{2+}、Mg^{2+} 会形成 FeF_6^{3-}、AlF_6^{3-}、CaF_2、MgF_2 而产生干扰。

因此，测定时溶液应该：(1) 控制一定的且较大的离子强度（在离子强度较大时，c_{F^-} 的变化对离子强度影响可以忽略不计）；(2) 控制 pH 范围为 5～7；(3) 用掩蔽剂消除 Fe^{3+}、Al^{3+} 等离子的干扰。通过加入 TISAB 溶液，就能够同时满足上述三个要求。

TISAB 溶液也称为总离子强度调节缓冲剂，就是一种由惰性电解质、金属配合剂及 pH 缓冲剂组成的溶液，可以同时具有控制一定的离子强度、酸度以及掩蔽干扰离子等作用。如测 F^- 过程所使用的 TISAB 溶液典型组成：$1mol\cdot L^{-1}$ 的 NaCl，以保持较大稳定的离子强度；$0.25mol\cdot L^{-1}$ 的 HAc 和 $0.75mol\cdot L^{-1}$ 的 NaAc，使溶液 pH 在 5 左右；$0.001mol\cdot L^{-1}$ 的柠檬酸钠，掩蔽 Fe^{3+}、Al^{3+} 等干扰离子。

本实验分别采用标准曲线法和标准加入法测定氟含量，并对两种方法的测定结果进行比较。

【仪器、材料和试剂】

1. 仪器和材料

pHS-2型精密酸度计，pF-1或pF-2型氟电极，233或222型甘汞电极，电磁搅拌器，100mL容量瓶，50mL移液管，10mL移液管，1mL移液管，10mL吸量管。

2. 试剂

0.400mol·L^{-1} F^-离子标准贮备液，去离子水，总离子强度调节剂［TISAB：于1000mL烧杯中，分别加入500mL去离子水、57mL冰醋酸、58g氯化钠、12g柠檬酸钠($Na_3C_6H_5O_7 \cdot 2H_2O$)，搅拌至溶解。将烧杯放在冷水浴中，缓缓加入6 mol·L^{-1} NaOH溶液，直至pH在5.0～5.5之间（约需125mL，用酸度计测量pH值)，冷至室温后转入1000mL容量瓶中，用去离子水稀释至刻度，摇匀］。

【实验前应准备的工作】

1. 写出本实验中工作电池的表达式。
2. 导出本实验测定牙膏样品中氟含量的计算公式（以μg·g^{-1}计)。
3. 在用氟电极测定F^-浓度时，为什么要按从稀到浓的次序进行？
4. 总离子强度调节剂（TISAB）一般包括哪些组分？各组分的作用是什么？
5. 写出饱和甘汞电极的电极反应及其能斯特方程表达式。

【实验内容】

1. 准备工作

将氟电极和饱和甘汞电极接头分别插入指示电极插口和甘汞电极接线柱加以固定，调整电极高度，使固定在电极夹上的电极下端插入去离子水中，搅拌清洗电极（其间要更换几次去离子水)，直至电极的空白电位值在300mV左右。

2. 标准曲线法

(1) 氟标准系列待测溶液的配制　吸取25.00mL0.400mol·L^{-1}氟标准溶液于100mL容量瓶中，加入10.0mLTISAB溶液，用去离子水稀释至刻度，得pF=1.000氟标准待测溶液。

用逐级稀释法再依次分别配制pF=2.000，3.000，4.000，5.000氟标准待测溶液，但逐级稀释时TISAB溶液的加入量只需9.00mL。

(2) 样品待测溶液的配制　准确称取含氟牙膏样品1～2g（约1～2cm长）于100mL干燥烧杯中，加入10.0mLTISAB溶液及适量去离子水，搅拌，定量转入100mL容量瓶中，用去离子水稀释至刻度，摇匀，得样品待测溶液（设其浓度为c_x)。

(3) 标准工作曲线的绘制　将氟标准系列待测溶液由稀到浓依次转入50mL烧杯中，分别测得各溶液的平衡电位值，在普通坐标纸上作出E-pF标准工作曲线。

(4) 样品待测液的测定　用去离子水清洗电极系统直至空白值，然后测量样品待测溶液的平衡电位（设其电位值为E_x)，从标准工作曲线上查得E_x所对应的pF_x，进而计算试样中的氟含量（以μg·g^{-1}计)。

3. 标准加入法

准确移取50mL样品待测液于100mL烧杯中，测得其平衡电位为E_1，然后在上述试液中准确加入1.00mL pF=1.000的氟标准待测溶液，继续测得平衡电位为E_2；再在测过E_2的溶液中加入50.00mL $c_{F^-}=0.000$的试剂空白（其中含有相同浓度的TISAB，如何配制?)，测得平衡电位为E_3，根据有关公式计算含氟牙膏样品中的氟含量，并与标准曲线法测得的结果进行比较。

【思考与讨论】

1. 离子活度和浓度之间有什么关系？用氟电极测得的是F^-的浓度还是活度？如果要测定F^-的浓度，应怎么办？

2. 试比较标准曲线法和标准加入法的优缺点。用这两种方法所测得的结果有无差异？

3. 如果用氟电极测定工业废水中氟时，若该废水偏酸性（$[H^+]=0.1mol\cdot L^{-1}$）或偏碱性（$[OH^-]=0.1mol\cdot L^{-1}$），则对测定有何影响？应该如何处理？

实验 7-18 邻二氮菲分光光度法测定铁

可见分光光度法进行定量分析时，要经过取样、溶解、显色及测量等步骤。显色反应受多种因素的影响，例如，为了使反应进行完全，应当确定显色剂加入量的合适范围，溶液的酸度既影响显色剂各种形式的浓度（为什么?），又影响金属离子的存在状态，从而影响了显色反应生成物的组成。不同的显色反应，生成稳定有色化合物所需的时间不同，达到稳定后能维持多久也不大相同。许多显色反应在室温下能很快完成，有的则需要加热才能较快进行。此外，加入试剂的顺序、离子的氧化态、干扰物质的影响等均需要加以研究，以便拟定合适的分析方案，使测定既准确又迅速。本实验通过 Fe(Ⅱ)-邻二氮菲显色反应的条件实验，学习如何拟定一个分光光度分析实验的测定条件，掌握通过绘制吸收曲线确定最大吸收波长和利用标准曲线进行定量的方法，熟悉 721 型分光光度计的结构和使用方法。

【实验提要】

分光光度法是基于物质对光的选择性吸收而建立的分析方法，当一束单色光通过液层厚度和浓度一定的溶液时，部分光将被溶液吸收。如图 7-3 所示。

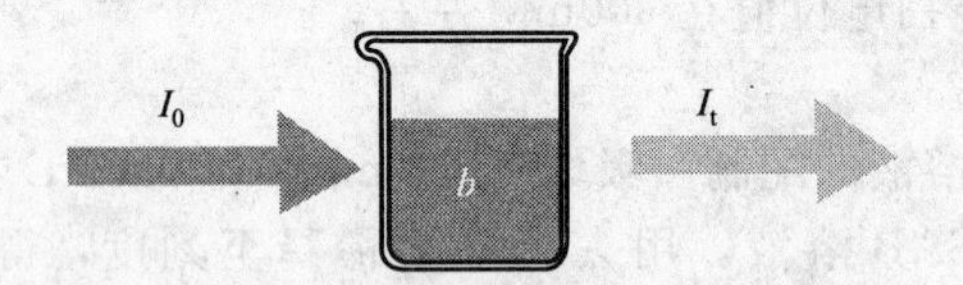

图 7-3 物质对光的选择性吸收

图 7-3 中，I_0 表示入射光强度；I_t 表示透射光强度；b 表示光程（液层厚度）。由于溶液吸收了一部分光，所以：$I_t<I_0$。在分光光度法中，用 T 表示透光度（率）：

$$T=\frac{I_t}{I_0}\times 100\%$$

用 A 表示待测溶液对光的吸收程度，即吸光度：$A=-\lg\frac{I_t}{I_0}$。

可以看到：

$$A=-\lg T$$

吸光度与待测组分的浓度及液层厚度的关系称为朗伯-比尔定律：

$$A=abc$$

式中，A 表示吸光度；b 表示液层厚度（光程长度），通常以 cm 为单位；c 表示待测组分的浓度，$g\cdot L^{-1}$；a 称为吸收系数，$L\cdot(g\cdot cm)^{-1}$，若浓度用 $mol\cdot L^{-1}$ 作单位，则吸收系数用 ε 表示，称为摩尔吸收系数，单位为 $L\cdot(mol\cdot cm)^{-1}$ 这时朗伯-比尔定律可表示为：

$$A=\varepsilon bc$$

摩尔吸收系数也称为摩尔吸光系数，它是分光光度法中最重要的参数之一。ε 是吸光物质在一定波长和溶剂条件下的特征常数。它不随浓度和光程而变化，在水溶液中，它仅与波长有关。摩尔吸收系数 ε 越大，方法的灵敏度越高。对于确定的吸光物质，摩尔吸收系数最大值对应的波长称为最大吸收波长，用 λ_{max} 表示。测定时一般选择 λ_{max} 作为入射光波长。

最大吸收波长 λ_{max} 可以从吸收曲线上得到，吸收曲线也称为吸收光谱，指的是待测物质的吸光度随波长的变化关系曲线，如图 7-4。

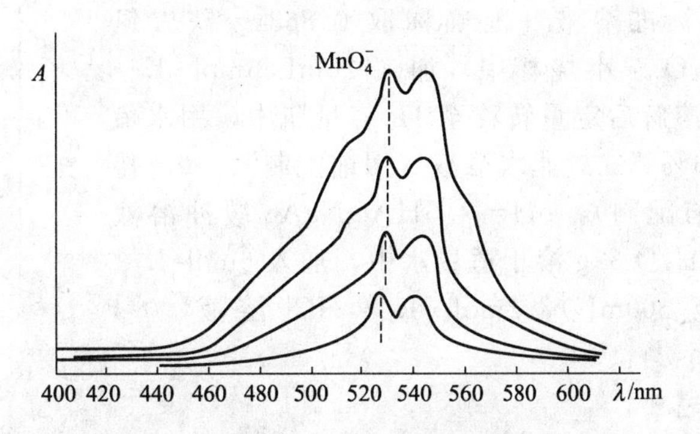

图 7-4　不同浓度的 $KMnO_4$ 的吸收曲线

从图 7-4 中可以看到，$KMnO_4$ 的 λ_{max} 约为 525nm。

可见分光光度法进行定量分析时，要经过取样、溶解、显色及测量等步骤。其中显色步骤包括两个方面：显色反应的选择和显色条件的选择。显色反应的选择主要考虑待测组分与显色剂反应生成的有色化合物的摩尔吸收系数，一般要求 $\varepsilon > 10^4 L\cdot(mol\cdot cm)^{-1}$。如测定铁选择邻二氮菲做显色剂，有色化合物 Fe(Ⅱ)-邻二氮菲的摩尔吸收系数能够满足上述要求。显色条件的选择主要考虑下面几个因素：（1）显色剂用量；（2）反应体系的酸度；（3）显色时间；（4）显色温度等。测量步骤则主要考虑测量条件的选择，测量条件包括下面三个方面：（1）入射光波长的选择，一般选择最大吸收波长 λ_{max} 作为入射光；（2）参比溶液的选择，由于待测溶液中的其他组分以及比色皿可能对入射光有作用，使用参比溶液可以基本消除这些作用，本实验用空白溶液（不加待测组分，其他各种试剂都要加入）做参比溶液；（3）吸光度读数范围的选择，为了降低测量误差，吸光度的读数范围一般应在 0.1～1.0 之间。

邻二氮菲作显色剂测定微量铁（Ⅱ）的灵敏度高，选择性好。在 pH＝2～9 的溶液中，Fe^{2+} 与邻二氮菲生成极稳定的橙红色配合物，反应式如下：

$$Fe^{2+}+3\,(\text{N N}) \longrightarrow \left[\left(\text{N N}\right)_3 Fe\right]^{2+}$$

该配合物 $\lg K_f=21.3(20℃)$，在 510nm 波长下有最大吸收，其摩尔吸光系数 $\varepsilon_{510}=1.1\times10^4 L\cdot(mol\cdot cm)^{-1}$。邻二氮菲也能与 Fe(Ⅲ) 生成 3∶1 的淡蓝色配合物，其 $\lg K_f=14.10$。因此在显色前应先用盐酸羟胺（$NH_2OH\cdot HCl$）将 Fe^{3+} 还原为 Fe^{2+}，反应式为：

$$2Fe^{3+}+2NH_2OH\cdot HCl \longrightarrow 2Fe^{2+}+N_2\uparrow+2H_2O+4H^{+}+2Cl^{-}\ (pH<3)$$

反应完成后，用缓冲溶液调节 pH≈4.5，再加显色剂邻二氮菲。

Cu^{2+}、Co^{2+}、Ni^{2+}、Hg^{2+}、Mn^{2+}、Zn^{2+} 等离子也能与邻二氮菲生成稳定配位物，在少量情况下，不影响 Fe^{2+} 的测定，量大时可用 EDTA 掩蔽或预先分离。

测定时采用标准曲线法进行，即配制一系列标准溶液，与待测溶液同时显色，先测定标准溶液的吸光度，再测定待测溶液的吸光度，作出 A-c 标准曲线（图 7-5），从曲线上得到与 A_x 对应的 c_x，再计算待测组分的浓度，进而计算铁的含量。

【仪器、材料和试剂】

1. 仪器和材料

721 型分光光度计，1cm 比色皿。

2. 试剂

$100\mu g\cdot mL^{-1}$铁标准溶液［准确称取 0.8634g 铁铵钒 $NH_4Fe(SO_4)_2\cdot 12H_2O$ 于小烧杯中，加入 20mL $6mol\cdot L^{-1}$ HCl 和少量蒸馏水，溶解后定量转移至 1L 容量瓶中，用水稀释定容，摇匀］，0.10％邻二氮菲水溶液（用前配制），10％盐酸羟胺水溶液（用前配制），pH＝4.5HAc-NaAc 缓冲溶液（称取分析纯 $NaAc\cdot 3H_2O$ 32g 溶于适量水中，加入 $6mol\cdot L^{-1}$ HAc 68mL，稀释至 500mL），$2mol\cdot L^{-1}$ HCl 溶液，0.4 $mol\cdot L^{-1}$ NaOH 溶液。

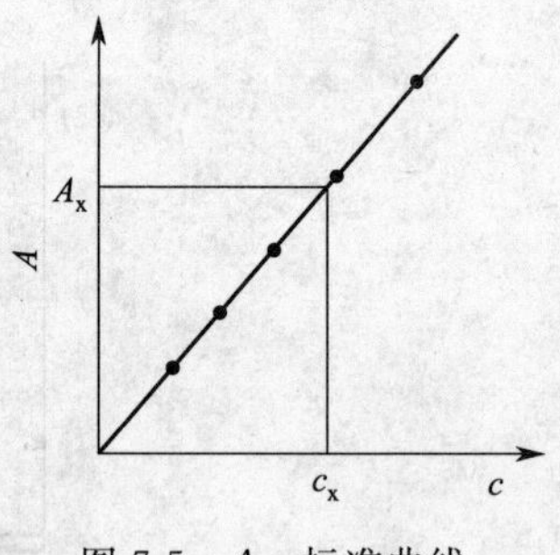

图 7-5　A-c 标准曲线

【实验前应准备的工作】

1. 在显色之前为什么要预先加入盐酸羟胺和 HAc-NaAc 缓冲溶液？

2. 测量吸光度时，为什么要选择参比溶液？选择参比溶液的原则是什么？

3. 实验中哪些试剂的加入量必须很准确？哪些可不必很准确？

【实验内容】

1. $10.0\mu g\cdot mL^{-1}$铁标准溶液的配制

准确吸收 10.00mL $100\mu g\cdot mL^{-1}$铁标准溶液，用蒸馏水稀释定容，摇匀。

2. 条件实验

（1）吸收曲线的绘制　吸取 $10.0\mu g\cdot mL^{-1}$铁标准溶液 5.00mL 于 50mL 容量瓶中，加入 1mL 10％盐酸羟胺溶液，摇匀。2min 后，加入 HAc-NaAc 缓冲溶液 5mL、0.10％邻二氮菲 3mL，以水稀释定容。在 721 型分光光度计上用 1cm 比色皿，以空白溶液为参比，在波长 470～550nm 范围内每隔 10nm 测定一次吸光度。然后以吸光度为纵坐标、波长为横坐标绘制吸收曲线，在吸收曲线上找出进行测定的最适宜波长。以下条件实验和测定工作均在此选定波长下进行。

（2）显色时间　按 2（1）步骤配制邻二氮菲铁溶液后，用 1cm 比色皿，每隔一段时间（3min，30min，1h，1.5h，2h）测定一次吸光度值。绘制出吸光度-时间曲线，找出稳定值时间范围。

（3）显色剂浓度的影响　取 7 个 50mL 容量瓶，准确吸取 $10.0\mu g\cdot mL^{-1}$铁标准溶液 4.00mL 加入各容量瓶中，分别加入 1mL 10％盐酸羟胺溶液，放置 2min 后，加入 HAc-NaAc 缓冲溶液 5mL，然后分别加入 0.10％邻二氮菲 0.20mL、0.40mL、0.60mL、1.00mL、2.00mL、3.00mL、4.00mL，用水稀释定容，摇匀。用 1cm 比色皿，以空白溶液为参比，分别测定各溶液的吸光度。然后以加入邻二氮菲的体积为横坐标、相应的吸光度值为纵坐标，绘制出吸光度-显色剂用量曲线，从而确定显色剂最适宜的量。

（4）溶液酸度的影响　准确吸取 10.00mL $10.0\mu g\cdot mL^{-1}$铁标准溶液于 100mL 容量瓶中，加入 $2mol\cdot L^{-1}$ HCl 溶液 10mL、10％盐酸羟胺溶液 10mL，放置 2min 后，加入 0.10％邻二氮菲 30mL，以水稀释定容，摇匀。

取 7 个 50mL 容量瓶，准确吸取上述溶液 5.00mL 置于各容量瓶中，各加入 0.4 $mol\cdot L^{-1}$ NaOH 溶液 0.00mL、1.00mL、2.00mL、4.00mL、5.00mL、7.00mL 及 9.00mL，以水稀释定容，摇匀。用 1cm 比色皿，以蒸馏水为参比，测定各溶液的吸光度。然后用酸度计或精密 pH 试纸分别测定各溶液的 pH 值。绘制吸光度-pH 值曲线，找出适宜的 pH 范围。

3. 铁含量的测定

（1）制作标准曲线　取 6 个 50mL 容量瓶，分别加入 0.00mL、2.00mL、4.00mL、6.00mL、8.00mL 和 10.00mL $10.0\mu g\cdot mL^{-1}$铁标准溶液，各加入 10％盐酸羟胺溶液 1mL，摇匀后放置 2min。再各加 HAc-NaAc 缓冲溶液 5mL、0.10％邻二氮菲溶液 3mL，以水稀释

定容，摇匀。以空白溶液为参比，用 1cm 比色皿在选定波长下测定各溶液的吸光度。绘制标准曲线。

(2) 试液中含铁量的测定　准确吸取 10.00mL 未知试液于 50mL 容量瓶中，按上述操作进行显色，定容，并测定其吸光度。从标准曲线上查出试液铁含量，并计算原试液铁含量，以 $\mu g\cdot mL^{-1}$ 表示测量结果。

【思考与讨论】

1. 为什么绘制工作曲线和测定试样应在相同条件下进行？这里主要指哪些条件？

2. 分光光度法测定时，吸光度读数取什么范围较好？为什么？如何控制被测溶液的吸光度值在此范围内？

3. 根据本实验的有关实验数据，计算邻二氮菲-亚铁配位物的摩尔吸光系数 ε，并与文献值比较，若差别较大，说明造成差别的原因。

实验 7-19　分光光度法测定铬和锰

通过本实验，学会测定摩尔吸收系数的方法，掌握多组分混合物同时测定的原理。

【实验提要】

试液中含有数种吸光物质时，在一定条件下可以采用分光光度法同时进行测定勿需分离。锰、铬是工业分析中常见元素，在酸性溶液中，以硝酸银作催化剂、用过硫酸铵可以将 Cr^{3+} 和 Mn^{2+} 氧化为 $Cr_2O_7^{2-}$ 和 MnO_4^-：

$$2Cr^{3+}+3S_2O_8^{2-}+7H_2O\xrightarrow{Ag^+}Cr_2O_7^{2-}+6SO_4^{2-}+14H^+$$

$$2Mn^{2+}+5S_2O_8^{2-}+8H_2O\xrightarrow{Ag^+}2MnO_4^-+10SO_4^{2-}+16H^+$$

为了保证 Mn^{2+} 完全氧化，需加入少量的过碘酸钾：

$$2Mn^{2+}+5IO_4^-+3H_2O\xrightarrow{Ag^+}2MnO_4^-+5IO_3^-+6H^+$$

$Cr_2O_7^{2-}$ 和 MnO_4^- 的吸收曲线相互重叠，如图 7-6 所示。

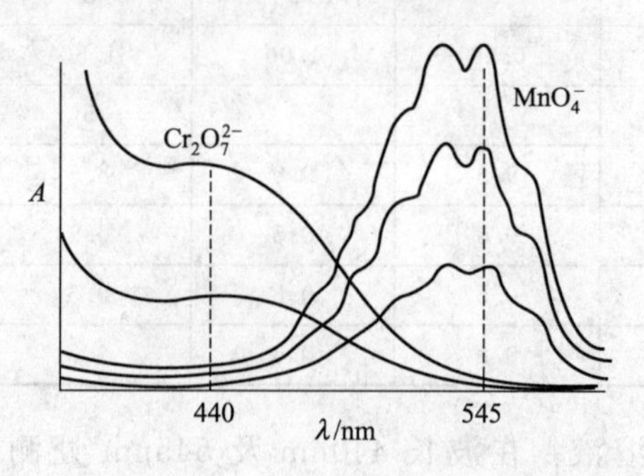

图 7-6　不同浓度的 MnO_4^- 和 $Cr_2O_7^{2-}$ 的吸收曲线

可以根据吸光度的加和性原理在 $Cr_2O_7^{2-}$ 和 MnO_4^- 的最大吸收波长 440nm 和 545nm 处测定总吸光度。然后用解联立方程式的方法，求出试液中 Cr(Ⅵ) 和 Mn(Ⅶ) 的含量。因为

$$A_{440}^{总}=A_{440}^{Cr}+A_{440}^{Mn}$$

$$A_{545}^{总}=A_{545}^{Cr}+A_{545}^{Mn}$$

得：

$$A_{440}^{总}=\varepsilon_{440}^{Cr}c_{Cr}b+\varepsilon_{440}^{Mn}c_{Mn}b$$

$$A_{545}^{总}=\varepsilon_{545}^{Cr}c_{Cr}b+\varepsilon_{545}^{Mn}c_{Mn}b$$

若 $b=1\text{cm}$，由上式可得：

$$c^{Cr}=\frac{A_{440}^{总}\varepsilon_{545}^{Mn}-A_{545}^{总}\varepsilon_{440}^{Mn}}{\varepsilon_{440}^{Cr}\varepsilon_{545}^{Mn}-\varepsilon_{545}^{Cr}\varepsilon_{440}^{Mn}}$$

$$c^{Mn}=\frac{A_{440}^{总}-\varepsilon_{440}^{Cr}c_{Cr}}{\varepsilon_{440}^{Mn}}$$

上式中的摩尔吸光系数 ε 可分别用已知浓度的 $Cr_2O_7^{2-}$ 和 MnO_4^- 在波长为 440nm 和 545nm 时的标准曲线求得（标准曲线得斜率即为 ε）。

【仪器、材料和试剂】

1. 仪器和材料

721（722）型分光光度计，水浴锅，托盘天平，容量瓶，5mL 吸量管，量筒。

2. 试剂

$0.02\text{mol}\cdot L^{-1}$重铬酸钾标准溶液，$4\times10^{-3}\text{mol}\cdot L^{-1}$硫酸锰标准溶液，$2\text{mol}\cdot L^{-1}$硫酸，$0.1\text{mol}\cdot L^{-1}$硝酸银溶液，过硫酸铵和过碘酸钾，含 Cr^{3+} 和 Mn^{2+} 未知液。

【实验前应准备的工作】

分光光度法测定相互干扰的多组分时，选择测定波长的标准是什么？

【实验内容】

1. 标准曲线的绘制

（1）$4\times10^{-4}\sim2\times10^{-3}\text{mol}\cdot L^{-1}$ $Cr_2O_7^{2-}$ 标准系列溶液的配制　取 50mL 容量瓶 5 只，各加入 $2\text{mol}\cdot L^{-1}$ 硫酸 5mL，摇匀后再分别加入重铬酸钾标准溶液 1mL、2mL、3mL、4mL、5mL，用水稀释至刻度，摇匀。

（2）$4\times10^{-5}\sim2\times10^{-4}\text{mol}\cdot L^{-1}$ MnO_4^- 标准系列溶液的配制　按表 7-12 依次加入试剂于 100mL 烧杯中，在沸水浴锅上加热 3～5min，冷却后定量转移至 50mL 容量瓶中，用水稀释至刻度，摇匀。

表 7-12　不同浓度的 MnO_4^- 标准系列溶液的配制

烧杯编号	1	2	3	4	5
$4\times10^{-3}\text{mol}\cdot L^{-1}$硫酸锰/mL	0.50	1.00	1.50	2.00	2.50
$2\text{mol}\cdot L^{-1}$硫酸/mL	5	5	5	5	5
蒸馏水/mL	9.5	9.0	8.5	8.0	7.5
过硫酸铵/g	0.5	0.5	0.5	0.5	0.5
$0.1\text{mol}\cdot L^{-1}$硝酸银/mL	0.5	0.5	0.5	0.5	0.5
过碘酸钾/g	0.3	0.3	0.3	0.3	0.3

（3）以蒸馏水作参比溶液，在波长 440nm 及 545nm 处测定上面配制的 $Cr_2O_7^{2-}$ 和 MnO_4^- 标准系列溶液的吸光度。

（4）分别绘制 $Cr_2O_7^{2-}$ 和 MnO_4^- 的标准曲线，由曲线的斜率（$\varepsilon b=A/c$）及比色皿的厚度求出摩尔吸收系数 ε_{440}^{Cr}、ε_{545}^{Cr}、ε_{440}^{Mn}、ε_{545}^{Mn}。

2. 未知溶液中 Cr^{3+}、Mn^{2+} 浓度的测定

准确移取 5mL 未知溶液于 100 mL 烧杯中，加入 $2\text{mol}\cdot L^{-1}$硫酸 5mL、蒸馏水 5mL、过硫酸铵 0.5g、$0.1\text{mol}\cdot L^{-1}$硝酸银溶液 0.5mL、过碘酸钾 0.3g，在沸水浴上加热 5 min。过硫酸铵及过碘酸钾应完全溶解，否则要补加少量水后再继续加热。冷却后转移至 50 mL 容量瓶中稀释至刻度，摇匀。以蒸馏水作为参比溶液，在波长 440nm 和 545nm 处测定其吸

光度。

列出二元联立方程，计算出铬、锰的浓度。

【思考与讨论】

1. 设某溶液中含有吸光物质 X，Y、Z，根据吸光度加和性规律，总吸光度 $A_{总}$ 与 X，Y，Z 各组分的吸光度的关系式应为什么？

2. 今欲对上题溶液中的吸光物质 X，Y，Z 不预先加以分离而同时进行测定。已知 X，Y，Z 在 λ_X、λ_Y、λ_Z 处各有一最大吸收峰，相应的摩尔吸光系数为 ε_X、ε_Y、ε_Z，则 $A_{总}$ 与 c_X、c_Y、c_Z、ε_X、ε_Y、ε_Z 的关系式应怎样？

实验 7-20　紫外分光光度法测定水中总酚量

废水中酚含量的高低是废水受污染程度的重要指标，一般的有机废水分析中，酚含量的测定是一个常规检测项目，所以掌握酚含量的分析，有着极其重要的意义。通过本实验，可使学生掌握用紫外分光光度法测定水中总酚量的原理与技术。

【实验提要】

酚在碱性溶液中（pH＝10～12 时）在紫外线区有强吸收。利用其在 235nm 波长处的吸光度可定量测定总酚的含量。此法可应用于水中总酚量的测定。

在 235nm 处有吸收的主要是芳香族化合物及其不饱和的有机化合物。为排除干扰，可采用二氯甲烷萃取废水中的有机物，然后根据酚类的弱酸性，用氢氧化钠溶液进行反萃取，调节 pH 值后，即可用紫外分光光度法进行测定。

本法的检测范围：0.05～5mg·L^{-1}。

【仪器、材料和试剂】

1. 仪器和材料

紫外分光光度计，2cm 比色皿，50mL 比色管，1mL 的移液管，50mL 容量瓶。

2. 试剂

无酚水，酚贮备液，酚标准溶液，1mol·L^{-1} NaOH。

【实验前应准备的工作】

1. 学习紫外分光光度计的使用方法。

2. 用玻璃比色皿替代石英比色皿是否可行？

3. 酚标准溶液的稳定性怎样？为什么需要低温保存？

【实验内容】

1. 无酚水的制备

在离子水中加入适量的活性炭（每升水中加入经活化后的活性炭 0.2g），充分振摇后放置过夜。用双层滤纸过滤即可制得无酚水。本实验中配制溶液均为无酚水。

2. 酚贮备液

称取 10g 无色酚（A.R.）溶于无酚水中，定量移放 1000mL 容量瓶中，并稀释至刻度。用溴代滴定法准确标定浓度，置冰箱内保存。

3. 酚标准溶液

吸取 10mL 酚贮备液，置于 100mL 容量瓶中，用水稀释至标线。使用时当天配制。

4. 工作曲线的绘制

分别吸取酚标准溶液 0.00mL，0.25mL，0.50mL，1.00mL，1.50mL，2.00mL，2.50mL 于 7 支 50mL 比色管中，分别加入 0.5mL 1mol·L^{-1}氢氧化钠溶液，加水至刻度线，

摇匀，调节溶液的 pH 值在 10～12。以 0.01mol·L^{-1}的氢氧化钠溶液作参比，用 2cm 比色皿于波长 235nm 处分别测定其吸光度。以浓度为横坐标、吸光度为纵坐标，建立工作曲线。

5. 样品测定

取适量经过预处理的样品置于 50mL 容量瓶中，用盐酸或氢氧化钠溶液调至中性，再加入 0.5mL 1mol·L^{-1}氢氧化钠溶液，用水稀释至 50mL，然后用同工作曲线相同步骤测定其吸光度值，计算出样品浓度。

$$总酚(mg\cdot L^{-1})=\frac{测得总酚量(\mu g)}{水样体积(mL)}$$

【思考与讨论】

1. 苯酚水溶液在 210nm 和 270nm 处有最大吸收峰，而在碱性介质中，苯酚的最大吸收峰发生红移，分别移至 235nm 和 290nm 处，且吸收峰强度增加，在 235nm 处摩尔吸光系数 ε 达 9400L·(mol·cm)$^{-1}$，满足特征性强、灵敏度高的要求，故选定在碱性介质中 $\lambda=235$nm 处为测定波长。

常见的苯酚衍生物，如甲酚、二甲酚等，在碱性介质中，$\lambda=235$nm 处均有强吸收，但其摩尔吸光系数均小于苯酚，故紫外分光光度测得的总酚量，是以苯酚为基准物，所测结果代表水中总酚量的最小浓度。

2. 试液的碱度对酚类紫外吸收带的吸光度值影响很大。利用氢氧化钠溶液调节酚溶液的碱度，在 235nm 处对一确定浓度的酚溶液进行吸光度值的测定，所得出的 A-pH 值曲线表明，pH 值小于 10 或大于 12 时，A 值随 pH 值改变。为了保证结果准确可靠，待测酚的 pH 值应控制在 10～12。

3. 用萃取的方法消除芳香族化合物及其他不饱和的有机化合物时，萃取比和萃取次数可根据水样的含酚量而定。对于无色、清晰的较清洁水样，可直接测定。

4. 对于浑浊或有色废水，通过萃取、反萃取排除有机物干扰后，再进行预蒸馏处理。量取 250mL 水样于 500mL 全玻蒸馏器中，加入两滴甲基橙指示剂，用磷酸将水样调至红色，加入 5mL 硫酸铜溶液，再加入数粒玻璃珠，加热蒸馏，收集馏出液至 50mL。

5. 对于自来水、井水、地下水和清洁的地表水，酚的标准系列及待测水样（水样调至中性后）均可用 0.01mol·L^{-1} 氢氧化钠溶液代替 1mol·L^{-1} 氢氧化钠溶液调节 pH 值在 10～12。

实验 7-21　气-液填充色谱柱的制备及评价

气相色谱法是工业生产中经常采用的分析方法，色谱柱是气相色谱仪的关键部件。本实验要求学生学会固定液的配制及涂渍、色谱柱的填充、色谱柱的老化及评价柱性能的方法。

【实验提要】

气相色谱分析中应用最广的是气-液填充色谱柱，其柱性能好坏，主要决定于固定相的选择和制备技术。

色谱柱应装载体的质量 m 可由下列公式估算：

$$m=堆密度\ V\times(1+0.2)$$

式中，V 为柱内体积，$V=\pi r^2L$；r 为柱内半径，cm；L 为柱长，cm。

$$堆密度=\frac{载体质量}{载体体积}(g\cdot mL^{-1})$$

按液载比，计算应称固定液的质量。

为保证固定液全部溶解，一般溶剂量约为载体体积的1.3倍。

根据固定液性质、配比的不同，将固定液涂覆在载体颗粒表面的方法也不同。一般液载比大于5%以上，可用“常规”涂渍法。

装柱要求均匀、紧密，载体不能破碎，一般采用泵抽法。

老化是为了进一步除去固定相中残余的溶剂和某些挥发性杂质；使固定液涂布得更均匀、牢固；促使固定相装填更加紧密。

制备好的柱子需测定其性能，考察柱制备技术和欲测对象的分离情况。柱性能一般用以下指标来评价。

理论塔板数（n）或有效塔板数（n_{eff}）反映了柱效能，主要由固定相的性质和动力学因素（操作参数）决定：

$$n=5.54\left(\frac{t_R}{W_{\frac{h}{2}}}\right)^2=16\left(\frac{t_R}{W}\right)^2$$

$$n_{eff}=5.54\left(\frac{t'_R}{W_{\frac{h}{2}}}\right)^2=16\left(\frac{t'_R}{W}\right)^2$$

式中，t_R 为保留时间，s；t'_R为调整保留时间，s；$W_{\frac{h}{2}}$为半峰高宽度，cm；W 为峰底宽度，cm。

柱效也可用塔板高度（H）和有效塔板高度（H_{eff}）表示。

分离度（R）是一个综合指标，既反映柱效能，又反映了柱选择性。对于色谱峰相邻的两个组分来说：

$$R=\frac{t_{R_2}-t_{R_1}}{\frac{W_1+W_2}{2}}$$

从该公式中可明显看出它综合了色谱过程热力学、动力学的两方面因素。因此，它可以较全面地反映组分的分离程度，一般来说，当 $R\geqslant1.5$ 时，两峰可过基线分离，即分离度可达99.7%。当 $R=1$ 时，分离度可达98%。R 需多大，主要取决于分析的目的和要求。

【仪器、材料和试剂】

1. 仪器和材料

气相色谱仪，TCD，真空泵，红外灯，微量注射器，量筒，培养皿（7～9cm）。

2. 试剂

丙酮，苯，环己烷，邻苯二甲酸二壬酯（DNP），上试101白色载体（60～80目）。

【实验前应准备的工作】

1. 常规涂渍时应注意些什么？

2. 装填固定相的方法有几种？使用泵抽法应注意些什么？

【实验内容】

1. 气-液填充柱的制备

（1）计算 ϕ（内）3mm×2m 不锈钢柱应装101白色载体的质量。

（2）用微量烧杯在分析天平上称取液载比10%的固定液质量。

（3）固定液涂渍采用“常规”法：用丙酮将固定液转移至培养皿，待固定液全部溶解，加入载体，迅速摇匀，使溶液正好淹没载体。室温下，置于通风橱内，待溶剂均匀挥发近干，在红外灯下（小于80℃）烘干。

（4）装柱。将选好的不锈钢柱先用5%～10% NaOH 热溶液清洗内壁，依次用自来水-

稀盐酸-自来水冲洗至中性，最后用蒸馏水和少量95%酒精冲洗，烘干后备用。

用泵抽法装柱：在柱一端塞上少许玻璃棉，用布包住，与真空泵橡皮管相连。另一端与装填漏斗相连。启动真空泵，从漏斗上慢慢加入固定相，并轻轻敲打柱，直至固定相不再下沉为止，将柱与漏斗脱开并在柱的另一端也塞上少许玻璃棉。

(5) 老化。将装好的柱子的进填料一端接汽化室，另一端暂不接检测器。开启载气，在5～10mL·min^{-1}流速、柱温高于操作温度5～10℃（低于固定液最高使用温度）的条件下，老化15～18h。

2. 色谱条件

ϕ3mm×2m不锈钢柱；10%DNP，101白色担体（60～80目）；T_c=80℃，T_i=100℃，T_D=100℃；载气H_2：30mL·min^{-1}；桥电流120～180mA；进样量1μL；纸速自选。

3. 柱性能测定

将老化好的柱子的另一端与检测器相连，开机待基线平直后，在最佳流速下，进苯、环己烷混合样1μL，空气5μL，记录色谱图及t_M、t_R。

【数据处理】

1. 填充柱制备记录

色谱柱编号________ 实验日期________

色谱柱材料________ 固定液________

牌号和批号________ 柱长________m

柱内径________mm 载体________ 筛分________ 涂渍方法________

称取载体质量________g 液载比________

固定液用量________g 实际填充量________g

2. 根据色谱图、t_M、t_R、$W_{\frac{h}{2}}$列表，计算最佳流速时柱效能指标（表7-13）。

表7-13 柱效能指标

项目	$T_{R'}$	$W_{\frac{h}{2}}$	n	n_{eff}	H_{min}	$H_{eff}^{R'}$	$R_{2,1}$	R
苯								
环己烷								

注意以下各点。

(1) 涂渍过程切忌图快用烘箱或在高温下烘烤。

(2) 蒸发溶剂时，不能用玻璃棒搅拌。填充过程不得敲打过猛，以免载体弄碎。

(3) 低沸点、易挥发的固定液不能用泵抽装填法。

(4) 气路应严格检漏、热导池出口端应用聚乙烯管连接并通至室外放空，防止H_2在室内积聚引起爆炸。

(5) 柱温切勿超过85℃，否则会因固定液流失而造成基线漂移。

(6) 桥流根据仪器型号选定。

【思考与讨论】

1. 柱老化的目的及要求是什么？

2. 为什么要将装填料一端接汽化室，另一端接检测器？能否颠倒？为什么？

实验7-22 气相色谱法测定苯系物

苯系物是指苯、甲苯、二甲苯、异丙苯等。在工业生产、环保监测中经常需用气相色谱法测定这些组分的含量。通过本实验，要求学生掌握气相色谱分析的基本操作，掌握保留值的测定及用保留值进行定性的方法。了解如何应用色谱图计算分离度，学习峰面积的测量、相对质量校正因子的测定及用归一化法计算各组分含量。

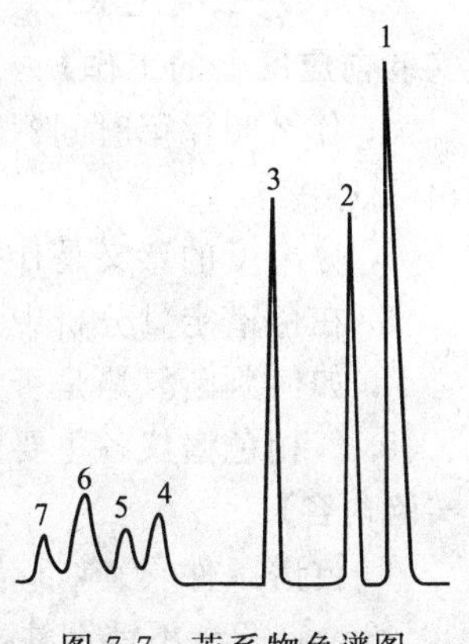

图 7-7　苯系物色谱图
1—己烷；2—苯；3—甲苯；4—乙苯；5—对二甲苯；6—间二甲苯；7—邻二甲苯

【实验提要】

气相色谱法是一种以气体为流动相的柱色谱分离技术。试样汽化后，被载气带入色谱柱进行分离时，由于试样各组分在色谱柱中气相、液相间分配系数不同，在两相间进行反复多次的分配，经过一定的柱长后，便被分离，顺序离开色谱柱进入检测器，讯号经放大后，在记录仪上绘出各组分色谱峰。苯系物色谱图见图 7-7。

待测组分进样，到柱后出现浓度极大值时所需的时间称为保留时间。在固定的色谱条件下（如色谱柱、柱温、载气流速等），某一组分的流出时间不受其他组分的影响。有纯样品时，对照保留时间即可确定试样的化学组成。

分离度是从色谱峰判断相邻两组分在色谱柱中总分离效能的指标，用 R 表示。其定义为：相邻两峰保留时间之差与两峰基线宽度之和一半的比值，即

$$R=\frac{t_{R_2}-t_{R_1}}{\frac{1}{2}(W_2+W_1)}=\frac{0.59(t_{R_2}-t_{R_1})}{Y_{b_2}+Y_{b_1}}$$

式中，R 为相邻两组分分离度；W 为峰底宽；Y_b 为半峰宽；t_R 为保留时间。

试样中所有组分都能流出色谱柱，且分离良好时，可用修正面积归一化法测定组分含量。

$$c_i=\frac{f_iA_i}{\sum_{i=1}^{n}f_iA_i}\times 100\%$$

$$A=1.065hY_{1/2}$$

式中，f_i 为组分 i 的相对质量校正因子；A_i 为组分 i 峰面积；h 为峰高；$Y_{1/2}$ 为半峰宽。

在一定的操作条件下，进样量（m_i）与响应信号（峰面积 A_i）成正比。

$$m_i=f'_iA_i$$

式中，f' 是绝对质量校正因子，其物理意义为单位峰面积相当的某组分质量。绝对质量校正因子不易准确测定，所以无法直接应用。在定量分析中，都是应用相对质量校正因子 f_i，即某物质的绝对质量校正因子与一标准物质的绝对质量校正因子的比值：

$$f_i=\frac{f'_i}{f'_s}=\frac{A_sm_i}{A_im_s}$$

【仪器、材料和试剂】

1. 仪器和材料

气相色谱仪，FID 检测器，秒表，记录仪，1μL 微量进样器，空气压缩机，氢气钢瓶，氮气钢瓶，ϕ3mm×2m 不锈钢填充柱。

2. 试剂

101 白色担体（60～80 目），有机皂土，邻苯二甲酸二壬酯，苯（A.R.），甲苯

(A.R.)，乙苯（A.R.)，对二甲苯（A.R.)，邻二甲苯（A.R.)。

【实验前应准备的工作】

1. 什么叫保留时间？影响保留时间重现性的因素有哪些？保留时间在色谱定性分析中有什么意义？

2. 分离度的意义是什么？如何从测得两组分的分离度判断分离情况？

3. 在色谱定量分析中，为什么要引入定量校正因子（相对质量校正因子）？

4. 如何判断氢焰是否点燃？

5. 气相色谱仪各主要部件的作用是什么？

【实验内容】

1. 色谱条件

ϕ3mm×2m 不锈钢柱，固定相配比：有机皂土：邻苯二甲酸二壬酯：101 担体＝3：2.5：100。$T_C=120℃$，$T_D=130℃$，$T_i=140℃$，FID 检测器，N_2 流量 25mL·min^{-1}，H_2 流量 40mL·min^{-1}，空气流量 400mL·min^{-1}，灵敏度、衰减、纸速由学生自己调整。

2. 操作步骤

(1) 各组分保留值的测定　按以上条件开动仪器，待基线稳定后开始进样分析。从进样起即开始按动秒表，记下每一组分的保留时间（表 7-14）。

表 7-14　各组分的保留值

组分	苯	甲苯	乙苯	对二甲苯	间二甲苯	邻二甲苯
保留时间						

(2) 未知样的测定　未知样进样，进样量 0.5μL，根据保留值定性，用卡规和直尺量出每一组分峰高和半峰高，计算出峰面积，再用归一化法计算出各组分含量，根据保留值计算出相邻两组分间分离度。见表 7-15、表 7-16。

表 7-15　苯系物的测定

项目＼组分	苯	甲苯	乙苯	邻二甲苯	间二甲苯	对二甲苯
相对质量校正因子	0.89	0.94	0.97	0.98	0.96	1.00
峰高 h/mm						
半峰宽 $Y_{1/2}$/mm						
峰面积 A/mm^2						
含量 w/%						

表 7-16　分离度的测定

组分	苯-甲苯	甲苯-乙苯	乙苯-对二甲苯	对二甲苯-间二甲苯	间二甲苯-邻二甲苯
分离度 R					

(3) 相对质量校正因子的测定　准确称取甲苯和标准物苯各 1g（精确到 0.1mg），充分混匀，在与苯系物分析相同的条件下进样分析，测量各峰的面积，计算相对质量校正因子（表 7-17）。

注意：

① 开机前必须检查色谱柱连接是否正确，检查无漏气方可开机，否则可能会引起爆炸。

$m_{甲苯}=$ ________ g　　　$m_{苯}=$ ________ g

表 7-17　甲苯相对于苯质量校正因子的测定

编号 项目	1		2		3	
	苯	甲苯	苯	甲苯	苯	甲苯
峰高 h/mm						
半峰宽 $Y_{1/2}$/mm						
峰面积 A/mm^2						
f_i						
$\bar{f}_i$						
d_i						
相对平均偏差						

② 测量甲苯相对于苯的相对质量校正因子时，称量速度要迅速，否则由于苯易挥发，易造成测量误差。

【思考与讨论】

1. 在什么情况下，可采用修正面积归一化法测定各组分含量？

2. 色谱峰面积测量误差的主要原因是什么？

3. 分离度 R 和保留时间 t_R，这两个参数中哪一个更能全面说明两种组分的分离情况，为什么？

4. 简述氢焰检测器的工作原理。

5. 色谱图上有两个色谱峰，它们的保留时间和半峰宽分别为 $t_{R_1}=200s$，$t_{R_2}=230s$，$Y_{1/2(1)}=1.7mm$，$Y_{1/2(2)}=1.9mm$，已知纸速为 $1.5cm\cdot min^{-1}$，求这两个色谱峰的分离度 R。

实验 7-23　醇系物的定性及定量分析

醇系物是指甲醇、乙醇、正丙醇、异丙醇、丁醇等，通过实验，要求学生学会利用保留值定性的方法，掌握用归一化法测定试样中各组分含量，掌握同系物峰宽变化规律及在定量分析中的应用。

【实验提要】

在一定的色谱条件下，组分有固定不变的保留值，在具备已知标准样情况下，可采用保留值直接对照定性。

当混合物的成分完全确定并全部出峰时，可用归一法定量。由于醇系物是同系物，各组分峰的宽度随保留值的增加而变宽，且峰宽与保留时间成正比，各峰宽窄相差较大，测定时会引入较大的误差，此时，可采用峰高乘保留时间的归一化法计算各组分的含量。

$$w_i=\frac{f_i t_{R_i} h_i}{\sum f_i t_{R_i} h_i}\times 100\%$$

式中，w_i 为组分质量分数；f_i 为校正因子；t_{R_i} 为组分保留时间；h_i 为组分峰高。

【仪器、材料和试剂】

1. 仪器和材料

气相色谱仪 SP-2308 型、SP-6800 型、SP-502 型，TCD，1μL 微量注射器 7 支，10μL

注射器 1 支，秒表。

2. 试剂

GDX-103，C_1～C_4 醇系物样品，甲醇，乙醇，异丙醇，正丙醇，异丁醇，正丁醇。

【实验前应准备的工作】

1. 影响保留值重现性的因素主要有哪些?

2. 用保留值定性的优缺点有哪些?

【实验内容】

1. 色谱条件

ϕ3mm×2.5mm 玻璃管柱，GDX-103（80～100 目）；载气：H_2，60mL·min^{-1}；T_C=140℃，T_i=180℃，T_D=100℃；桥流：130mA；衰减：4。

2. 操作步骤

(1) 按以上条件调好色谱仪，待基线稳定后开始进样分析。

(2) 定性分析及定量分析　取 0.7μL 醇系物样品快速进样，观察各组分的出峰顺序和保留时间，记入表 7-18。

表 7-18　组分的出峰顺序和保留时间

出峰顺序	1	2	3	4	5	6	7
t_R/s							

在相同操作条件下，分别注入纯物质 0.1～0.5μL，记录各纯物质的保留时间，记入表 7-19 中。

表 7-19　纯物质的保留时间

纯物质	水	甲醇	乙醇	异丙醇	正丙醇	异丁醇	正丁醇
t_R/s							

上述操作各重复 2～3 次，取平均值。

【数据处理】

1. 由表 7-18、表 7-19 确定待测试样各组分相对应的色谱峰，完成定性分析。

2. 测定试样色谱图中各组分峰高，完成表 7-20，计算各组分含量。

表 7-20　组分的含量

组分 测量与计算值	水	甲醇	乙醇	异丙醇	正丙醇	异丁醇	正丁醇
峰高 h_i							
保留时间 t_{R_i}							
校正因子 f_i	0.55	0.58	0.64	0.71	0.72	0.77	0.78
$h_i t_{R_i} f_i$							
w_i/%							

注意：①归一法定量，不受进样量影响，但峰太小或平头峰都对分析不利，通过调节衰减挡与进样量，设法使峰高适中，减小分析误差。

② 由于先出峰的组分峰较高，后出峰的组分峰较低，故前者进样量稍小（0.1～0.2μL），后者稍大（0.3～0.5μL）。

【思考与讨论】

1. 使用归一化法定量的条件是什么？有什么优点？

2. 本实验用校正面积归一法定量的结果与表 7-20 定量的结果是否一致？计算后回答。

实验 7-24 气相色谱法测定乙酸乙酯中微量水分

在科学实验和化工生产中，常常测定有机试剂中的微量水分。较常见的主要有卡尔·费休法和气相色谱法。本实验通过气相色谱法测定乙酸乙酯试剂中的微量水分，引导学生进一步掌握气相色谱分析的基本操作，外标法定量分析基本原理，苯-水平衡溶液的制备及用外标法测定乙酸乙酯中微量水分的测定方法。

【实验提要】

乙酸乙酯常含有水、乙醇等杂质，用 GDX-103 固定相，热导检测器，在适当色谱条件下，可使各组分完全分离（见图 7-8），选用苯-水平衡溶液作外标物，同样条件下进样，苯-水平衡液中水、苯峰得到良好分离（见图 7-9）。通过比较待测样品中水分色谱峰高与外标物中水峰高，可以测出样品中含水量。

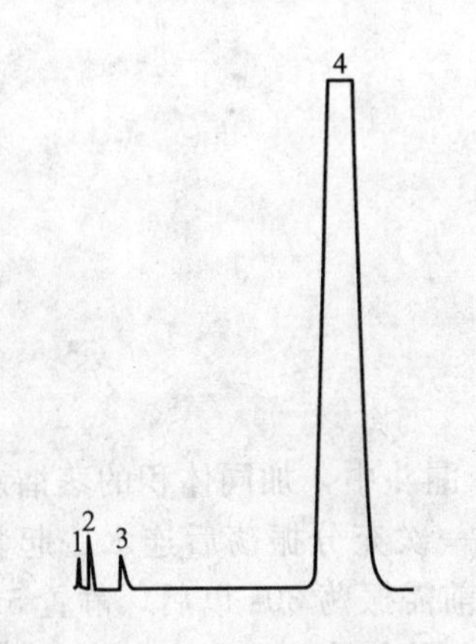

图 7-8 乙酸乙酯色谱图

1—空气；2—水；3—乙醇；4—乙酸乙酯

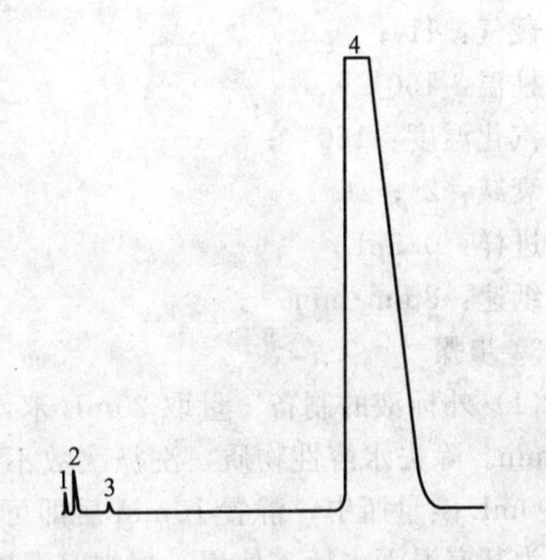

图 7-9 苯-水平衡溶液色谱图

1—空气；2—水；3—杂质；4—苯

外标法定量快速、准确，除了被测组分外，不要求所有组分都出峰，所以在生产实践中应用较广。但对仪器分析条件如载气流速、衰减、柱温等的一致性要求较高，且样品和外标物的进样量要尽量准确，否则误差较大。

乙酸乙酯中水分：

$$w_{水}=\frac{V_s\rho_s h w_s}{V\rho h_s}\times 100\%$$

式中，$w_{水}$ 为乙酸乙酯中水质量分数，%；V 为乙酸乙酯进样量，μL；ρ 为乙酸乙酯密度，$g\cdot cm^{-3}$；h 为乙酸乙酯水峰高，mm；w_s 为外标物水分质量分数，%；V_s 为外标物进样量，μL；ρ_s 为外标物密度，$g\cdot cm^{-3}$；h_s 为外标物水峰高，mm。

【仪器、材料和试剂】

1. 仪器和材料

气相色谱仪（1102 型、SP-6800 型、SP-502 型或 103 型），记录仪，60mL 分液漏斗，100mL 碘量瓶，微量进样器，秒表，温度计，10mL 量筒。

2. 试剂

乙酸乙酯（A.R.），苯（A.R.）。

【实验前应准备的工作】

1. 引起基线漂移的主要原因有哪些？

2. 什么是外标法、归一化法？它们的应用范围和优缺点各有什么不同？

3. 使用热导检测器，用氢气、氮气为载气有何不同？

4. 配制苯-水平衡液时，静置时间过少对测量结果有何影响？

5. 热导检测器桥电流是否愈大愈好？

【实验内容】

1. 色谱柱的准备

取长 2m、内径 3mm 的不锈钢色谱柱，洗净、烘干。将 GDX-103 固定相装入色谱柱，再将色谱柱装入色谱仪，通入 N_2（30～40mL·min^{-1}），按一定的升温梯度老化 16h。

2. 色谱条件

检测器：TCD，桥电流 180mA，检测温度 160℃；

载气：H_2；

柱温：150℃；

汽化温度：180℃；

衰减：2^3；

进样：0.5μL；

纸速：8mm·min^{-1}。

3. 步骤

(1) 外标液的制备　量取 20mL 苯，置于 60mL 分液漏斗中，加同体积的蒸馏水振荡洗涤 5min。除去水溶性物质，洗涤次数不少于 5 次。最后一次充分振荡后连水一起装入干燥的 100mL 碘量瓶中，静置 10min 后即可使用。每次使用前需振荡 30s 以后，静置 5min 后即可作为某室温下水标准使用。根据室温查表 7-21 得出相应水含量。

表 7-21　苯中饱和水溶解度

温度/℃	水含量/%	温度/℃	水含量/%	温度/℃	水含量/%
10	0.0440	20	0.0614	30	0.0859
11	0.0457	21	0.0635	31	0.0888
12	0.0474	22	0.0655	32	0.0918
13	0.0491	23	0.0676	33	0.0947
14	0.0508	24	0.0696	34	0.0977
15	0.0525	25	0.0716	35	0.1006
16	0.0543	26	0.0745	36	0.1055
17	0.0561	27	0.0773	37	0.1104
18	0.0579	28	0.0802	38	0.1153
19	0.0597	29	0.0830	39	0.1202

(2) 进样分析　按照上述色谱条件启动气相色谱仪和记录仪，待基线走直后进样分析，记录有关实验数据（表 7-22、表 7-23）。

室温________℃　外标物中水分含量______　乙酸乙酯密度______　苯密度______

表 7-22 苯-水平衡液分析

项目 \ 编号	1	2	3
进样量 $V_s/\mu L$			
水峰高 h_s/mm			
峰高平均值 $\bar{h}_s/mm$			

表 7-23 乙酸乙酯水分的测定

项目 \ 编号	1	2	3
进样量 $V/\mu L$			
水峰高 h/mm			
水分含量[①] $w_{水}/\%$			
$\overline{w}_{水}/\%$			
相对平均偏差			

① 指乙酸乙酯中水分含量。

注意：启动色谱仪前必须仔细检查接柱的方式是否正确，系统是否漏气，否则，可能会引起爆炸。

【思考与讨论】

1. 本实验采用热导检测器测量乙酸乙酯中水分，能否采用氢火焰离子化检测器，为什么？

2. 外标法为什么要求仪器分析条件严格一致？

3. 1μL 的 A 物质，在热导检测器上的响应值是否是恒定的？为什么？

4. 用外标法分析某原料气中 H_2S 含量，以纯 H_2S 气体与氮气所配成 40% 的标准气体，在选定的色谱条件下分析，进样 1mL，峰高为 8.0cm。分析样品时，同样进 1mLH_2S 的峰高为 9.2cm，求其百分含量（假定标准气体与样品气体密度相同）？

实验 7-25 毛细管色谱法测定环境试样中有机污染物

毛细管气相色谱法是环境分析中经常采用的方法，通过实验，使学生初步掌握毛细管色谱柱安装使用，学会利用 PEG-20M 弹性毛细管柱分析环境试样有机污染物。

【实验提要】

环境试样中有机污染物种类很多，采用填充体气相色谱法较难完成复杂样品的分离分析。毛细管气相色谱法具有总柱效高、选择性分离能力强、应用范围广的特点，它非常适用于环境试样中有机物的分析。PEG-20M 弹性石英毛细管柱是氢键型固定相，对低级醇类污染的气样和水样以及苯系物污染的气样和水样有选择性分离能力，具有一柱多用的功能。苯系物色谱分离见图 7-10。

本实验采用 PEG-20M 硬毛细管柱分离，外标法定量。利用被测试样中各组分峰面积与已知浓度的标准液的峰面积相比较，用外标法计算各组分的含量。

$$c_i(\text{mg}\cdot\text{L}^{-1})=\frac{A_{i样}c_{i标}}{A_{i标}}$$（当试样、标样体积相同，分流比和进样量相同时）

式中，c_i 为未知样组分浓度；$c_{i标}$ 为标样组分浓度；$A_{i样}$ 为样品中组分的峰面积；$A_{i标}$ 为标样中组分的峰面积。

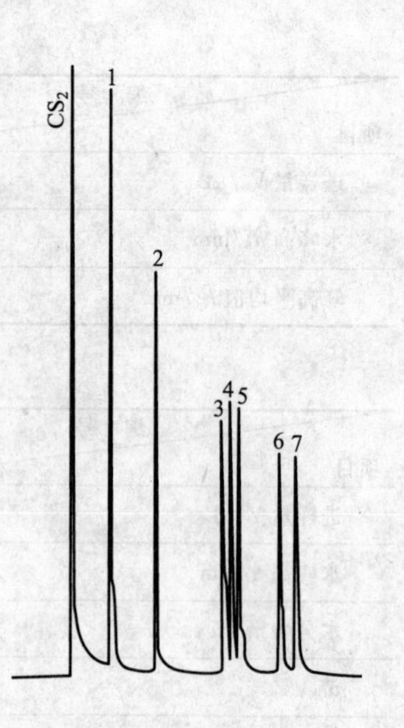

图 7-10 苯系物色谱分离

1—苯；2—甲苯；3—乙苯；4—对二甲苯；5—间二甲苯；6—异丙苯；7—邻二甲苯

【仪器、材料和试剂】

1. 仪器和材料

毛细管气相色谱仪，FID，色谱柱，PEG-20M 弹性石英毛细管柱（50m×ϕ0.2mm），色谱数据处理机，C-R3A（日本岛津）。

2. 试剂

苯、甲苯、邻二甲苯、间二甲苯、对二甲苯和乙基苯均为色谱纯，异丙苯为分析纯。

【实验前应准备的工作】

1. 外标法为什么要求分析条件严格一致？如果分析过程中氢气流量发生变化，对实验有什么影响？

2. 如果本实验中载气氮气流速变化，对实验结果有什么影响？

【实验内容】

1. 色谱条件（色谱图见图 7-10）T_C＝80℃；T_i＝250℃；T_D＝200℃；载气（N_2，99.995%），线速 10cm·s^{-1}；尾吹气 40mL·min^{-1}；分流比 60∶1；进样量 0.5μL（液）；H_2＝0.4MPa；空气 0.3MPa。

2. 标准溶液的配制

见表 7-24。

表 7-24 标准物质的纯度和密度

项目	苯	甲苯	乙苯	对二甲苯	间二甲苯	异丙苯	邻二甲苯
密度/g·mL^{-1}	0.8784	0.8650	0.867	0.861	0.864	0.862	0.880
纯度/%	99.5	99.5	99.0	99.0	99.0	99.0	99.0

在 50mL 容量瓶中先加入少量的 CS_2，然后分别加入上述标样 25μL，用 CS_2 定容，用少量水水封，摇匀后备用（表 7-25）。

表 7-25 混合标准液中各组分的浓度

组分	苯	甲苯	乙苯	对二甲苯	间二甲苯	异丙苯	邻二甲苯
浓度/mg·L^{-1}	437	430	429	426	428	427	436

3. 样品的前处理与分标样用 CS_2 萃取处理，气体样品用 10mL 玻璃注射器采样。进样后计算相应组分含量（表格自己设计）

注意：① 毛细管分流进样必须严格控制和测定分流比。

② 用 CS_2 富集的苯系物和制备的混合标样液，由于 CS_2 沸点低，易挥发，因此，必须水封保存，否则溶液浓度会因放置时间延长而变浓。

【思考与讨论】

1. 采用分流方式的毛细管气相色谱分析时，影响定量结果准确性的因素是什么？

2. 为什么用 CS_2 配制（或富集）的标准液和试样液必须水封保存？

实验 7-26　原子吸收光度法测定镁

原子吸收分光光度法是一种选择性好、灵敏度高、简便、快速、准确的测定方法。通过实验，学习使用原子吸收分光光度计；了解测定条件对分析的重要性，学会如何正确选择测定条件；了解化学干扰的存在及消除方法，初步掌握原子吸收分析方法实验步骤。

【实验提要】

原子吸收分光光度法主要用于定量分析，它是基于从光源辐射出具有待测元素特征谱线的光，通过试样蒸气时被蒸气中待测元素的基态原子所吸收，由辐射特征谱线光被减弱的程度来测定试样中待测元素含量的方法。在一定条件下，其吸收程度与试液中待测元素的浓度成正比，即 $A=Kc$。

原子吸收分光光度法测定镁时，铝、钒、钛、钙、硅酸根、磷酸根及氟离子等对测定产生化学干扰，在空气-乙炔火焰中，加入释放剂镧、锶化合物或保护剂乙二胺四乙酸、8-羟基喹啉可以消除上述离子对镁的干扰效应。本实验以镁的共振线（即最灵敏线）285.2nm 为分析线，用空气-乙炔火焰进行原子化，先进行测量条件的选择，然后在所选的最佳测量条件下，研究三价铝离子及硅酸根离子对镁的干扰情况，绘制镁的工作曲线，测定自来水中的镁含量。

【仪器、材料和试剂】

1. 仪器和材料

原子吸收分光光度计及附属设备（镁元素空心阴极灯，空压机，乙炔钢瓶），25mL 容量瓶（18 只·组$^{-1}$），移液管，吸量管。

2. 试剂

镁盐标准储备液 Mg（1.0mg·mL^{-1}）：准确称取 10.139g 分析纯 $MgSO_4 \cdot 7H_2O$ 溶于水后稀释至 1L。

镁盐标准操作液 Mg（2μg·mL^{-1}）：以 1.0mg·mL^{-1}的镁标准储备液准确配制。此溶液作化学干扰实验及绘制工作曲线用。

镁盐工作液 Mg（0.5μg·mL^{-1}）：以 1.0mg·mL^{-1}的镁标准储备液准确配制。此溶液作仪器测定条件实验用。

铝盐溶液 Al（1mg·mL^{-1}）：取 $AlCl_3 \cdot 6H_2O$ 9.2g，加 1∶1 盐酸 5 mL，稀释至 1L。

硅酸盐溶液 SiO_3^{2-} （1mg·mL^{-1}）：取 $Na_2SiO_3 \cdot 9H_2O$ 7.3g 溶于 1L 水中。

氯化镧溶液 La（30mg·mL^{-1}）：取 La_2O_3 35g 溶于 60mL 浓盐酸中，稀释至 1L。

【实验前应准备的工作】

1. 了解 AA320 型原子吸收分光光度计的结构和使用方法。

2. 原子吸收分光光度法的基本原理和特点是什么？

3. 原子吸收分光光度计主要由哪几部分组成？其作用分别是什么？

【实验内容】

1. 最佳工作条件的选择

（1）仪器工作条件　波长：285.2nm；工作方式：双光束，量程扩展×1；显示方式：单次；积分时间：3s；灯电流：8mA；狭缝：0.2mm（列出参数仅供参考）。

（2）在固定空气压力和流量的前提下，作下列工作条件的选择：①燃助比；②燃烧器高度；③燃烧器水平位置。从中选择出最佳工作条件。

① 乙炔流量的选择　在空气压力 0.2MPa、空气流量________时，改变乙炔流量（为简

化实验，取四五个值即可，但应覆盖从贫燃火焰到富燃火焰整个范围)，测定不同乙炔流量时浓度为 Mg（$0.5\mu g\cdot mL^{-1}$）镁盐工作液的吸光度，选择稳定且最大灵敏度吸收时所对应的乙炔流量为最佳乙炔流量。数据记入表 7-26。

表 7-26　最佳工作条件的选择

乙炔流量/$L\cdot min^{-1}$	吸光度 A_1	吸光度 A_2	吸光度 A_3	吸光度 $A_平$

② 燃烧器高度的选择。

③ 燃烧器水平位置的选择。

选得最佳工作条件记入表 7-27。

表 7-27　最佳工作条件

空气流量/$L\cdot min^{-1}$	乙炔流量/$L\cdot min^{-1}$	燃烧器高度	燃烧器水平位置

2. 化学干扰及其消除

(1) SiO_3^{2-} 的干扰实验及消除

① SiO_3^{2-} 的干扰实验　取 5 个 25mL 容量瓶，各加入 5mL 镁盐标准操作液 Mg（$2\mu g\cdot mL^{-1}$），再分别加入 SiO_3^{2-} 溶液 0.0mL、1.0mL、3.0mL、5.0mL、7.0mL，用水稀释至刻度，混匀。以蒸馏水为参比溶液，在选得的最佳工作条件下测定吸光度。数据记入表 7-28。以吸光度对 SiO_3^{2-} 的浓度作图。

表 7-28　SiO_3^{2-} 的干扰实验

SiO_3^{2-} 加入量	吸光度 A_1	吸光度 A_2	吸光度 A_3	吸光度 $A_平$

② SiO_3^{2-} 的干扰消除实验　取 5 个 25mL 容量瓶，各加入 5mL 镁盐标准操作液 Mg（$2\mu g\cdot mL^{-1}$）及 1.2mL 氯化镧溶液 La（$30mg\cdot mL^{-1}$），再分别加入 SiO_3^{2-} 溶液 0mL、1.0mL、3.0mL、5.0mL、7.0mL，用水稀释至刻度，混匀。以 25mL 含 1.2mL 氯化镧溶液 La（$30mg\cdot mL^{-1}$）的溶液为参比溶液，分别测定上述溶液的吸光度。数据记入表 7-29。以吸光度对 SiO_3^{2-} 的浓度作图。

表 7-29　SiO_3^{2-} 的干扰消除实验

SiO_3^{2-} 加入量	吸光度 A_1	吸光度 A_2	吸光度 A_3	吸光度 $A_平$

比较无 $LaCl_3$ 存在和有 $LaCl_3$ 存在时，以吸光度对 SiO_3^{2-} 的浓度作图，看干扰是否有效地消除。

(2) Al 离子的干扰实验及消除　方法同 2 (1)，只是将 SiO_3^{2-} 溶液换成铝盐溶液即可。

(3) 工作曲线的绘制　取 6 个 25mL 容量瓶，分别加入镁盐标准操作液 Mg（$2\mu g\cdot mL^{-1}$）0.0mL、2.0mL、3.0mL、4.0mL、5.0mL、6.0mL，再各加入 1.2mL 氯化镧溶液 La（$30mg\cdot mL^{-1}$），用水稀释至刻度，混匀。用试剂空白作参比分别测定其吸光度（表 7-30）。绘制 A-c 曲线。

表 7-30 测定结果

编号	镁浓度/$\mu g \cdot mL^{-1}$	吸光度 A_1	吸光度 A_2	吸光度 A_3	吸光度 $A_平$

(4) 自来水样的测定　准确吸取自来水样 2.00mL 于 25mL 容量瓶中，加入 1.2mL 氯化镧溶液 La（$30mg \cdot mL^{-1}$），用水稀释至刻度，混匀。用试剂空白作参比测定其吸光度。从工作曲线上查得镁的浓度，计算自来水中镁的含量（$mg \cdot L^{-1}$）。

(5) 回收率的测定　准确吸取自来水样 2.00mL 于 25mL 容量瓶中，加入 2.50μg（总的镁量应在工作曲线范围内），再加入 1.2mL 氯化镧溶液 La（$30mg \cdot mL^{-1}$），用水稀释至刻度，混匀。用试剂空白作参比测定其吸光度（表 7-31）。由工作曲线上求得总镁量。计算回收率。

表 7-31 样品组成与吸光度的测定

样品组成	吸光度 A_1	吸光度 A_2	吸光度 A_3	吸光度 $A_平$
试样 2mL(1)				
试样 2mL(2)				
试样 2mL＋2.50μg 镁(1)				
试样 2mL＋2.50μg 镁(2)				

【思考与讨论】

1. 影响镁测定的干扰因素有哪些？本实验怎样消除干扰？

2. 为什么要进行实验工作条件的选择？

实验 7-27　模拟电镀排放水中铜和镍的连续测定

在测定不同的元素时，采用不同元素灯，在同一试液中分别测定这几种元素，彼此干扰较少，这体现了原子吸收分光光度法的优越性。通过实验，学习电镀排放水中铜和镍的连续测定方法。学会用标准加入法测定试样中待测组分的含量。

【实验提要】

不同的元素具有一定波长的特征谱线（一般为共振线）。如铜为 324.7nm，镍为 232.0nm。通常每个元素的原子蒸气仅对光源空心阴极灯辐射的特征谱线有强烈吸收。在理想的情况下吸光度与试液中待测元素的浓度成正比。

在原子吸收光谱分析中，当待测试样溶液的组分不完全确知或试样溶液基体太复杂，以及试样溶液与标准溶液成分相差太大时，为减少差异（如溶液的成分等）而引起的误差，或为了消除某些化学干扰等，常用标准加入法。在铜和镍的连续测定中，铜的测定采用标准加入法；在镍的测定中，将测得铜含量等量的铜加入到镍工作曲线绘制的各标准溶液中，使未知样基体与工作曲线基体一致，以消除基体效应。

【仪器、材料和试剂】

1. 仪器和材料

原子吸收分光光度计及附属设备（铜、镍元素空心阴极灯，空压机，乙炔钢瓶），25mL 容量瓶（7 只$\cdot$组$^{-1}$），移液管，吸量管。

2. 试剂

铜标准储备液 Cu（$1.0mg \cdot mL^{-1}$）：溶解 1.000g 金属铜（99.99%）于 15mL1∶1 硝酸

中，定量转入容量瓶，用去离子水稀释至1L。

铜标准操作液Cu（10μg·mL^{-1}）：以1.0mg·mL^{-1}的铜标准储备液准确配制。

镍标准储备液Ni（1.0mg·mL^{-1}）：溶解4.953g $Ni(NO_3)_2 \cdot 6H_2O$ 于200mL去离子水中，定量转入容量瓶，加1∶1硝酸3mL，用去离子水稀释至1L。

镍标准操作液Ni（20μg·mL^{-1}）：以1.0mg·mL^{-1}的镍标准储备液准确配制。

【实验前应准备的工作】

1. 标准加入法的优点是什么？

2. 使用标准加入法时应注意哪几个问题？

【实验内容】

1. 铜含量的测定（标准加入法）

（1）仪器工作条件　波长：324.7nm；工作方式：双光束，量程扩展×1；显示方式：单次；积分时间：3s；灯电流：8mA；狭缝：0.2mm（列出参数仅供参考）。

（2）配制浓度为2.5μg·mL^{-1}的铜溶液100mL。

（3）参照实验7-26，在固定空气压力和流量的前提下，作下列工作条件的选择：①燃助比；②燃烧器高度；③燃烧器水平位置。测出的吸光度数据记入表7-32，从中选择出最佳工作条件。

① 乙炔流量的选择。

表7-32　测铜时乙炔流量与吸光度的关系

乙炔流量/L·min^{-1}	吸光度 A_1	吸光度 A_2	吸光度 A_3	吸光度 $A_平$

② 燃烧器高度的选择。

③ 燃烧器水平位置的选择。

选得最佳工作条件记入表7-33。

表7-33　测铜的最佳工作条件

空气流量/L·min^{-1}	乙炔流量/L·min^{-1}	燃烧器高度	燃烧器水平位置

（4）标准加入法测铜　分别准确吸取适量待测溶液于4只25mL容量瓶中，再分别加入10.0μg·mL^{-1}的铜标准操作液0.00mL，1.00mL，2.00mL，4.00mL，用去离子水稀至刻度，混匀。以选得的最佳工作条件测定吸光度。数据记入表7-34。

表7-34　铜加入量与吸光度的关系

铜加入量/μg	吸光度 A_1	吸光度 A_2	吸光度 A_3	吸光度 $A_平$

绘制A-加入量曲线，并用外推法作图，求得试液中铜浓度，计算原电镀废水铜含量（mg·L^{-1}）。

2. 镍含量的测定（标准曲线法）

（1）仪器工作条件　波长：231.7nm；工作方式：双光束，量程扩展×1；显示方式：单次；积分时间：3s；灯电流：10mA；狭缝：0.4mm（列出参数仅供参考）。

（2）配制浓度为5μg·mL^{-1}的镍溶液100mL。

(3) 参照铜含量测定时工作条件的选择方法，在固定空气压力和流量的前提下，作下列工作条件的选择：①燃助比；②燃烧器高度；③燃烧器水平位置。测出的吸光度数据记入表7-35，从中选择出最佳工作条件。

① 乙炔流量的选择。

表 7-35 测镍时乙炔流量与吸光度的关系

乙炔流量/$L\cdot min^{-1}$	吸光度 A_1	吸光度 A_2	吸光度 A_3	吸光度 $A_平$

② 燃烧器高度的选择。

③ 燃烧器水平位置的选择。

选得最佳工作条件记入表 7-36。

表 7-36 测镍的最佳工作条件

空气流量/$L\cdot min^{-1}$	乙炔流量/$L\cdot min^{-1}$	燃烧器高度	燃烧器水平位置

(4) 工作曲线的绘制　取 6 只 25mL 容量瓶，各加入与前面测得铜含量等量的铜，使之与未知液的铜含量相同。然后分别加入镍标准操作液（$20\mu g\cdot mL^{-1}$）0.00mL、1.00mL、2.00mL、3.00mL、4.00mL、5.00mL，用去离子水稀释至刻度，混匀。用试剂空白作参比分别测定其吸光度（表 7-37）。绘制 A-c 曲线。

表 7-37 镍加入量与吸光度的关系

镍含量/$\mu g\cdot mL^{-1}$	吸光度 A_1	吸光度 A_2	吸光度 A_3	吸光度 $A_平$

(5) 未知样的测定　准确吸取未知样 10.00mL 于 25mL 容量瓶中，用去离子水稀释至刻度，混匀。用试剂空白作参比，在上述完全相同的工作条件下，测定其吸光度。从工作曲线上查得镍的浓度，计算原电镀废水镍含量（$mg\cdot L^{-1}$）。

【思考与讨论】

1. 化学计量火焰、富燃火焰及贫燃火焰各有什么特点？

2. 为什么要调节燃助比及燃烧器高度？

第 8 章 综合、设计性实验

实验 8-1 氧化锌的制备和分析

ZnO 为白色六角晶系结晶或粉末，无味，无毒，质细腻。易溶于稀酸、氢氧化钠和氯化铵溶液，不溶于水、乙醇和氨水，属两性氧化物。在空气中能慢慢吸收 CO_2 及水蒸气而生成碳酸锌。加热时呈黄色，冷却后复变为白色。作为白色颜料，ZnO 常用于印染、造纸、火柴及医药工业中；在橡胶工业中，用作天然橡胶、合成橡胶及乳胶的硫化活性剂、补强剂及着色剂；此外，还用于电子激光材料、荧光粉、饲料添加剂、催化剂和磁性材料制造等。目前，工业制备 ZnO 的方法主要有氢氧化锌分解法和碳酸锌（或碱式碳酸锌）分解法。本实验采用高温分解碱式碳酸锌的方法制备 ZnO，并用 EDTA 配位滴定法对其含量进行测定。通过实验，了解 ZnO 的制备原理以及用配位滴定法测定 ZnO 的方法和原理。

【实验提要】

1. 在热的 $ZnSO_4$ 溶液中加入适当过量 Na_2CO_3 溶液，并使溶液呈近中性，当溶液冷却时，就会有碱式碳酸锌析出：

$$3ZnSO_4 + 3Na_2CO_3 + 4H_2O \longrightarrow ZnCO_3 \cdot 2Zn(OH)_2 \cdot 2H_2O \downarrow + 3Na_2SO_4 + 2CO_2 \uparrow$$

碱式碳酸锌经减压过滤、蒸馏水洗涤和高温（大于 600℃）灼烧后，即可制得 ZnO：

$$ZnCO_3 \cdot 2Zn(OH)_2 \cdot 2H_2O \longrightarrow 3ZnO + CO_2 \uparrow + 4H_2O$$

2. ZnO 试样经盐酸溶解、氨水中和后，用 NH_3-NH_4Cl 缓冲溶液控制 $pH \approx 10$，然后以铬黑 T 为指示剂，用 EDTA 标准溶液滴定，反应如下：

$$Zn^{2+} + H_2Y^{2-} \xrightarrow{pH=10} ZnY^{2-} + 2H^+$$

【仪器、材料和试剂】

1. 仪器和材料

真空泵，抽滤瓶，布氏漏斗，定性滤纸（中速），50mL 滴定管（酸式或碱式），250mL 锥形瓶（3 只），广泛 pH 试纸，精密 pH 试纸，电炉或恒温水浴锅，干燥器。

2. 试剂

工业 $ZnSO_4 \cdot 7H_2O$，15%Na_2CO_3，0.1mol·L^{-1} $BaCl_2$，1∶1$NH_3 \cdot H_2O$，1∶1HCl，0.02mol·L^{-1} EDTA 标准溶液，0.1%甲基红，1%铬黑 T，pH＝10 的 NH_3-NH_4Cl 缓冲溶液。

【实验前应准备的工作】

1. 计算本实验中 ZnO 的理论产量。

2. 导出用 EDTA 配位滴定法测定锌含量的计算公式（以 ZnO 含量计）。

3. 设计 ZnO 含量分析的数据记录和处理表格。

【实验内容】

1. 氧化锌的制备

（1）碱式碳酸锌的制备　取 3.0g $ZnSO_4 \cdot 7H_2O$ 置于 100mL 烧杯中，加入 50mL 蒸馏水使之溶解，加热至 50℃左右时，慢慢滴加 15%Na_2CO_3 溶液（约 10mL），边滴边搅拌，直至溶液 pH≈6.8。继续加热至 70～80℃，并保温 10min，然后冷却至室温。减压过滤，并用蒸馏水洗涤至无 SO_4^{2-} 为止（如何检验?）。

（2）ZnO 的制备　将制得的碱式碳酸锌连同滤纸一起置于干洁的瓷坩埚中（滤纸在上），移至电炉上小火加热，待水蒸发后逐渐加大火力，使碱式碳酸锌分解，最后移入 800℃马弗炉内灼烧 20min。稍冷后，放入干燥器中冷却至室温，称重，计算产率。

2. ZnO 含量分析

（1）试液制备　准确称取 ZnO 试样（产品）0.5～0.6g 于 100mL 烧杯中，用少量水润湿后，滴加 1∶1HCl 边加边搅拌，直至完全溶解为止，盖以表面皿，在电炉上小火煮沸片刻，冷却，定量转入 250mL 容量瓶中，用蒸馏水稀释至刻度，摇匀，得待测试液。

（2）测定　移取 25.00mL 待测试液于 250mL 锥形瓶中，加 1 滴甲基红（0.1%）指示剂，用 1∶1 氨水调至溶液呈微黄色，再加 25mL 蒸馏水及 10mL NH_3-NH_4Cl 缓冲溶液，摇匀。然后以铬黑 T 为指示剂，用 EDTA 标准溶液滴定至溶液由紫红色恰变为纯蓝色即为终点。平行测定三份（相对平均偏差应≤0.3%），计算样品中锌的百分含量（以 ZnO 计）。

【思考与讨论】

1. 测定 ZnO 含量时，标定 EDTA 标准溶液能否选用 $CaCO_3$ 作基准物，为什么？

2. 如何配制 500mL 0.02mol·L^{-1} EDTA 溶液？若要用 ZnO 基准物标定 0.02mol·L^{-1} EDTA 溶液，应如何进行？写出有关计算公式。

实验 8-2　硫酸铜的提纯和分析

硫酸铜（$CuSO_4 \cdot 5H_2O$）是蓝色三斜晶体，俗称胆矾、蓝矾或铜矾。在干燥空气中会缓慢风化，150℃以上失去 5 个结晶水，成为白色的硫酸铜粉末。无水硫酸铜有极强的吸水性，吸水后呈蓝色，因此常用来检验某些有机液体中是否残留有水分，也可以作为干燥剂。硫酸铜用途广泛，是制取其他铜盐的基本原料，常用作印染工业的媒染剂、农业的杀虫剂、水的杀菌剂、木材的防腐剂，并且是电镀铜的主要原料。

制备 $CuSO_4 \cdot 5H_2O$ 的方法常用的是氧化铜法，即先将铜氧化成氧化铜，然后将氧化铜溶于硫酸而制得。由于废铜和工业硫酸不纯，所得硫酸铜粗品中含有较多杂质，因此必须加以提纯，而硫酸铜含量可用碘量法测定。通过本实验，了解用重结晶法提纯物质的原理，进一步掌握加热、溶解、蒸发、结晶、过滤以及抽滤等基本操作，学习并掌握硫代硫酸钠溶液的配制、浓度标定方法以及用碘量法测定硫酸铜中铜含量的原理、误差来源及其消除方法，加深理解影响电极电势的因素，进一步掌握分析天平的称量以及滴定等基本操作技术。

【实验提要】

1. 粗硫酸铜中常含有不溶性杂质和可溶性杂质离子 Fe^{2+} 和 Fe^{3+} 等。不溶性杂质可用过滤法除去。可溶性杂质 Fe^{2+} 和 Fe^{3+} 一般是先将 Fe^{2+} 用氧化剂 H_2O_2 等氧化成 Fe^{3+}，然后调节溶液的 pH 至 3.5～4，并加热煮沸，使 Fe^{3+} 以氢氧化铁形式沉淀，再过滤除去，反应式如下：

$$2Fe^{2+} + 2H^+ + H_2O_2 \longrightarrow 2Fe^{3+} + 2H_2O$$

$$Fe^{3+} + 3H_2O \longrightarrow Fe(OH)_3 \downarrow + 3H^+$$

除去杂质后的 $CuSO_4$ 溶液经蒸发、浓缩、冷却结晶和过滤，即可制得较纯净的硫酸铜晶体。而硫酸铜产品的纯度可通过测定其中铜含量进行评定。

2. 硫酸铜（$CuSO_4 \cdot 5H_2O$）中的铜含量可用碘量法测定，其原理如下。

在微酸性溶液（pH＝3～4）中，Cu^{2+} 与 I^- 发生如下反应：

$$2Cu^{2+} + 4I^- \longrightarrow 2CuI\downarrow + I_2$$

$$I_2 + I^- \longrightarrow I_3^-$$

析出的 I_2 以淀粉溶液为指示剂，用 $Na_2S_2O_3$ 标准溶液滴定：

$$I_2 + 2S_2O_3^{2-} \longrightarrow 2I^- + S_4O_6^{2-}$$

当滴定至溶液的蓝色恰好消失时即为终点，根据 $Na_2S_2O_3$ 标准溶液的浓度及滴定时消耗的体积，即可计算试样中铜的含量。Cu^{2+} 与 I^- 的反应是可逆的，为了促使反应能趋于完全，必须加入过量的 KI。但是由于 CuI 沉淀表面强烈地吸附 I_3^-，致使终点提前到达，测定结果偏低，如果加入 KSCN，使 CuI（$K_{sp}^{\ominus}=5.06\times10^{-12}$）沉淀转化为溶解度更小的CuSCN（$K_{sp}^{\ominus}=4.8\times10^{-15}$）沉淀：

$$CuI + SCN^- \longrightarrow CuSCN\downarrow + I^-$$

这样，不但可以释放出被吸附的 I_3^-，而且反应时再生出来的 I_3^- 可与未反应的 Cu^{2+} 发生作用，在这种情况下，可以使用较少的 KI 而能使反应进行得更完全。但是，KSCN 只能在接近终点时加入，否则因为 I_2 的量较多，会明显地为 KSCN 所还原而使结果偏低：

$$SCN^- + 4I_2 + 4H_2O \longrightarrow SO_4^{2-} + 7I^- + ICN^- + 8H^+$$

为了防止 Cu^{2+} 的水解反应，必须在酸性溶液中进行。酸度过低，Cu^{2+} 氧化 I^- 的反应进行不完全，结果偏低，而且反应速度慢，终点拖长；酸度过高，则 I^- 易被空气中的氧气氧化为 I_2（Cu^{2+} 催化此反应），使结果偏高。

大量 Cl^- 能与 Cu^{2+} 配位，I^- 不易从 Cu(Ⅱ) 的氯配位物中将 Cu(Ⅱ) 定量还原，因此，最好用硫酸而不用盐酸（少量盐酸不干扰）。其他能氧化 I^- 的物质如 Fe^{3+}、NO_3^- 等对 Cu^{2+} 的测定有干扰，防止 Fe^{3+} 干扰的方法是在试液中加入 NH_4HF_2 使 Fe^{3+} 生成 FeF_6^{3-} 而掩蔽，或在测定前将 Fe^{3+} 沉淀分离除去。

【仪器、材料和试剂】

1. 仪器和材料

水泵或真空油泵，台秤，分析天平，吸滤瓶，布氏漏斗，玻璃漏斗，蒸发皿，电炉，快速定性滤纸。

2. 试剂

3% H_2O_2，0.5mol·L^{-1} NaOH，6mol·L^{-1} $NH_3\cdot H_2O$，1mol·L^{-1} H_2SO_4，2mol·L^{-1} HCl，10%KSCN，0.05mol·L^{-1} $Na_2S_2O_3$ 标准溶液（提前1周配制），1%淀粉溶液。

【实验前应准备的工作】

1. 在 $CuSO_4$ 提纯中，为什么要先将 Fe^{2+} 转化为 Fe^{3+}？除 Fe^{3+} 时为何要调节溶液 pH 在4左右？

2. 还有一些氧化剂如 $KMnO_4$、$K_2Cr_2O_7$、Br_2 等都可将 Fe^{2+} 氧化为 Fe^{3+}，为什么本实验采用 H_2O_2？

3. 蒸发溶液时，为什么加热不能过猛？为什么不可将滤液蒸干？

4. 若要配制 500mL 0.05mol·L^{-1} $Na_2S_2O_3$ 溶液，应称取硫代硫酸钠（$Na_2S_2O_3\cdot 5H_2O$）多少克？

5. 若用重铬酸钾作基准物标定 0.05mol·L^{-1} $Na_2S_2O_3$ 溶液，则标定时每次应称取基准物多少克（按消耗 $Na_2S_2O_3$ 溶液 20～30mL 计）？

6. 设计硫酸铜含量测定的数据记录和处理表格。

【实验内容】

1. 粗 $CuSO_4$ 提纯

称取10g研细的粗$CuSO_4$置于100mL烧杯中，加入30～35mL蒸馏水，放在电炉上加热，并搅拌以促使其溶解，待硫酸铜全部溶解后，滴加2mL3%H_2O_2，加热片刻后在不断搅拌下逐滴加入0.5mol·L^{-1} NaOH直到pH＝3.5～4为止。加热片刻，静置使生成的$Fe(OH)_3$沉降。常压过滤，并将滤液承接于洁净的蒸发皿中。

在精制后的硫酸铜滤液中滴加1mol·L^{-1} H_2SO_4酸化，调节溶液的pH＝1～2，然后加热，使滤液蒸发浓缩至液面出现晶膜为止。冷却至室温使硫酸铜晶体析出，减压过滤，用滤纸吸干晶体后称重并计算产率。

2. 硫酸铜（$CuSO_4·5H_2O$）含量测定

准确称取适量硫酸铜试样，置于100mL烧杯中，加入10mL 1mol·L^{-1} H_2SO_4及少量蒸馏水，使样品溶解，定量转入250mL容量瓶中，用蒸馏水稀释至刻度，摇匀。

移取25.00mL上述试液置于250mL锥形瓶中，加入50mL蒸馏水及10mL 10%KI溶液，用$Na_2S_2O_3$标准溶液滴定至淡黄色，然后加入5mL淀粉溶液继续滴定至溶液呈浅蓝色，再加入10mL10%KSCN溶液，用$Na_2S_2O_3$标准溶液滴定至蓝色恰好消失即为终点，此时溶液呈肉红色。平行测定3次，计算试样中硫酸铜的百分含量（以$CuSO_4·5H_2O$计）。

【思考与讨论】

1. 精制后的硫酸铜溶液为什么要加几滴稀H_2SO_4调节溶液的pH值至1～2，然后再加热蒸发？

2. 由$\varphi^{\ominus}_{Cu^{2+}/Cu^{+}}=0.158V$，$\varphi^{\ominus}_{I_2/I^{-}}=0.54V$，$Cu^{2+}$不可能氧化$I^-$，为什么该碘量滴定法能够进行？

3. 淀粉指示剂和KSCN为什么要在接近终点时才能加入？太早或太迟对测定结果有何影响？

实验8-3　硫代硫酸钠的制备和分析

硫代硫酸钠（$Na_2S_2O_3·5H_2O$）是无色透明单斜晶体，俗称“海波”，是一种重要的还原剂，在照相业中作定影剂。目前，工业上生产硫代硫酸钠的方法主要有亚硫酸钠法和硫磺纯碱法，本实验采用亚硫酸钠法。在产品的质量检验中，$Na_2S_2O_3·5H_2O$的含量是重要的评价指标，可采用直接碘量法进行测定。通过本实验，了解硫代硫酸钠制备的原理，掌握过滤、冷却结晶等基本操作，掌握碘量法测定$Na_2S_2O_3·5H_2O$的原理和方法，进一步练习滴定基本操作。

【实验提要】

1. 在加热条件下，亚硫酸钠与过量硫粉作用：

$$Na_2SO_3+S(过量)\xrightarrow{\triangle,115℃}Na_2S_2O_3$$

在水溶液中，$Na_2S_2O_3·5H_2O$的溶解度（每100g水能溶解$Na_2S_2O_3$的质量）随温度降低而下降（见表8-1），利用这一性质，可在较低温度下使$Na_2S_2O_3·5H_2O$结晶析出。

表8-1　硫代硫酸钠在水中的溶解度

温度/℃	0	10	20	30	40	50	60	70	80	90	100
溶解度/g	52.5	61.0	70.0	84.1	102.6	169.7	206.7	—	248.8	254.2	266.0

2. 在中性或弱酸性介质中，碘（I_3^-）与硫代硫酸根定量反应：

$$I_3^-+2S_2O_3^{2-}\longrightarrow 3I^-+S_4O_6^{2-}$$

因此，可用淀粉为指示剂，以碘标准溶液直接滴定试液中 $S_2O_3^{2-}$ 的含量，终点时溶液由无色变为蓝色。若产品中含有少量 Na_2SO_3，也会与 I_2 反应：

$$SO_3^{2-} + H_2O + I_2 \longrightarrow SO_4^{2-} + 2I^- + 2H^+$$

从而对 $Na_2S_2O_3$ 的测定产生干扰。若预先在试液中加入过量的甲醛，即可消除 SO_3^{2-} 的干扰，这是因为 HSO_3^- 与 HCHO 生成了 $H_2C(OH)SO_3^-$ 的缘故：

$$HSO_3^- + HCHO \longrightarrow H_2C(OH)SO_3^-$$

【仪器、材料和试剂】

1. 仪器和材料

烧杯，玻璃小漏斗（短颈），布氏漏斗，抽滤瓶，真空泵，250mL 锥形瓶，500mL 棕色试剂瓶，50mL 酸式滴定管，25mL 移液管，表面皿，定性滤纸，电炉，研钵。

2. 试剂

工业 Na_2SO_3，硫粉，0.05mol·L^{-1} $Na_2S_2O_3$ 标准溶液，2mol·L^{-1} HCl，0.1mol·L^{-1} $AgNO_3$，纯碘，KI，0.5%淀粉（新鲜配制），0.2%酚酞，冰块。

中性甲醛（40%）：取 40%甲醛溶液，加 2 滴酚酞指示剂，用 0.1mol·L^{-1} NaOH 中和至溶液恰呈微红。

pH＝6.0 HAc-NaAc 缓冲溶液：取 48.6g 无水醋酸钠（A. R.）溶于适量蒸馏水中，加入 12mL20%醋酸溶液，然后加蒸馏水稀释至 500mL，摇匀。

【实验前应准备的工作】

1. 计算本实验中 $Na_2S_2O_3·5H_2O$ 的理论产量及理论产率。

2. 在碘量法中，碘（I_3^-）与硫代硫酸根的反应为什么必须在中性或弱酸性介质中进行？

3. 写出本实验中测定硫代硫酸钠含量的计算公式（以 $Na_2S_2O_3·5H_2O$ 计）。

4. 设计硫代硫酸钠的定量分析的数据记录和处理表格。

【实验内容】

1. 硫代硫酸钠（$Na_2S_2O_3·5H_2O$）的制备

称取 6.0g 工业 Na_2SO_3 于 100mL 烧杯中，加入 30mL 蒸馏水，搅拌使其溶解（若不溶可加热），再加入 2.0g 硫粉，盖以表面皿，加热煮沸并保持沸腾 20～30min（其间应间隙搅拌，以加速硫的润湿与反应并且要及时补充挥发的水分），待浓缩至约 10mL 溶液时，停止加热。趁热常压过滤。将滤液承接于 50mL 烧杯中，冷却至室温后，再放于冰水浴中冷却 30～40min，即有晶体析出（若无晶体析出，可加入一小粒 $Na_2S_2O_3·5H_2O$ 晶种）。减压过滤，滤纸吸干后称重，计算产率，并分析产率高低的原因。

2. 产品检验

（1）0.025mol·L^{-1}碘溶液的配制　称取 1.7g 纯碘和 2.5g KI（s）于研钵中，加少量水研磨，待全部碘溶解后，将溶液转入棕色试剂瓶中，加水稀释至 250mL，摇匀，暗处保存。

（2）碘溶液的标定　吸取 25.00mL 0.05mol·L^{-1} $Na_2S_2O_3$ 标准溶液于 250mL 锥形瓶中，加入 10mL pH＝6.0HAc-NaAc 缓冲溶液及 2mL0.5%淀粉溶液，用待标定的碘溶液滴定至溶液恰呈蓝色且在半分钟内不褪色即为终点，平行测定三份（相对平均偏差≤0.3%），计算碘标准溶液的浓度。

（3）硫代硫酸钠定性分析　取少量无水亚硫酸钠及自制的硫代硫酸钠晶体，各加 3mL 蒸馏水溶解后，进行以下实验。

① 在两支试管中，分别加入 0.5mLNa_2SO_3 溶液和自制 $Na_2S_2O_3$ 溶液，再分别加入数滴 2mol·L^{-1} HCl 溶液，观察现象，并写出有关反应方程式。

② 在一支试管中，加入 0.5mL 自制 $Na_2S_2O_3$ 溶液，再滴入碘溶液，观察现象，写出离子反应方程式。

③ 在点滴板上分别滴加 1 滴 Na_2SO_3 溶液和自制 $Na_2S_2O_3$ 溶液，再分别滴入 1 滴 0.1mol·L^{-1} $AgNO_3$，观察颜色变化，写出反应方程式。

(4) 硫代硫酸钠的定量分析　准确称取硫代硫酸钠产品 0.3～0.4g 于 250mL 锥形瓶中，加 30mL 新煮沸且冷却的蒸馏水使之溶解，再加 5mL40%中性甲醛，摇匀，放置 10min 后，加入 10mL pH=6.0HAc-NaAc 缓冲溶液及 2mL 0.5%淀粉溶液，摇匀，用碘标准溶液滴定至溶液恰呈蓝色且在半分钟内不褪色即为终点。平行测定三份（相对平均偏差应≤0.3%），计算硫代硫酸钠的百分含量（以 $Na_2S_2O_3·5H_2O$ 计）。

【思考与讨论】

1. 如何配制和保存浓度比较稳定的 I_2 和 $Na_2S_2O_3$ 标准溶液？

2. 在过滤剩余硫粉时，能否采用减压过滤？为什么？

3. 如何配制 500mL0.05mol·L^{-1} 硫代硫酸钠溶液？若用 KIO_3 为基准物标定 0.05mol·L^{-1} 硫代硫酸钠溶液，应如何进行？写出有关离子反应方程式及计算公式。

实验 8-4　设计性实验

设计实验要求学生对给定的实验项目进行文献查阅，然后写出自己设计的实验方案。实验方案应包括：(1) 实验原理；(2) 实验操作步骤；(3) 所需仪器、药品及其规格、用量；(4) 数据记录格式。经指导教师审查通过后，学生独立完成实验，写出实验报告。

通过设计实验，培养学生自己查阅有关文献，从中了解有关方法，设计实验方案，独立操作，为今后进行综合实验和毕业论文打下良好的基础。

实验 8-4-1　植物中某些元素的鉴定

1. 茶叶或松枝的干叶中钙、镁、铁、铝的分离和鉴定。
2. 茶叶或松枝的干叶中磷的鉴定。
3. 紫菜或海带中碘的鉴定。

提示：植物是有机体，主要由 C、H、N、O 等元素组成，此外还含有 P、I 和某些金属元素。把植物烧成灰烬并经过一系列化学处理，即可从中分离和鉴定某些元素。

本实验要求从茶叶或松枝的干叶中检出钙、镁、铁、铝和磷五种元素，从紫菜或海带中检出碘元素。

元素鉴定基于如下反应：

$$Ca^{2+} + C_2O_4^{2-} = CaC_2O_4\downarrow \text{(白色)}$$

$$Fe^{3+} + K_4[Fe(CN)_6] = KFe[Fe(CN)_6]\downarrow \text{(蓝色)} + 3K^+$$

$$\text{或}\quad Fe^{3+} + nSCN^- = Fe(SCN)_n^{3-n} \text{(血红色)}(n=1\sim6)$$

$$HPO_4^{2-} + 3NH_4^+ + 12MoO_4^{2-} + 23H^+ = (NH_4)_3[P(Mo_3O_{10})_4]·6H_2O\downarrow \text{(黄色)} + 6H_2O$$

$$2I^- + Cl_2(Br_2) = I_2 + 2Cl^-(Br^-) \quad (CCl_4 \text{ 层呈玫瑰红色})$$

实验 8-4-2　钙制剂中钙含量测定

提示：经 HCl 溶液溶解后，调节酸度，可用 EDTA 法或高锰酸钾法分别测定。

实验 8-4-3　复方氢氧化铝药片中铝、镁含量测定

提示：经 HNO_3 溶液溶解后，加入过量 EDTA 溶液，调节 pH≈4，加热，使之与 Al^{3+} 配位，用 Zn^{2+} 标准溶液返滴过量的 EDTA，测定 Al^{3+} 的含量；调节 pH，将 Al^{3+} 沉淀分离后，于 pH≈10，用 EDTA 标准溶液滴定滤液中 Mg^{2+} 的含量。

实验 8-5　铁氧体法处理含铬、镉电镀废水

在众多的环境污染中，重金属污染是主要的污染来源之一，这其中电镀行业产生的废水多是重金属废水。长期饮用受铬和镉污染的水均可导致畸胎、致突变及其他病症，因此，如何高效、低成本地处理含这两种元素的废水，始终是环保的重要工作之一。本综合实验采用铁氧体法处理含铬和镉的废水，并通过对原电镀废水和经铁氧体法处理后的排放液中铬和镉的测定，学习用二苯碳酰二肼分光光度法测定铬（Ⅵ）和总铬，用原子吸收分光光度法测定镉，以及用固体吸附剂富集痕量镉的方法。

实验 8-5-1　分光光度法测定电镀废水中铬（Ⅵ）、总铬

铬常用高灵敏和特效的二苯碳酰二肼分光光度法测定。此方法比那些基于铬酸盐或重铬酸盐离子颜色的方法灵敏一百多倍。

【实验提要】

在分析化学里接触到的样品大多成分复杂，即使是所谓超纯物质，也包含多种杂质，仅含量较小而已。另一方面，在分光光度分析中使用的显色剂一般是有机试剂，不仅会与待测成分起作用，也会与许多其他成分起作用，产生相似的外部效应。因此，在测定时必须考虑干扰问题，即反应的选择性问题。

提高选择性的途径有如下几个。

(1) 寻求高选择性的显色剂。

(2) 利用配位反应消除干扰，即加入适当的掩蔽剂，利用金属离子与显色剂、掩蔽剂生成的配合物稳定性的差异以提高显色反应的选择性，这是提高分光光度法选择性最广泛、最重要的途径。

(3) 控制溶液酸度也是提高选择性的重要途径之一，它主要包括两方面：一是控制溶液酸度，以选择性地掩蔽干扰离子；二是通过控制溶液酸度，以控制显色反应。

(4) 改变干扰元素的价态，以达到分离或选择测定的目的。

(5) 当上述方法不能有效地消除干扰时，便必须采用适当的分离方法把干扰物质分离除去。在分离时应避免引入对测定有干扰的试剂。同时，应力求使用纯的试剂以免引入过大的空白值，降低分析方法的灵敏度。

本实验在 $[H^+]$ 为 0.05～0.3mol·L^{-1} 的酸性介质中，采用二苯碳酰二肼为显色剂，通过与铬（Ⅵ）离子发生反应，生成紫红色配位物，在 540nm 波长处，用 3cm 比色皿以试剂空白为参比，测量其吸光度。此方法对于测定铬（Ⅵ）几乎是特效的。总铬含量的测定，用 $KMnO_4$ 将电镀废水样品中的铬（Ⅲ）氧化为铬（Ⅵ），过量的 $KMnO_4$ 用 $NaNO_2$ 分解，过剩的 $NaNO_2$ 再用尿素分解，然后加入二苯碳酰二肼显色。测定铬的干扰仅来自于比铬含

量高得多的铁、钒、钼、铜和汞。大量的铁（Ⅲ）用 H_3PO_4 掩蔽，也可用EDTA同时掩蔽铁、钒、铜和汞，钼用草酸掩蔽。

新建立的分光光度法的实验条件，如最佳灵敏波长、溶液酸度、显色剂用量、显色时间以及共存离子的干扰及消除等，都是通过实验来确定的。本实验在测定试样中铬含量之前，先做最佳灵敏波长的选择实验，以便初学者掌握确定实验条件的方法。

实验数据的记录应该是表格式的。文字式的记录方式和记账式的记录方式不便进行数据分析。例如，选择最佳灵敏波长时，要作出吸光度 A 与波长 λ 的关系曲线，因此，选择最佳灵敏波长实验时应按表8-2记录。

表8-2 吸光度与入射光波长的关系

波长 λ/nm	510	520	530	540	550	…
吸光度 A						

同理，在绘制标准曲线时应按表8-3记录［以铬（Ⅵ）标准曲线的绘制为例］。

表8-3 绘制标准曲线数据记录

No.	1	2	3	4	5	6
Cr(Ⅵ)/μg						
EDTA/mL						
二苯碳酰二肼/mL						
吸光度 A						

【仪器、材料和试剂】

1. 仪器与材料

721型分光光度计，比色皿，电热板，50mL容量瓶（8只·组$^{-1}$），100mL容量瓶（1只·组$^{-1}$），100mL锥形瓶（8只·组$^{-1}$），移液管，吸量管，沸石。

2. 试剂

1∶1H_2SO_4，1∶1H_3PO_4，1% EDTA，4% $KMnO_4$，20% 尿素，2% $NaNO_2$，1∶1HNO_3。

100μg·mL^{-1}铬标准储备液：准确称取0.2828g预先在105～110℃烘干的 $K_2Cr_2O_7$ 溶于适量蒸馏水中，定量转入1000mL容量瓶内，定容。

2.00μg·mL^{-1}铬标准操作液：以100μg·mL^{-1}的铬标准储备液准确配制。

0.04%二苯碳酰二肼：溶解0.2g二苯碳酰二肼于100mL95%的乙醇中，边搅边加入400mL1∶9的 H_2SO_4。存放于冰箱中，一个月内有效。

【实验前应准备的工作】

1. 实验所用的玻璃仪器，能否用铬酸洗液洗涤，为什么？

2. $KMnO_4$、$NaNO_2$、尿素各起什么作用？分别写出化学反应方程式。

3. 电镀废水中铬（Ⅵ）和总铬浓度（mg·L^{-1}）的计算公式。

4. 为什么测定吸光度时，要以试剂空白为参比，能不能用蒸馏水作参比溶液？

5. 为什么讲义中铬（Ⅵ）、总铬的测定，均选择用EDTA为掩蔽剂？

【实验内容】

1. 吸收曲线的绘制和最佳灵敏波长的选择

用吸量管分别吸取2.00μg·mL^{-1}铬标准操作液0.00mL，3.00mL于50mL容量瓶中，分别加入蒸馏水至约40mL，再分别加入0.5mL1∶1的H_2SO_4和2.50mL0.04%的二苯碳酰二肼溶液，用蒸馏水稀至刻度，摇匀。放置10min后，用3cm比色皿以试剂空白为参比，在510～580nm，每隔10nm测定一次吸光度。在坐标纸上以波长λ为横坐标、吸光度A为纵坐标，绘制A-λ吸收曲线，从吸收曲线上选择测定铬的最佳灵敏波长，一般选用最大吸收波长λ_{max}。

2. 铬（Ⅵ）的测定

（1）标准曲线的绘制　依次吸取2.00$\mu g \cdot mL^{-1}$铬标准操作液0.00mL，1.00mL，2.00mL，3.00mL，4.00mL，5.00mL于50mL容量瓶中，分别加入1mL 1% EDTA，摇匀，再分别加入蒸馏水至约40mL后，加入0.5mL 1∶1的H_2SO_4和2.50mL 0.04%的二苯碳酰二肼，用蒸馏水稀至刻度，混匀。放置10min后，在λ_{max}处，用3cm比色皿以试剂空白为参比测定其吸光度。绘制A-c曲线。

（2）电镀废水的测定　准确吸取电镀废水2.00mL于100mL容量瓶中，稀释至刻度，混匀。再吸取适量经稀释的废水样于50mL容量瓶中，其他操作同（1）标准曲线的绘制。从标准曲线上查得经稀释后的废水样中Cr(Ⅵ）浓度，计算电镀废水铬（Ⅵ）的浓度（以$mg \cdot L^{-1}$计）。

3. 总铬的测定

（1）标准曲线的绘制　依次吸取2.00$\mu g \cdot mL^{-1}$铬标准操作液0.00mL，1.00mL，2.00mL，3.00mL，4.00mL，5.00mL于100mL锥形瓶中，加蒸馏水至体积约为30mL，各加数粒沸石，分别加入0.5mL 1∶1的H_2SO_4及数滴4%$KMnO_4$至紫色不消失。加热煮沸，直至溶液体积近20mL为止，冷却。依次向各瓶中加入1mL 20%的尿素，然后用滴管分别滴加2%的$NaNO_2$，边滴加边充分摇动，至紫色刚好褪去为止，放置5min，待瓶中无气泡后，将溶液分别定量地转入50mL容量瓶中，再分别加入1mL 1%EDTA及2.50mL 0.04%的二苯碳酰二肼溶液，用蒸馏水稀至刻度，混匀。放置10min后，在λ_{max}处，用3cm比色皿以试剂空白为参比测定其吸光度。绘制A-c曲线。

（2）电镀废水的测定　准确吸取适量经2（2）电镀废水的测定中稀释的废水样于100mL锥形瓶中，其他步骤同3（1）标准曲线的绘制。从标准曲线上查得总铬的浓度，计算电镀废水中总铬的浓度（以$mg \cdot L^{-1}$计）。

【思考与讨论】

1. 制作标准曲线时，加入试剂的顺序能否任意改变？为什么？

2. 二苯碳酰二肼试剂为什么需新鲜配制或储于冰箱中？

3. 测定废水中总铬时，能否使用Cr(Ⅵ）的标准曲线？为什么？

4. 根据Cr(Ⅲ）和Cr(Ⅵ）的化学性质，请再设计一种将废水中Cr(Ⅲ）氧化为Cr(Ⅵ）的简单方法。

实验8-5-2　原子吸收分光光度法测定电镀废水中的镉

电镀废水中镉的测定，可用原子吸收分光光度法、双硫腙比色法等，但以原子吸收分光光度法选择性好、灵敏度高、测定范围广、简便、快速、准确。

【实验提要】

在原子吸收光谱分析中，当待测试样溶液的组分不完全确知或试样溶液基体太复杂，以及试样溶液与标准溶液成分相差太大时，无法配制与试样组成相似的标准溶液，不能用标准曲线法进行测定，为减少差异（如溶液的成分等）而引起的误差，或为了消除某些化学干扰等，常用标准加入法。

本实验以镉的共振线（即最灵敏线）288.8nm为分析线，用空气-乙炔火焰进行原子化，在选定的最佳工作条件下，用标准加入法测定电镀废水中的镉含量。

【仪器、材料和试剂】

1. 仪器与材料

原子吸收分光光度计及附属设备（镉元素空心阴极灯，空压机，乙炔钢瓶），50mL 容量瓶（5 只·组$^{-1}$），100mL 容量瓶（1 只·组$^{-1}$），移液管，吸量管。

2. 试剂

1.0mg·mL^{-1}镉标准储备液：准确称取 1.000g 金属镉粉（99.9%），溶于 10mL 1∶1 的 HCl 中，定量转移到 1000mL 容量瓶中用蒸馏水稀至刻度。

10.0μg·mL^{-1}镉标准操作液：以 1.0mg·mL^{-1}的镉标准储备液准确配制。

【实验前应准备的工作】

1. 原子吸收分光光度法的基本原理和特点是什么？
2. 原子吸收分光光度计主要由哪几部分组成？其作用分别是什么？
3. 为什么本实验要采用标准加入法测定电镀废水中的镉含量？
4. 标准加入法的优点是什么？
5. 使用标准加入法时应注意哪几个问题？

【实验内容】

1. 最佳工作条件的选择

（1）仪器工作条件　波长：228.8nm；工作方式：双光束，量程扩展×1；显示方式：单次；积分时间：3s；灯电流：10mA；狭缝：0.2nm（列出参数仅供参考）。

（2）配制浓度为 1μg·mL^{-1}的镉溶液 100mL。

（3）在固定空气压力和流量的前提下，作下列工作条件的选择：①乙炔流量；②燃烧器高度；③燃烧器水平位置。从中选择出最佳工作条件。

① 乙炔流量的选择　在空气压力 0.2MPa、空气流量________时，改变乙炔流量，测定不同乙炔流量时浓度为 1μg·mL^{-1}的镉溶液的吸光度，选择稳定且最大灵敏度吸收时所对应的乙炔流量为最佳乙炔流量。数据记入表 8-4。

表 8-4　乙炔流量与吸光度的关系

乙炔流量/L·min^{-1}	吸光度 A_1	吸光度 A_2	吸光度 A_3	吸光度 A_4
0.5				
0.6				
0.7				
0.8				
0.9				
1.0				

② 燃烧器高度的选择。

③ 燃烧器水平位置的选择。

选得最佳工作条件记入表 8-5。

表 8-5　最佳工作条件

空气压力/MPa	空气流量/L·min^{-1}	乙炔流量/L·min^{-1}	燃烧器高度/mm	燃烧器水平位置/(°)

2. 标准加入法测镉

准确吸取电镀废水 5.00mL 于 100mL 容量瓶中，稀至刻度，混匀。分别吸取适量该稀释的废水样于 5 只 50mL 容量瓶中，再分别加入 $10.0\mu g \cdot mL^{-1}$ 的镉标准操作液 0.00mL，1.00mL，2.00mL，3.00mL，4.00mL，用蒸馏水稀至刻度，混匀。以选得的最佳工作条件测定吸光度。数据记入表 8-6。

表 8-6　标准加入法测镉数据记录

No.	1	2	3	4	5
Cd/μg					
稀释水样体积/mL					
吸光度 A_1					
吸光度 A_2					
吸光度 A_3					
吸光度 $A_{平均}$					

绘制 A-c 曲线，并用外推法作图，求得稀释废水样的镉浓度，计算原电镀废水镉含量（以 $mg \cdot L^{-1}$ 计）。

【思考与讨论】

1. 为什么在测定前要进行最佳乙炔流量、燃烧器高度和燃烧器水平位置的条件选择？

2. 可见分光光度计的分光系统放在吸收池前面，而原子吸收分光光度计的分光系统在原子化系统（即吸收系统）的后面，为什么？

实验 8-5-3　铁氧体法处理电镀废水

铁氧体法处理电镀含铬废水是国内使用较广泛的方法之一，但铁氧体法同时处理含铬和镉的电镀废水是一全新的应用范围。该方法优点是硫酸亚铁货源广，价格低，处理设备简单，处理效果好。

【实验提要】

铁氧体法处理含铬、镉电镀废水有三个过程，即还原反应、共沉淀和生成铁氧体。

1. 还原反应和共沉淀

在 pH2～2.5 的酸性条件下，硫酸亚铁将铬（Ⅵ）还原为铬（Ⅲ），然后调节电镀废水的 pH 值为 11～12，使电镀废水中的铬、镉与铁离子发生共沉淀。其反应如下：

$$Cr_2O_7^{2-} + 6Fe^{2+} + 14H^+ \longrightarrow 2Cr^{3+} + 6Fe^{3+} + 7H_2O \quad (8\text{-}1)$$

$$Cr^{3+} + 3OH^- \longrightarrow Cr(OH)_3 \downarrow \quad (8\text{-}2)$$

$$Cd^{2+} + 2OH^- \longrightarrow Cd(OH)_2 \downarrow \quad (8\text{-}3)$$

$$Fe^{3+} + 3OH^- \longrightarrow Fe(OH)_3 \downarrow \quad (8\text{-}4)$$

$$Fe^{2+} + 2OH^- \longrightarrow Fe(OH)_2 \downarrow \quad (8\text{-}5)$$

$$FeOOH + Fe(OH)_2 \longrightarrow FeOOHFe(OH)_2 \downarrow \quad (8\text{-}6)$$

$$FeOOHFe(OH)_2 + FeOOH \longrightarrow Fe_3O_4 \downarrow + 2H_2O \quad (8\text{-}7)$$

2. 生成铁氧体

铁氧体是指具有铁离子、氧离子及其他金属离子组成的氧化物晶体，通称亚高铁酸盐。铁氧体有多种晶体结构，常见的为尖晶石型的立方结构，具有磁性，化学式一般为 A_2BO_4 或 BOA_2O_3，A、B 分别表示金属离子，若 A 和 B 均为铁离子，则化学式为 $FeOFe_2O_3$。铁氧体可以是铁和其他一种或多种金属离子的复合氧化物。不同金属离子在形成铁氧体晶格时，其占据 A、B 位置的优先顺序为：

优先占据 A 位置 →

Zn^{2+}，Cd^{2+}，Mn^{2+}，Fe^{3+}，Mn^{3+}，Fe^{2+}，Cu^{2+}，Co^{2+}，Ti^{2+}，Ni^{2+}，Cr^{3+}

← 优先占据 B 位置

由此可知，与 Fe^{3+}、Fe^{2+} 和 Cr^{3+} 比较，Cd^{2+} 优先占据 B 位置，即部分 Fe^{2+} 可被 Cd^{2+} 代替；与 Fe^{2+}、Fe^{3+} 和 Cd^{2+} 比较，Cr^{3+} 优先占据 A 位置，即部分 Fe^{3+} 可被 Cr^{3+} 代替；则形成铬镉铁氧体的反应为：

$$Fe^{2+}+Cd^{2+}+Fe^{3+}+Cr^{3+}+OH^- \longrightarrow Fe^{3+}[Fe^{2+}_{1-x}Cd^{2+}_{x}Fe^{3+}_{1-y}Cr^{3+}_{y}]O_4 \quad (8\text{-}8)$$

式中，x 和 y 均在 0～1。

使用 $FeSO_4 \cdot 7H_2O$ 作还原剂处理含铬、镉废水时，其 $FeSO_4 \cdot 7H_2O$ 的理论投入量计算如下。

对含铬（Ⅵ）、镉废水来说，$FeSO_4 \cdot 7H_2O$ 除一部分作为还原铬（Ⅵ）成铬（Ⅲ）外，另一部分亚铁离子需提供用于形成铁氧体。从上面化学反应式(8-1) 可看出，还原 1mol 的 Cr(Ⅵ) 需要 3mol 的 Fe^{2+}，即：

$$3Fe^{2+}+Cr^{6+} \longrightarrow 3Fe^{3+}+Cr^{3+} \quad (8\text{-}9)$$

其投入比为 $Fe^{2+}:Cr^{6+}=3:1$。

然而从铬镉铁氧体的结构式 $Fe^{3+}[Fe^{2+}_{1-x}Cd^{2+}_{x}Fe^{3+}_{1-y}Cr^{3+}_{y}]O_4$ 看，生成铬镉铁氧体结构中 2mol 的三价离子需 1mol 的二价离子，所以，要将式(8-9) 中 4mol 的三价离子全部变成铁氧体，就需要 2mol 的二价离子，若二价离子以铁离子计，则需 2mol 的 Fe^{2+}。因此，还原 1mol Cr^{6+} 并生成铁氧体，共需要 Fe^{2+} 量为（3+2）mol。将其折算成 $FeSO_4 \cdot 7H_2O$ 与铬（Ⅵ）的理论投料比（质量比）为：

$$x_{Cr}^{6+}=\frac{(3+2)FeSO_4 \cdot 7H_2O}{Cr^{6+}}=\frac{5\times 277.95}{52}=26.73$$

同理，$FeSO_4 \cdot 7H_2O$ 与镉的理论投料比（质量比）为：

$$x_{Cd}^{2+}=\frac{2FeSO_4 \cdot 7H_2O}{Cd^{2+}}=\frac{2\times 277.95}{112.4}=4.94$$

据实验，用铁氧体法处理多种重金属离子的电镀废水时，应将废水中每种单一重金属离子所需理论投料量的叠加值来作为总 Fe^{2+} 投加量。

$$a = Q\sum_{i=1}^{n} c_i x_i \times 10^{-3}$$

式中，a 为 $FeSO_4 \cdot 7H_2O$ 总投料量，g；Q 为处理废水量，L；c_i 为废水中各种重金属的浓度，$mg \cdot L^{-1}$；x_i 为 $FeSO_4 \cdot 7H_2O : M^{n+}$ 的理论投料比。

实际投加的 $FeSO_4 \cdot 7H_2O$ 量应高于或等于计算投料量。

欲使电镀废水中的铬和镉都填充在铁氧体晶格内，使处理后的电镀废水中铬和镉均达到排放标准，应将 pH11～12 的氢氧化物沉淀溶液加热至温度 65～80℃（温度低，氢氧化物不易脱水，得不到氧化物；温度过高，过量 Fe^{2+} 转化为 Fe^{3+}，不利于磁性铁氧体的生成），并定量加入少量 H_2O_2 以平衡所需 Fe^{2+} 和 Fe^{3+} 的量，以促进磁性铁氧体的生成。

【仪器、材料和试剂】

1. 仪器与材料

精密酸度计，搅拌器，调温电炉，电热恒温水浴锅，托盘天平，1mL 吸量管，100℃温度计，长颈漏斗。

2. 试剂

$FeSO_4 \cdot 7H_2O$，$2mol \cdot L^{-1}$ H_2SO_4，6 $mol \cdot L^{-1}$ NaOH，3% H_2O_2，pH＝4.00 和 pH＝9.18 的标准缓冲溶液。

【实验前应准备的工作】

1. 怎样通过实验现象判断铬（Ⅵ）在 pH2～3 时，已被还原为铬（Ⅲ）？

2. 温度对铁氧体的生成有什么影响？

3. 在实验过程中，加入 0.45～0.55mL 3%的 H_2O_2 时，应使用什么量器量取？

4. 若有一电镀废水中含铬 $200mg \cdot L^{-1}$、镉 80 $mg \cdot L^{-1}$，试问用铁氧体法处理该电镀废水 500mL，需加入 $FeSO_4 \cdot 7H_2O$ 多少克？

5. 若电镀排放液中铬、镉的测定不在当日进行，此电镀排放液是否能在 pH 为中性或弱酸性的条件下存放？若不能，试问存放电镀排放液的 pH 值应为多少？

【实验内容】

量取电镀废水原液约 300mL，按实验 8-5-1 和 8-5-2 中所得到的总铬和镉含量，计算 $FeSO_4 \cdot 7H_2O$ 投料量，在搅拌下加 $FeSO_4 \cdot 7H_2O$ 于电镀废水样液中，滴加 $3mol \cdot L^{-1}$ H_2SO_4 调节溶液的 pH 值为 2～2.5（以精密酸度计测定 pH 值，边加入边测定），搅拌至 Cr(Ⅵ) 转化为 Cr(Ⅲ)。再滴加 $6mol \cdot L^{-1}$ NaOH 调节溶液的 pH 值为 11～12，使 Cr^{3+}、Cd^{2+}、Fe^{3+} 和 Fe^{2+} 转化为氢氧化物沉淀（墨绿色）。加热溶液至 65～80℃，搅拌下加入 0.45～0.55mL 3%的 H_2O_2，以使部分 Fe^{2+} 氧化为 Fe^{3+}，静置，在 70℃保温 20min，此时沉淀为黑褐色铁氧体（有磁性）。过滤，收集滤液，将滤液加热至沸除去过量的 H_2O_2 后，冷却，用 $2mol \cdot L^{-1}$ H_2SO_4 调节 pH 为 4～7（以 pH 试纸测）后，留待实验 8-5-4 测定排放液中铬、镉的残余量（应当日测定），以评价铁氧体法处理电镀废水的效果。

【思考与讨论】

1. 为什么要将生成铁氧体的 pH 控制在 11～12？如 pH＜11 或 pH＞12，会有什么结果？为什么？

2. 试论述用铁氧体法处理含铬、镉废水时，$FeSO_4 \cdot 7H_2O$ 与镉的理论投料比。

实验 8-5-4　电镀排放液中铬、镉的测定

经铁氧体法处理后的电镀排放液，是否达到排放要求，需通过对其中的铬、镉进行测定来加以判断。

【实验提要】

据《工业企业设计卫生标准》规定，地面水中铬（Ⅵ）、铬（Ⅲ）、镉的最高允许浓度分别为 $0.05mg \cdot L^{-1}$、$0.5mg \cdot L^{-1}$ 和 $0.1mg \cdot L^{-1}$；据《工业“三废”排放试行标准》规定，在车间和车间处理设备排出口废水中，铬（Ⅵ）和镉的最高允许浓度分别为 $0.5mg \cdot L^{-1}$ 和 $0.1mg \cdot L^{-1}$。

对于经铁氧体法处理后的电镀排放液，其中总铬的测定采用实验 8-5-1 所述的分光光度法。铁氧体法处理电镀废水时引入大量的铁，虽通过形成铁氧体将大量铁（包括其他杂质）除去，但排放液中还存在足以对铬的测定产生干扰的铁离子，需通过适当的方式消除干扰（见实验 8-5-1）。

排放液中镉的测定采用实验 8-5-2 所述的原子吸收分光光度法测定。原子吸收分光光度法测定镉的线性范围是 $0 \sim 2\mu g \cdot mL^{-1}$，若铁氧体法处理得好，排放液中镉的浓度可能会在原子吸收分光光度法的检出限以下，即直接用排放液进行测定时，吸光度接近零点，测定误

差大，故需通过富集方法提高溶液中镉的浓度后再进行测定，以减小测定误差。本实验采用黄原酯棉做吸附剂，将排放液中镉的浓度富集提高四倍后再进行测定。

黄原酯棉是富集分离金属元素的一种吸附剂，其制备简便，成本低廉，对环境污染小，而对金、银、铜、镉、汞、铅的吸附回收率高，解脱手续简单，在岩矿地质和环境水样等方面的应用日趋增多。

脱脂棉与 NaOH 作用生成碱纤维 $[(C_6H_{10}O_5)_n \cdot C_6H_9O \cdot OH]$，再与 CS_2 酯化将黄原酸钠牢固地附在棉花纤维上，生成黄原酯棉，简称 CCX。其吸附金属离子的作用机理可用下式表示：

$$(C_6H_{10}O_5)_n \cdot C_6H_9O-\overset{\overset{\displaystyle S}{\|}}{C}-S \cdot Na + M^+ \longrightarrow (C_6H_{10}O_5)_n \cdot C_6H_9O-\overset{\overset{\displaystyle S}{\|}}{C}-S \cdot M + Na^+$$

即金属离子以沉淀的形式被 CCX 牢固地吸附在其表面上。Cd^{2+} 是与两个黄原酸钠作用形成螯合物沉淀吸附在棉花上。

黄原酯棉吸附方式有振荡吸附、柱吸附和搅拌吸附，本实验采用柱吸附。调节电镀排放液酸度为 pH3～6，以 $5\sim8mL \cdot min^{-1}$ 的流速通过吸附柱，就会将镉吸附在黄原酯棉上，然后以 $0.5mol \cdot L^{-1}$ 的 HCl 溶液定量洗脱后测定。

【仪器、材料和试剂】

1. 仪器和材料

短颈漏斗（2 只·组$^{-1}$），50mL 移液管，广泛 pH 试纸，其他仪器和材料同实验 8-5-1 和实验 8-5-2。

黄原酯棉：将脱脂棉撕成疏松片状，浸入冷的 5%NaOH 溶液中，反复搅动，8min 后取出，倒入不加滤纸的布氏漏斗上抽滤至无碱液滴下（此碱液留待下次用），将棉花移入烧杯中，加入 CS_2 将其全部浸没，在 30～40℃水浴上酯化并反复翻动，直至棉花呈黄色或微红色，立即倾出 CS_2（留待下次使用）。用布氏漏斗抽滤，用水洗至中性，即可使用。在 70～80℃烘干，在棕色干燥器中避光保存，50 天有效。

2. 试剂

$0.5mol \cdot L^{-1}$ HCl，$2mol \cdot L^{-1}$ H_2SO_4，其他试剂同实验 8-5-1 和实验 8-5-2。

【实验前应准备的工作】

1. 设计分光光度法测定电镀排放液中总铬的实验方案。怎样排除铁的干扰？

2. 在测定电镀排放液中的总铬含量时，应取多少排放液测定，才对评价铁氧体法处理电镀废水的效果具有意义？

3. 为什么在测定电镀排放液中的总铬前，一定要将电镀排放液的 pH 由 10～11 调节至 4～7 后，才能取样显色测定？

4. 设计用原子吸收标准曲线法测定电镀排放液中镉的实验方案。

【实验内容】

将实验 8-5-3 收集的经铁氧体法处理后的滤液，分别进行铬、镉的测定。

1. 分光光度法测定电镀排放液中的总铬（设计实验）

吸取适量经铁氧体法处理过的电镀排放液，参照实验 8-5-1 中总铬的测定，按自行设计的实验方案，测定电镀排放液中的总铬（此时仅有铁离子干扰铬的测定）。

2. 电镀排放液中镉的富集和原子吸收分光光度法测定

（1）电镀排放液中镉的富集　如图 8-1，取一短颈漏斗，在管颈内装填 0.15～0.2g 的黄原酯棉，用蒸馏水过柱冲去表面易溶之黄色物，并调节棉花的疏密，使流速控制在 5～8mL·

min^{-1}。准确量取 pH 为 3～6 的电镀排放液 100mL 过柱，弃去流出液。用 0.5mol·L^{-1}盐酸溶液 10mL 分两次洗脱黄原酯棉上吸附的镉离子，洗脱液定量接收于 25mL 容量瓶中，定容，摇匀，在最佳工作条件下进行原子吸收测定。

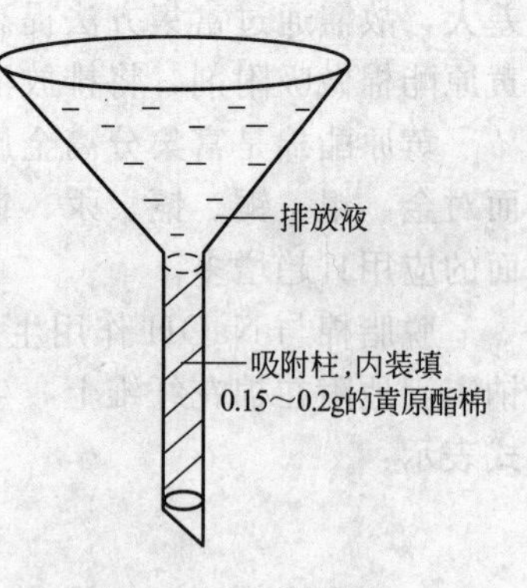

图 8-1 吸附装置

(2) 电镀排放液中镉的测定（设计实验） 按自行设计的标准曲线法测定电镀排放液中的镉含量。

【思考与讨论】

1. 名词解释：原子吸收分光光度计的检出限、标准曲线。

2. 写出 CCX 吸附 Cd^{2+} 的化学反应式及其被盐酸溶液洗脱的化学反应式。

3. 为提高测定结果的可靠性，通常需对试样进行多次测定，求算其平均值。试问，该值是单个试样多次测定值的平均值，还是多个平行试样测定值的平均值？

4. 用分光光度法测定排放液中总铬时，绘制工作曲线的实验条件为什么要与测定实际样品时保持一致？

实验 8-6 磷酸氢二钠的制备和产品质量分析

$Na_2HPO_4·12H_2O$ 是无色透明单斜晶体或菱形晶体。在空气中易风化。180℃转变成无水盐，250℃缩合为焦磷酸钠。易溶于水，难溶于乙醇。磷酸氢二钠是用途广泛的一种化工产品。在化学工业中，磷酸氢二钠是制备各种磷酸盐产品的原料；在食品工业中，磷酸氢二钠常用作品质改良剂、食品缓冲剂；在医药上，磷酸氢二钠用作酸碱度调节剂。不同用途的磷酸氢二钠的质量指标不同，表 8-7～表 8-9 是不同用途的磷酸氢二钠的质量指标。

表 8-7 工业磷酸氢二钠的质量指标（HG/T 2965—2000）

项目		指标		项目		指标	
		一等品	合格品			一等品	合格品
主含量(以 $Na_2HPO_4·12H_2O$ 计)/%	≥	97.0	96.0	氟化物(以 F 计)含量/%	≤	0.05	—
硫酸盐(以 SO_4 计)含量/%	≤	0.7	1.2	水不溶物含量/%	≤	0.05	0.10
氯化物(以 Cl 计)含量/%	≤	0.05	0.1	pH 值(1.0%水溶液)		9.0±0.2	9.0±0.2
砷(As)含量/%	≤	0.005	—				

表 8-8 食品添加剂磷酸氢二钠的质量指标（HG 2920—2000）

项目		指标	项目		指标
主含量（以 Na_2HPO_4 计）/%	≥	98.0	水不溶物含量/%	≤	0.2
砷（As)含量/%	≤	0.0003	干燥减量(Na_2HPO_4)/%	≤	5.0
重金属(以 Pb 计)含量/%	≤	0.001	($Na_2HPO_4·2H_2O$) /%		18.0～22.0
氟化物(以 F 计)含量/%	≤	0.005	($Na_2HPO_4·12H_2O$) /%	≤	61.0

注：除干燥减量外，其他指标均以干基计。

本综合实验先制备磷酸氢二钠，然后对产品进行分析，主要测定主含量、碱度、pH 值、杂质铁和氟的含量。通过本实验，了解化工产品的质量指标检测过程，学习磷酸盐的测定方法、铁的分光光度法测定以及氟的电位法测定方法。

表 8-9　化学试剂磷酸氢二钠的质量指标（GB 1263—86）

名　　称	优级纯	分析纯	化学纯
主含量（以 $Na_2HPO_4 \cdot 12H_2O$ 计）/%	≥99.0	≥99.0	≥98.0
澄清度实验①	合格	合格	合格
水不溶物/%	≤0.005	≤0.005	≤0.01
氯化物（以 Cl 计）/%	≤0.0005	≤0.001	≤0.003
硫酸盐（以 SO_4 计）/%	≤0.005	≤0.01	≤0.03
含氮化合物（以 N 计）/%	≤0.001	≤0.002	≤0.005
钾（K）/%	≤0.005	≤0.01	≤0.1
铁（Fe）/%	≤0.0005	≤0.0005	≤0.001
砷（As）/%	≤0.00005	≤0.0005	≤0.002
重金属（以 Pb 计）/%	≤0.0005	≤0.0005	≤0.001

① 澄清度试验按 HG 3-1168—78 规定的方法进行，优级纯≤2 号；分析纯≤3 号；化学纯≤4 号。

实验 8-6-1　磷酸氢二钠（$Na_2HPO_4 \cdot 12H_2O$）的制备

磷酸氢二钠一般用中和法制备，本实验以工业磷酸和工业碳酸钠为原料制备 $Na_2HPO_4 \cdot 12H_2O$。通过本实验，学生可以了解用工业磷酸和工业碳酸钠为原料制备 $Na_2HPO_4 \cdot 12H_2O$ 的方法；学习浓缩结晶的操作方法；学习巩固常压过滤、减压过滤的操作方法。

【实验提要】

以工业磷酸和工业碳酸钠为原料制备磷酸氢二钠的反应为：

$$H_3PO_4 + Na_2CO_3 \xlongequal{} Na_2HPO_4 + H_2O + CO_2$$

在水溶液中，磷酸氢二钠能析出四种类型晶体：Na_2HPO_4、$Na_2HPO_4 \cdot 2H_2O$、$Na_2HPO_4 \cdot 7H_2O$ 和 $Na_2HPO_4 \cdot 12H_2O$，结晶温度低于 30℃析出的是 $NaH_2PO_4 \cdot 12H_2O$，于 40℃结晶析出的是 $NaH_2PO_4 \cdot 7H_2O$，结晶温度在 50～90℃之间则得到 $NaH_2PO_4 \cdot 2H_2O$。100℃结晶析出的是 NaH_2PO_4，表 8-10 是这四种晶体的溶解度。

表 8-10　磷酸氢二钠在水中的溶解度　　单位：$g \cdot 100g^{-1} H_2O$

项　目	$Na_2HPO_4 \cdot 12H_2O$	$Na_2HPO_4 \cdot 7H_2O$	$Na_2HPO_4 \cdot 2H_2O$	Na_2HPO_4
0℃	4.2			
10℃	9.1			
20℃	17.3			
30℃	52.5			
40℃		97.8		
50℃			151.4	
60℃			156.5	
70℃			166.3	
80℃			174.4	
90℃			194.2	
100℃				102.2

磷酸氢二钠水溶液的 pH 值约为 9.0，因此，只要用 NaOH 或 Na_2CO_3 将磷酸溶液的

pH 值调节到 9.0 左右，就可以得到磷酸氢二钠溶液，浓缩，室温结晶，就可以得到 $Na_2HPO_4 \cdot 12H_2O$。

【仪器、材料和试剂】

1. 仪器和材料

100mL、250mL、500mL 烧杯，100mL 量筒，漏斗，漏斗架，布氏漏斗，吸滤瓶，循环水泵，台天平，电炉，恒温水浴锅，广泛 pH 试纸，精密 pH 试纸（8～10）。

2. 试剂

$6mol \cdot L^{-1}$ NaOH 溶液，$7mol \cdot L^{-1}$ H_3PO_4 溶液，工业磷酸，工业碳酸钠。

【实验前应准备的工作】

1. 工业磷酸的浓度约为 85%，密度约为 $1.64g \cdot mL^{-1}$，按本实验的磷酸用量，完全反应时需要多少克碳酸钠？能够生成多少克 Na_2HPO_4？

2. 决定 Na_2HPO_4 溶液的 pH 值的主要因素是什么？怎样计算 NaH_2PO_4 溶液的 pH 值？

3. 若要得到 $Na_2HPO_4 \cdot 2H_2O$，应在什么温度下结晶？

【实验内容】

量取 15mL 工业磷酸于 500mL 烧杯，加入约 270mL 水稀释。另外称取 22g 工业 Na_2CO_3，将其慢慢加到磷酸溶液中（再边搅拌边分次加入，每次的量要少，以防止大量气泡生成使溶液溢出）。Na_2CO_3 加完后，将溶液加热至沸。用精密 pH 试纸测定 pH 值，看 pH 值是否约为 9，若 pH<9，则滴加 $6mol \cdot L^{-1}$的 NaOH 溶液直至 pH≈9.0；若 pH>9，则滴加 $7mol \cdot L^{-1}$的 H_3PO_4 溶液直至 pH≈9.0。pH 值调节完成后，再将溶液加热至沸，趁热常压过滤，用 500mL 烧杯收集滤液（也可直接用蒸发皿），将滤液在电炉上加热至沸，改用小火将溶液浓缩至约 180mL，将溶液转入蒸发皿中，冷却至室温，有晶体析出（若无晶体析出，可用玻璃棒轻轻摩擦容器内壁），减压过滤，用滤纸将产品吸干，称重，将产品放入塑料袋，密封保存待分析。

【思考与讨论】

1. Na_2HPO_4 溶液的 pH 计算值 pH=9.7，本实验认为溶液的 pH≈9 时反应完成，为什么？

2. 什么是理论产量和理论产率？要计算本实验的磷酸氢二钠的理论产率，还需什么条件？

实验 8-6-2 磷酸氢二钠主含量的测定

磷酸氢二钠的测定方法很多，常用的有磷钼酸喹啉沉淀重量法、磷钼酸铵酸碱滴定法和氢氧化钠返滴定法。磷钼酸喹啉沉淀重量法准确度高，常用于仲裁分析。磷钼酸铵酸碱滴定法可用于含磷量较低的试样的测定，如钢铁中磷的测定。本实验采用 HG 2920—2000 中规定的氢氧化钠返滴定法测定磷酸氢二钠的含量。通过本实验，学生可以了解磷酸氢二钠的测定方法；学习氢氧化钠标准溶液的配制和标定方法。

【实验提要】

磷酸是三元酸，$pK_{a_1}=2.12$；$pK_{a_2}=7.20$；$pK_{a_3}=12.36$。在溶液中有四种存在形式：H_3PO_4、$H_2PO_4^-$、HPO_4^{2-} 和 PO_4^{3-}。这四种存在形式的分布曲线如图 8-2。

从分布曲线可以看到，pH≈4.4 时，磷酸基本上以 $H_2PO_4^-$ 形式存在，在试液中加入过量的 HCl 标准溶液，然后用 NaOH 标准溶液滴定，以变色点 pH=4.3 的混合指示剂指示终点，溶液中磷酸将以 $H_2PO_4^-$ 形式存在。根据 HCl 标准溶液和 NaOH 标准溶液的浓度和体积可以计算出试样中磷酸氢二钠的含量。反应为：

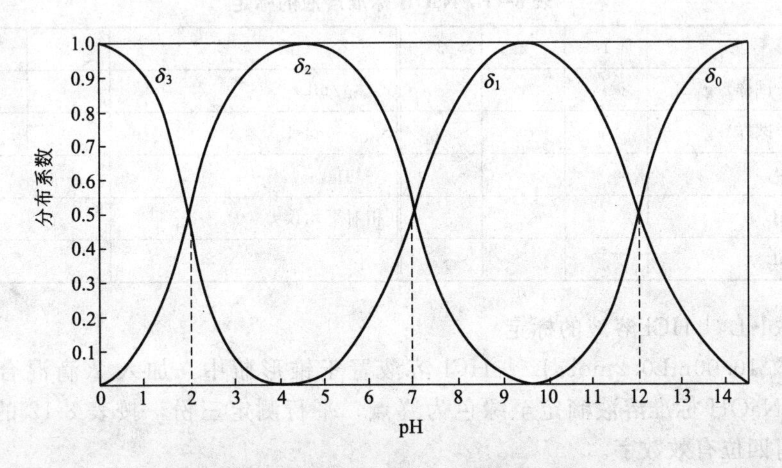

图 8-2　磷酸的四种存在形式的分布曲线

$$Na_2HPO_4 + HCl \longrightarrow NaH_2PO_4 + NaCl$$

$$HCl + NaOH \longrightarrow NaCl + H_2O$$

【仪器、材料和试剂】

1. 仪器和材料

分析天平，托盘天平，50mL 碱式滴定管，500mL 或 1000mL 试剂瓶，250mL 锥形瓶，10mL 或 20mL 量筒。

2. 试剂

固体 NaOH，邻苯二甲酸氢钾，0.2mol·L^{-1} HCl 溶液，混合指示剂 [0.2%甲基橙水溶液＋0.1%溴甲酚绿钠盐水溶液（1∶1）]（变色点 pH＝4.3）。

【实验前应准备的工作】

1. 若要配制 0.1mol·L^{-1} NaOH 溶液 500mL，应称取固体氢氧化钠多少克？用什么天平？

2. 标定 0.1mol·L^{-1} NaOH 溶液时，若要将 NaOH 溶液的体积控制在 20～30mL，称取基准物邻苯二甲酸氢钾的质量应在什么范围？请推导 NaOH 溶液浓度的计算公式。

3. 测定磷酸氢二钠的含量时，若要将 0.1mol·L^{-1} NaOH 溶液的体积控制在约 25mL，应称取试样约为多少克？请推导磷酸氢二钠含量的计算公式（以 $Na_2HPO_4 \cdot 12H_2O$ 计）。

【实验内容】

1. 0.1mol·L^{-1}NaOH 溶液配制

由台天平迅速称取一定量固体 NaOH 于烧杯中，加少量蒸馏水，溶解后，稀释至 500mL，转入橡皮塞试剂瓶中，盖好瓶塞，摇匀，贴好标签备用。

2. 0.1mol·L^{-1}NaOH 的标定

在分析天平上准确称取适量邻苯二甲酸氢钾置于 250mL 锥形瓶中，用约 50mL 蒸馏水使之溶解（如没有完全溶解，可稍微加热）。冷却后加入 2 滴酚酞指示剂，将配制好的 0.1mol·L^{-1} NaOH 溶液装入已用上述溶液润洗好的 50mL 碱式滴定管中，调整初读数在 0.00mL 或接近 0 的任意刻度开始，滴定至呈微红色半分钟内不褪为终点。平行测定 3 份，按表 8-11 的要求处理数据，结果保留四位有效数字，3 份测定的相对平均偏差应小于 0.2%。

表 8-11　NaOH 标准溶液的标定

编　号	1	2	3	编　号	1	2	3
倾出前(称量瓶＋试样)/g				V_{NaOH}/mL			
倾出后(称量瓶＋试样)/g				c_{NaOH}/mol·L^{-1}			
$m_{邻苯二甲酸氢钾}$/g				平均值			
NaOH 终读数/mL				相对平均误差			
NaOH 初读数/mL							

3. 0.2mol·L^{-1} HCl 溶液的标定

准确吸取 10.00mL0.2mol·L^{-1} HCl 溶液置于锥形瓶中，加入 2 滴混合指示剂，用 0.1mol·L^{-1} NaOH 标准溶液滴定至绿色为终点，平行测定三份，按表 8-12 的要求处理数据，结果保留四位有效数字。

表 8-12　HCl 标准溶液的标定

编　号	1	2	3	编　号	1	2	3
V_{HCl}/mL				c_{HCl}/mol·L^{-1}			
NaOH 终读数/mL				平均值			
NaOH 初读数/mL				相对平均误差			
V_{NaOH}/mL							

4. 产品主含量的测定

在分析天平上准确称取适量试样置于 250mL 锥形瓶中，用约 10mL 蒸馏水冲洗锥形瓶内壁，准确加入 25.00mL0.2mol·L^{-1} HCl 溶液，摇动，溶解后，加入 2 滴混合指示剂，摇匀。用 NaOH 标准溶液滴定至恰好绿色为终点。平行测定 3 份，按表 8-13 的要求处理数据，结果保留四位有效数字。

表 8-13　产品主含量的测定

编　号	1	2	3	编　号	1	2	3
倾出前(称量瓶＋试样)/g				NaOH 初读数/mL			
倾出后(称量瓶＋试样)/g				V_{NaOH}/mL			
$m_{磷酸氢二钠}$/g				NaH_2PO_4/%			
V_{HCl}/mL				平均值			
c_{HCl}/mol·L^{-1}				相对平均误差			
NaOH 终读数/mL							

【思考与讨论】

1. 用邻苯二甲酸氢钾标定 NaOH 溶液时，选择酚酞做指示剂的依据是什么？能否用甲基橙做指示剂？

2. 结合实验 8-6-1，对产品主含量的测定结果进行讨论。

3. 混合指示剂的变色范围主要由什么因素决定？

实验 8-6-3　设计实验：磷酸氢二钠产品碱度和 pH 值的测定

对于工业磷酸氢二钠，pH 值是一个重要的质量指标。本实验要求学生自己拟定用电位法测定产品 pH 值的实验步骤，然后测定出产品的 pH 值。通过本实验，学生可以学习如何拟定一个可以进行实际操作的实验方法；学习 pH 值的电位测定方法。

【实验提要】

根据 HG/T 2965—2000，产品的 pH 值用电位法测定。玻璃电极为指示电极，饱和甘汞电极为参比电极，玻璃电极在使用前须在水中浸泡 24h 以上，酸度计的精度为 0.02pH 单位。试液浓度为 $10.00\text{g}\cdot\text{L}^{-1}$。

【仪器、材料和试剂】

1. 仪器和材料

分析天平，托盘天平，10mL 或 20mL 量筒，pHS-25 型酸度计，复合电极。

2. 试剂

标准缓冲溶液（pH≈9）。

【实验前应准备的工作】

1. 拟定用电位法测定产品 pH 值的实验步骤。
2. 设计记录和处理数据的表格。

【实验内容】

产品 pH 值的测定。

【思考与讨论】

试讨论磷酸氢二钠溶液的浓度对溶液 pH 值的影响。

实验 8-6-4 磷酸氢二钠产品中微量杂质铁的测定

化学试剂磷酸氢二钠对铁含量有严格的要求，按 GB 1263—86 的规定，分析纯的铁含量≤0.0005%，化学纯的铁含量≤0.001%。铁的测定用 GB 9739—88 中规定的方法——邻二氮菲分光光度法进行。本实验要求学生学习可见分光光度法的基本原理和分光光度计的使用方法。通过本实验，学习化工产品中微量杂质铁的测定方法。掌握通过绘制吸收曲线确定最大吸收波长和利用标准曲线进行定量的方法。

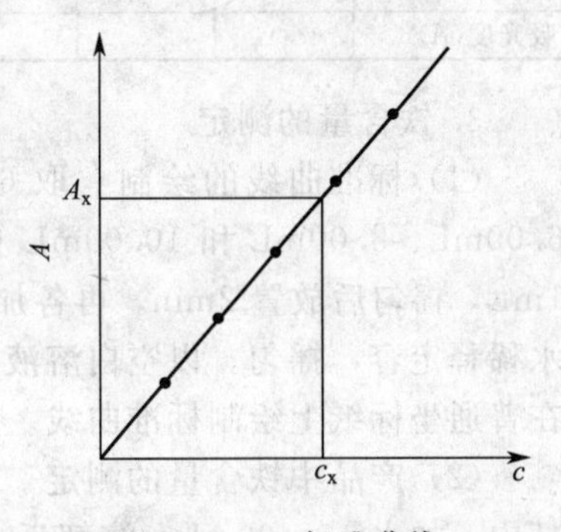

图 8-3 A-c 标准曲线

【实验提要】

采用标准曲线法进行测定，即配制一系列标准溶液，与待测溶液同时显色，先测定标准溶液的吸光度，再测定待测溶液的吸光度，作出 A-c 标准曲线，从曲线上得到与 A_x 对应的 c_x，再计算待测组分的浓度，进而计算铁的含量。如图 8-3。

分光光度法的原理请参阅实验 7-18。

【仪器、材料和试剂】

1. 仪器和材料

722 型分光光度计，1cm 比色皿，100mL 容量瓶（每组三个），50mL 容量瓶（每组六个），分析天平，移液管。

2. 试剂

100（$\mu\text{g}\cdot\text{mL}^{-1}$）铁标准溶液［准确称取 0.8634g 铁铵钒 $NH_4Fe(SO_4)_2\cdot12H_2O$ 于小烧杯中，加入 20mL $6\text{mol}\cdot\text{L}^{-1}$ HCl 和少量蒸馏水，溶解后定量转移至 1L 容量瓶中，用水稀释定容，摇匀］，0.12%邻二氮菲水溶液（用前配制），10%盐酸羟胺水溶液（用前配制），pH=4.5 HAc-NaAc 缓冲溶液（称取分析纯 $NaAc\cdot3H_2O$ 32g 溶于适量水中，加入 $6\text{mol}\cdot\text{L}^{-1}$ HAc 68mL，稀释至 500mL）。

【实验前应准备的工作】

1. 阅读《基础化学实验（上）》p. 63～p. 65，熟悉 722 型分光光度计的使用方法。

2. 在显色之前为什么要先加入盐酸羟胺和 HAc-NaAc 缓冲溶液？

3. 测量吸光度时，为什么要选择参比溶液？

4. 本实验中哪些试剂的加入量必须很准确？哪些不必很准确？

5. 根据实验内容 3（2），推导产品中铁的质量分数（以 Fe 计）的计算公式。

【实验内容】

1. $10.0\mu g \cdot mL^{-1}$ 铁标准溶液的配制

准确吸取 10.00mL $100\mu g \cdot mL^{-1}$ 铁标准溶液置于 100mL 容量瓶中，用蒸馏水稀释，定容，摇匀。

2. 吸收曲线的绘制

取两个 50mL 容量瓶，吸取 $10.0\mu g \cdot mL^{-1}$ 铁标准溶液 4.00mL 置于其中的一个容量瓶中，另一个加入等量的水，然后在两个容量瓶中加入 1mL 10%盐酸羟胺溶液，摇匀。2min 后，再加入 HAc-NaAc 缓冲溶液 5mL、0.12% 邻二氮菲 2mL，用水稀释定容。在分光光度计上用 1cm 比色皿，以空白溶液为参比，按表 8-14 中的波长测定吸光度。以吸光度为纵坐标、波长为横坐标在普通坐标纸上绘制吸收曲线，在吸收曲线上找出最大吸收波长 λ_{max}。

表 8-14　铁(Ⅱ)-邻二氮菲在不同波长时的吸光度

波长(λ)/nm	400	420	440	450	460	470	480	485	490	492
吸光度(*A*)										
波长(λ)/nm	494	496	498	500	502	504	506	508	510	512
吸光度(*A*)										
波长(λ)/nm	514	516	518	520	525	530	540	560	580	600
吸光度(*A*)										

3. 铁含量的测定

（1）标准曲线的绘制　取 6 个 50mL 容量瓶，分别加入 0.00mL、2.00mL、4.00mL、6.00mL、8.00mL 和 10.00mL 的 $10.0\mu g \cdot mL^{-1}$ 铁标准溶液，各加入 10%盐酸羟胺溶液 1mL，摇匀后放置 2min。再各加 HAc-NaAc 缓冲溶液 5mL、0.12%邻二氮菲溶液 2mL，以水稀释定容，摇匀。以空白溶液为参比，用 1cm 比色皿在一定波长下测定各溶液的吸光度，在普通坐标纸上绘制标准曲线。

（2）产品中铁含量的测定　快速准确称取约 4g（精确至±0.2mg）产品置于 100mL 烧杯中，加水 15～20mL，溶解后，加入 10mL $2mol \cdot L^{-1}$ HCl 溶液，定量转入 50mL 容量瓶中，加入 10%盐酸羟胺溶液 1mL，摇匀后放置 5min，再加入 $2mol \cdot L^{-1}$ NaOH 溶液 5mL、HAc-NaAC 缓冲溶液 5mL、0.12%邻二氮菲溶液 2mL，以水稀释定容，摇匀。15min 后，以空白溶液[1]为参比，测定其吸光度（A_x）。从标准曲线上查出 c_x，进而计算产品中铁的质量分数（以 Fe 计）。见表 8-15。

表 8-15　标准铁溶液和试液的吸光度

编　号	1	2	3	4	5	试液
标准溶液用量/mL	2.00	4.00	6.00	8.00	10.00	5.00
标准溶液浓度/$\mu g \cdot mL^{-1}$						$c_x=$
吸光度（*A*）						$A_x=$

[1] 这里仍用测定标准曲线的空白溶液做参比，在试剂 HCl 和 NaOH 含铁量很低的情况下，对结果的影响可以忽略不计。

【思考与讨论】

1. 为什么绘制标准曲线和测定试样应在相同条件下进行？

2. 分光光度法测定时，吸光度读数应取什么范围？如何控制吸光度在此范围内？

3. 根据本实验中自己测定的有关实验数据，计算邻二氮菲-亚铁配合物的摩尔吸光系数ε。

4. 某有色溶液用1cm比色皿测定$T=20\%$，若用2cm比色皿测定，则T为：

(A) 10%；(B) 40%；(C) 1%；(D) 4%。

实验 8-6-5　磷酸氢二钠产品中微量杂质氟的测定

食品添加剂磷酸氢二钠对氟含量有严格的要求，按 HG 2920—2000 的规定，氟含量（以F计）应≤0.005%，工业磷酸氢二钠对氟含量也有一定的要求，按 HG/T 2965—2000 的规定，氟含量（以F计）应≤0.05%。按 HG 2920—2000 中规定的方法，氟的测定以氟离子选择性电极为指示电极、饱和甘汞电极为参比电极，用标准曲线法进行测定。通过本实验，了解氟离子选择电极的结构及用酸度计测定电位的方法，学习并掌握用标准曲线法测定化工产品氟含量的原理和方法。

【实验提要】

本实验属于电位分析法，用标准曲线法和标准加入法测定磷酸氢二钠产品中微量杂质氟，测定原理请参阅实验 7-17。

【仪器、材料和试剂】

1. 仪器和材料

pHS-2 型精密酸度计，pF-1 或 pF-2 型氟电极，233 或 222 型甘汞电极，电磁搅拌器，分析天平，100mL 容量瓶，5mL 移液管，10mL 移液管，10mL 吸量管。

2. 试剂

0.400mol·L^{-1} F^-标准贮备液，总离子强度调节剂 [TISAB 溶液：于 1000mL 烧杯中，分别加入 500mL 去离子水、57mL 冰醋酸、58g 氯化钠、12g 柠檬酸钠（$Na_3C_6H_5O_7 \cdot 2H_2O$），搅拌至溶解。将烧杯放在冷水浴中，缓缓加入 6mol·L^{-1} NaOH 溶液，直至 pH 在 5.0～5.5（约需 125mL，用酸度计测量 pH 值），冷至室温后转入 1000mL 容量瓶中，用去离子水稀释至刻度，摇匀]。

【实验前应准备的工作】

1. 阅读《基础化学实验（上）》p.51～p.53，熟悉 pHS-2 型酸度计测定电动势的方法。

2. 用氟离子选择性电极测定F^-的过程中所使用的总离子强度调节剂（TISAB 溶液）包括哪些组分？各组分的作用是什么？

3. 用氟离子选择性电极测定F^-的溶液应满足哪些要求？

4. 根据本实验内容 3 和 5，推导产品中氟含量（以F计）的计算公式。

【实验内容】

1. 准备工作

将氟离子选择性电极和饱和甘汞电极接头分别插入指示电极插口和甘汞电极接线柱加以固定，调整电极高度，使固定在电极夹上的电极下端插入去离子水中，搅拌清洗电极（其间要更换几次去离子水），直至电极的空白电位值在 300mV 左右。

2. 氟的系列标准溶液的配制

吸取 25.00mL 0.400mol·L^{-1}氟标准溶液于 100mL 容量瓶中，加入 10.0mLTISAB 溶液，用去离子水稀释至刻度，得 pF=1.000 氟标准待测溶液。

用逐级稀释法再依次分别配制 pF=2.000，3.000，4.000，5.000 氟标准待测溶液，但逐级稀释时 TISAB 溶液的加入量只需 9.00mL。

3. 产品待测溶液的配制

快速准确称取产品约 10g（精确至±0.2mg）于 100mL 干燥烧杯中，加入 6mL 2mol·L^{-1} HCl 溶液、10.0mLTISAB 溶液及适量去离子水，搅拌，溶解后定量转入 100mL 容量瓶中，用去离子水稀释至刻度，摇匀，得产品待测溶液。

4. 标准曲线的绘制

将氟的系列标准溶液由稀到浓依次转入 50mL 烧杯中，分别测定各标准溶液工作电池的电动势，在普通坐标纸上作出 E-pF 标准工作曲线。

5. 产品待测溶液的测定

用去离子水清洗电极系统直至空白值。将产品待测溶液全部倒入 100mL 烧杯中（尽可能倒尽），测定产品待测溶液工作电池的电动势 E_1，然后加入 1.00mL pF=1 的标准溶液，再测定电动势 E_2。由 E_1，用标准曲线法求得待测溶液中 F 离子的浓度；由 E_1 和 E_2，用标准加入法求得待测溶液中 F 离子的浓度（斜率可以根据标准曲线求得）；进而分别计算产品中氟的质量分数（以 F 计）。见表 8-16。

表 8-16　氟的系列标准溶液和试液工作电池的电动势

编　号	1	2	3	4	5	E_1	E_2
pF	1.00	2.00	3.00	4.00	5.00		
E/mV							

【思考与讨论】

1. 在用氟离子选择性电极测定 F^- 浓度时，为什么要按从稀到浓的次序进行？

2. 用氟离子选择性电极测定工业废水中氟时，若废水偏酸性（$[H^+]\approx 0.1mol\cdot L^{-1}$）或偏碱性（$[OH^-]\approx 0.1mol\cdot L^{-1}$），应该如何准备待测溶液？

3. 根据室温计算氟离子选择性电极的理论斜率，再根据本实验中自己测定的有关实验数据，计算氟离子选择性电极的实际斜率。

4. 从理论上讲，标准曲线法和标准加入法的结果是否应该一致？试结合实验结果加以讨论。

实验 8-7　$Ni(NH_3)_xCl_y$ 的制备与组成测定

配合物的制备是无机合成的重要组成部分。制备各种新的配合物，不但可为国民经济和国防建设提供新的材料，而且可为合成化学和理论化学提供新的实验依据，因此它是无机合成化学重要的前沿阵地。配合物分为经典的沃纳（Werner）配合物和包括金属羰基配合物在内的金属有机配合物两大类。第一类配合物通常具有盐类性质，易溶于水，是研究较多的配合物；第二类配合物通常是共价性的化合物，一般能溶于非极性溶剂，具有较低的熔点和沸点，是近代无机合成发展非常迅速而重要的领域之一。配合物的种类和数目巨大，制备方法繁多，很难总结出一个模式。通常对于合成某一特定的配合物，首先是寻找高产率的反应，其次是找出简便而有效的分离提纯手段，最后是用合适的分析方法确定配合物的组成。这里仅就 $Ni(NH_3)_xCl_y$（第一类配合物）的制备和组成测定进行讨论。

【实验提要】

1. $Ni(NH_3)_xCl_y$ 的制备

镍与盐酸或硫酸作用缓慢，但溶于硝酸。将金属镍用浓硝酸溶解，使镍以硝酸盐形式转入溶液：

$$Ni+4HNO_3 \longrightarrow Ni(NO_3)_2+2NO_2\uparrow+2H_2O$$

硝酸镍属强电解质，在水溶液中完全电离。因绝大多数金属离子在水溶液中都以水合配离子的形式存在，即在水溶液中镍不是以 Ni^{2+} 而是以 $Ni(H_2O)_x^{2+}$ 的形式存在。配位的水分子可被其他配体，例如 NH_3 分子所取代，形成更稳定的配离子。所以，在上述溶液中缓慢加入适量浓氨水即可生成 $Ni(NH_3)_x^{2+}$。在氨性介质中并且在冷却条件下，可结晶出配合物 $Ni(NH_3)_x(NO_3)_2$。

将上述配合物溶于适量 HCl 溶液中，于冷却条件下缓慢加入 $NH_3\cdot H_2O$-NH_4Cl 混合液，即可制取 $Ni(NH_3)_xCl_y$。加入 $NH_3\cdot H_2O$-NH_4Cl 混合液的目的是因为 $Ni(NH_3)_x^{2+}$ 和氨水为弱电解质，在水溶液中存在下列平衡：

$$Ni(NH_3)_x^{2+} \rightleftharpoons Ni^{2+}+xNH_3$$

$$NH_3\cdot H_2O \rightleftharpoons NH_4^++OH^-$$

所以，加入过量氨水可使 $Ni(NH_3)_x^{2+}$ 的配位平衡向左移动；加入在水溶液中能完全解离的 NH_4Cl，由同离子效应可知，其可降低 $NH_3\cdot H_2O$ 的解离度，进而降低 $Ni(NH_3)_x^{2+}$ 的解离度。此外，因溶液中 Cl^- 浓度增大，亦因同离子效应，使 $[Ni(NH_3)_x^{2+}][Cl^-]>K^{\ominus}_{sp[Ni(NH_3)_xCl_y]}$，有利于平衡向着生成 $Ni(NH_3)_xCl_y$ 沉淀方向移动。即加入 $NH_3\cdot H_2O$-NH_4Cl 混合液后，有利于提高所制备的 $Ni(NH_3)_xCl_y$ 的产率。

2. $Ni(NH_3)_xCl_y$ 组成的测定

为确定配合物 $Ni(NH_3)_xCl_y$ 中的 x 和 y，就需要分别测定其中 Ni^{2+}、NH_3 和 Cl^- 的含量（%，质量分数），并换算成在 100g 样品中的质量 m，按下式计算：

$$x=n_{NH_3}:n_{Ni^{2+}}=\frac{m_{NH_3}}{17.03}:\frac{m_{Ni^{2+}}}{58.69}$$

$$y=n_{Cl^-}:n_{Ni^{2+}}=\frac{m_{Cl^-}}{35.45}:\frac{m_{Ni^{2+}}}{58.69}$$

欲确定该配合物的化学式，还需测定配离子的电荷数。

(1) Ni^{2+} 含量的测定　Ni^{2+} 能与 EDTA 形成稳定的 1∶1 配合物，$\lg K_{稳}$ 为 18.60，故可以用 EDTA 标准溶液直接滴定 $Ni(NH_3)_xCl_y$ 中的 Ni^{2+} 含量。由 EDTA 酸效应曲线可知，滴定 Ni^{2+} 允许的最小 pH 为 3.0，若不加缓冲溶液，则 Ni^{2+} 与 EDTA 反应释放出的 H^+ 会使体系的酸度随滴定的进行而升高。而酸度对配合物的稳定性影响很大，一般情况下，pH 值愈大，条件稳定常数愈大，配合物愈稳定，滴定曲线的化学计量点附近 pH 突跃愈长，终点误差愈小。Ni^{2+} 与 EDTA 形成的配合物在 pH=10 附近条件稳定常数最大，但在该酸度下 Ni^{2+} 将水解，为防止其水解，可加入适当的辅助配位体，例如氨水。当然，由于辅助配位体的引入，会使条件稳定常数有所下降。所以，在该滴定中，加入 pH=10 的 $NH_3\cdot H_2O$-NH_4Cl 缓冲溶液，既可保持被测体系有较高的 pH 值并维持不变，又可防止 Ni^{2+} 水解。另外，配位滴定所用的许多金属指示剂，不仅具有配位体的性质，而且本身常是多元弱酸或多元弱碱，能随溶液 pH 值变化而显示不同的颜色，所以，为使终点由金属离子与指示剂形成的配合物的颜色变成游离指示剂的颜色，以使颜色变化显著，也需要被测体系的 pH 值在滴定过程中维持不变。

(2) NH_3 含量的测定　许多配体如 F^-、CN^-、SCN^- 和 NH_3 以及有机酸根离子都能与 H^+ 结合，形成难离解的弱酸，如 NH_3 与 H^+ 结合形成 NH_4^+。因此，H^+ 在溶液中可与金属离子争夺配体，造成配位平衡与酸碱平衡的相互竞争。

利用这种配体的酸效应，增大溶液的酸度可使溶液中 $Ni(NH_3)_x^{2+}$ 配离子的稳定性降低而被破坏：

$$Ni(NH_3)_x^{2+} + xH^+ \longrightarrow Ni^{2+} + xNH_4^+$$

过量的酸以甲基红作指示剂，用 NaOH 溶液滴定。另以相同浓度的 NaOH 溶液滴定这过量的酸和用于解离 $Ni(NH_3)_x^{2+}$ 所消耗的酸。由这两者消耗碱量的差值计算 xH^+ 的量，进而计算 $Ni(NH_3)_xCl_y$ 中 NH_3 的含量。

(3) Cl^- 含量的测定　分析常量 Cl^- 有多种方法，这里介绍常用的 2 种方法：一是莫尔法；二是电位滴定法。

① 莫尔（Mohr）法　某些可溶性氯化物中氯含量的测定可采用莫尔法。此方法是在中性或弱碱性溶液中，以 K_2CrO_4 为指示剂，用 $AgNO_3$ 标准溶液进行滴定。由于 AgCl 沉淀的溶解度比 Ag_2CrO_4 小，因此，溶液中首先析出 AgCl 沉淀，当 AgCl 定量沉淀后，过量一滴 $AgNO_3$ 溶液即与 CrO_4^{2-} 生成砖红色 Ag_2CrO_4 沉淀，指示达到终点。主要反应式如下：

$$Ag^+ + Cl^- \longrightarrow AgCl\downarrow(白) \qquad K_{sp}^{\ominus}=1.8\times10^{-10}$$

$$2Ag^+ + CrO_4^{2-} \longrightarrow Ag_2CrO_4\downarrow(砖红) \qquad K_{sp}^{\ominus}=2.0\times10^{-12}$$

滴定最适宜的 pH 范围为 6.5～10.5，当有铵盐存在时，溶液的 pH 值需控制在 6.5～7.2。指示剂的用量对滴定有影响，必须定量加入，在滴定液中的浓度以 $5\times10^{-3}\ mol\cdot L^{-1}$ 左右为宜。

② 电位滴定法　如果被测试样较浑浊或带有颜色，则靠指示剂的颜色变化来确定终点就有困难。而用电位滴定法就能克服这一困难。用 $AgNO_3$ 溶液滴定 Cl^- 时，发生下列反应：

$$Ag^+ + Cl^- \Longrightarrow AgCl\downarrow(白)$$

电位滴定时可选用对 Cl^- 或 Ag^+ 有响应的电极作指示电极。这里以银电极作指示电极，带硝酸钾盐桥的饱和甘汞电极作参比电极。由于银电极的电位与银离子浓度有关，在 25℃时为

$$\varphi_{Ag^+/Ag}=\varphi^{\ominus}_{Ag^+/Ag}+0.0591\lg\ [Ag^+]$$

随着滴定的进行，Ag^+ 浓度逐渐改变，原电池的电动势亦随之变化：

$$E=\varphi_{Ag^+/Ag}-\varphi_{甘}=\varphi^{\ominus}_{Ag^+/Ag}-\varphi_{甘}+0.0591\lg[Ag^+]$$

所以终点前后，电动势会发生突跃式变化。

滴定终点可由电位滴定曲线（原电池的电动势 E 对滴定剂体积 V 作图）来确定，也可以用二次微商曲线法求得。二次微商曲线法是一种不经绘图手续，通过简单计算即可求得终点的方法，结果比较准确。这种方法是基于在滴定终点时，二次微商值等于零，其数学表达式如下：

$$\frac{\Delta^2E}{\Delta V^2}=\frac{\left(\frac{E_3-E_2}{V_3-V_2}\right)-\left(\frac{E_2-E_1}{V_2-V_1}\right)}{\frac{(V_3-V_2)+(V_2-V_1)}{2}}=\frac{\left(\frac{\Delta E}{\Delta V}\right)_2-\left(\frac{\Delta E}{\Delta V}\right)_1}{\Delta V}=0$$

式中，E_2 和 V_2 分别为终点时的电动势和滴定剂滴入的体积；E_1、E_3、V_1 和 V_3 分别为终点附近前后点的电动势及所对应的滴定剂的滴入体积；在终点附近时，加入的 ΔV 为等量。

为更好理解这种方法，表 8-17 列出了一组滴定终点附近的数据，由此求出滴定终点时

滴定剂滴入的体积 V_{ep}。

表 8-17　电位滴定终点附近数据

滴定剂体积 V/mL	电动势 E/V	ΔE/V	ΔV	$\frac{\Delta E}{\Delta V}$	$\frac{\Delta^2 E}{\Delta V^2}$
24.10	0.183				
24.20	0.194	0.011	0.10	0.11	
					+2.8
24.30	0.233	0.039	0.10	0.39	
					+4.4
24.40	0.316	0.083	0.10	0.83	
					−5.9
24.50	0.340	0.024	0.10	0.24	
					−1.3
24.60	0.351	0.011	0.10	0.11	

从表 8-17 中$\frac{\Delta^2 E}{\Delta V^2}$的数据可知，滴定终点在 24.30～24.40mL 之间，由内插法计算$\frac{\Delta^2 E}{\Delta V^2}=0$ 时滴定剂消耗的体积 V_{ep}，即：

$$\frac{24.40-24.30}{-5.9-4.4}=\frac{V_{ep}-24.30}{0-4.4}$$

$$或\frac{24.40-24.30}{-5.9-4.4}=\frac{24.40-V_{ep}}{-5.9-0}$$

$$V_{ep}=24.30+(24.40-24.30)\times\frac{4.4-0}{4.4+5.9}=24.34\ (\text{mL})$$

(4) 配合物电离类型　测定配合物电离类型的常用方法有离子交换法和电导法，这里介绍电导法。

电导是电阻的倒数，用 G 表示，单位 Ω^{-1}。溶液的电导是该溶液传导电流能力的量度。在电导池中，电导 G 的大小与两电极之间的距离 l 成反比，与电极的面积 A 成正比，即：

$$G=\kappa\frac{A}{l}$$

式中，κ 称为电导率，即 l 为 1cm、A 为 1cm^2 时溶液的电导，单位为 $\Omega^{-1}\cdot\text{cm}^{-1}$，也就是 1cm^3 溶液中所含的离子数和该离子的迁移速度所决定的溶液的导电能力。因此，电导率 κ 与电导池的结构无关。

电解质溶液的电导率 κ 随溶液离子的数目不同而变化，即溶液的浓度不同而变化。因此，通常用摩尔电导率 Λ_m 来衡量电解质溶液的导电能力，其定义为 1mol 电解质溶液置于相距为 1cm 的两电极间的电导，摩尔电导率与电导率之间有如下关系：

$$\Lambda_m=\frac{\kappa}{c}$$

式中，c 为电解质溶液的物质的量浓度，单位为 $\text{mol}\cdot\text{dm}^{-3}$($\text{mol}\cdot\text{L}^{-1}$)。

对能全部电离的配合物，它的电离类型与摩尔电导率 Λ_m 之间有比较简单的关系。例如，对解离为配离子和一价离子的配合物，在 25℃时，测定浓度为 $1.00\times10^{-3}\text{mol}\cdot\text{L}^{-1}$ 配合物溶液的摩尔电导率，其实验规律见表 8-18。

表 8-18　摩尔电导率与离子数的关系

离子数	2	3	4	5
摩尔电导率/$\text{cm}^2\cdot\Omega^{-1}\cdot\text{mol}^{-1}$	118～131	235～273	408～435	523～560

实验 8-7-1 $Ni(NH_3)_xCl_y$ 的制备及其中 Ni^{2+} 含量的测定

【仪器、材料和试剂】

1. 仪器和材料

分析天平，台秤，电炉，循环水真空泵，布氏漏斗和抽滤瓶，滴定台，酸式滴定管，锥形瓶（100mL，250mL），烧杯（50mL，100mL），称量纸，量筒（10mL，50mL，100mL），试剂瓶，冰盐浴，干燥器，称量瓶（保存样品用）。

2. 试剂

纯 Ni 粉，浓 HNO_3，浓 $NH_3 \cdot H_2O$，6mol·L^{-1} HCl，$NH_3 \cdot H_2O$-NH_4Cl 混合液（100mL 浓 $NH_3 \cdot H_2O$ 中加 30gNH_4Cl），pH＝10 $NH_3 \cdot H_2O$-NH_4Cl 缓冲液，0.05mol·L^{-1} EDTA，紫脲酸铵（按 1∶500 与干燥的 NaCl 混合、研磨），乙醇，乙醚。

【实验前应准备的工作】

1. 溶解金属镍时为什么不用盐酸，以便直接制取 $Ni(H_2O)_xCl_y$？而要用硝酸？

2. 由 $Ni(NH_3)_x(NO_3)_2$ 制备 $Ni(NH_3)_xCl_y$ 中，需加入 $NH_3 \cdot H_2O$-NH_4Cl 混合液，这里 NH_3 和 NH_4Cl 各起什么作用？

3. 制备出 $Ni(NH_3)_xCl_y$ 粗品后，依次用浓氨水、乙醇、乙醚洗涤的目的是什么？

4. 在过滤沉淀物时，为什么要减压过滤，而不是常压过滤？

5. 按下述实验内容中步骤标定 0.5mol·L^{-1} EDTA 溶液，若使 EDTA 溶液的消耗量在 20～30mL，则镍粉的称样量是多少？

6. 用配位滴定法测定 Ni^{2+}，为什么要加入 pH＝10 的 $NH_3 \cdot H_2O$-NH_4Cl 缓冲溶液？

7. 本实验中为什么选用紫脲酸铵作金属离子指示剂，而不用更常见的铬黑 T 作指示剂？

【实验内容】

1. $Ni(NH_3)_xCl_y$ 的制备

将 1.5g 镍粉置于 100mL 锥形瓶中（注意不要使镍粉沾到侧壁上），分批加入 7mL 浓 HNO_3，小火或水浴加热（在通风橱内进行），视反应情况再补加 2mL 浓 HNO_3。待镍粉近于全部溶解后，用倾泻法将溶液转移至另一 50mL 烧杯中，在冰盐浴中冷却。慢慢加入 10mL 浓氨水至沉淀完全（此时溶液的绿色变得很淡）。减压过滤，用 2mL 冷却过的浓氨水洗涤沉淀 3 次。

将所得的潮湿沉淀溶于 10mL6mol·L^{-1} HCl 溶液中，用冰盐浴冷却，慢慢加入 30mL$NH_3 \cdot H_2O$-NH_4Cl 混合液。减压过滤，依次用少量浓氨水、乙醇、乙醚洗涤沉淀，用滤纸吸干称量后置于干燥器中保存待用[1]。

2. $Ni(NH_3)_xCl_y$ 中 Ni^{2+} 的测定

（1）0.05mol·L^{-1} EDTA 溶液的标定　采用直接称样法准确称取适量镍粉，置于 150mL 锥形瓶中，分批加入 4mL 浓 HNO_3，小火或水浴加热（在通风橱内进行）至镍粉全部溶解，蒸发除去氮氧化物，冷却。加蒸馏水 50mL 溶解盐类，然后转移至 250mL 容量瓶中，用蒸馏水稀释至刻度，摇匀。

用移液管吸取上述 Ni^{2+} 标准溶液 25.00mL 置于 250mL 锥形瓶中，加入 25mL 蒸馏水和 15mL pH＝10 的 $NH_3 \cdot H_2O$-NH_4Cl 缓冲溶液，加适量紫脲酸铵指示剂[2]，用 EDTA 溶液

---

[1] $Ni(NH_3)_xCl_y$ 在自然条件下不稳定，易吸收空气中水分而水解，生成 $Ni(OH)_2$。

[2] 紫脲酸铵（MX）可配制为 1% 的水溶液，但其在水溶液中极不稳定，只能用 1～2 天，所以一般用干燥氯化钠作稀释剂按 1∶500 的比例研磨配制，在干燥条件下可长期使用。

滴定至溶液由暗黄变为橙色，直至突变为亮紫红色为终点❶。近终点时滴定速度要缓慢并摇动。平行滴定 2 份。

(2) $Ni(NH_3)_xCl_y$ 中 Ni^{2+} 含量的测定　准确称取 0.25～0.30g 产品 2 份，分别用 50mL 蒸馏水溶解，加入 15mLpH＝10 的 $NH_3 \cdot H_2O$-NH_4Cl 缓冲溶液，加入适量紫脲酸铵指示剂，用 $0.05mol \cdot L^{-1}$EDTA 标准溶液滴定至溶液由暗黄色变为亮紫红色为终点。根据实验结果计算 $Ni(NH_3)_xCl_y$ 中 Ni^{2+} 的含量，并将其换算成质量 $m_{Ni^{2+}}$。

【思考与讨论】

1. 提高制备 $Ni(NH_3)_xCl_y$ 产量的关键是什么？
2. 在合成的最后一步能否用蒸干溶液的办法来提高产量？为什么？
3. 本实验为什么用纯金属镍标定 EDTA 溶液？
4. 配合滴定法与酸碱滴定法相比，有哪些不同？
5. 还有哪些方法可以测定 Ni^{2+} 的含量？

实验 8-7-2　$Ni(NH_3)_xCl_y$ 中 NH_3 和 Cl^- 含量的测定

【仪器、材料和试剂】

1. 仪器和材料

分析天平，台秤，电炉，滴定台，酸式滴定管，碱式滴定管，250mL 锥形瓶，量筒(10mL，100mL)，25mL 移液管，1mL 或 2mL 吸量管。

2. 试剂

$0.5mol \cdot L^{-1}$ NaOH，邻苯二甲酸氢钾 (s)，$0.5mol \cdot L^{-1}$ HCl，0.2%酚酞乙醇溶液，0.1%甲基红乙醇溶液，5% K_2CrO_4，NaCl (s)，$0.1mol \cdot L^{-1}$ $AgNO_3$，$6mol \cdot L^{-1}$ HNO_3，$2mol \cdot L^{-1}$ NaOH，pH 试纸。

【实验前应准备的工作】

1. 测定 $Ni(NH_3)_xCl_y$ 中 NH_3 含量时，为什么不能用酸标准溶液直接滴定，而要采用本实验所述的两次滴定？试导出计算 NH_3 含量的公式。

2. 用邻苯二甲酸氢钾作基准物标定 $0.5mol \cdot L^{-1}$ NaOH 的溶液时，若使 NaOH 溶液的消耗量在 20～30mL，则每次应称取邻苯二甲酸氢钾基准物多少克？

3. 用邻苯二甲酸氢钾标定 NaOH 时，为什么用酚酞而不用甲基红作指示剂？若邻苯二甲酸氢钾中含有少量邻苯二甲酸，对 NaOH 溶液标定结果有什么影响？为什么？

4. 用于标定的锥形瓶，其内壁是否要预先干燥？为什么？

5. 从 Ag_2CrO_4 的 $K_{sp}^{\ominus}=1.1\times10^{-12}$ 和 AgCl 的 $K_{sp}^{\ominus}=1.8\times10^{-10}$ 看，用 $AgNO_3$ 标准溶液滴定 Cl^-（以 K_2CrO_4 作指示剂），似乎首先析出 Ag_2CrO_4 沉淀，但结果是首先析出 AgCl 沉淀，这是为什么？请计算说明。

6. 按下述实验内容中步骤标定 $0.1mol \cdot L^{-1}$ $AgNO_3$ 溶液，若使 $AgNO_3$ 溶液的消耗量在 20～30mL，则基准物 NaCl 的称样量是多少？

7. 请先计算用 $AgNO_3$ 溶液滴定 Cl^- 到终点时所需 CrO_4^{2-} 的浓度，进而说明为什么要适量加入 K_2CrO_4 指示剂，其过多或过少对滴定结果有什么影响？

8. 用莫尔法测定 $Ni(NH_3)_xCl_y$ 中的 Cl^- 含量时，为什么要将溶液的 pH 值控制在 6～7？酸度过高或过低对测定有什么影响？

---

❶ 若配位反应缓慢，可适当小火加热。

【实验内容】

1. $Ni(NH_3)_xCl_y$ 中 NH_3 含量的测定

(1) 0.5mol·L^{-1}NaOH 溶液的标定　用差减法在分析天平上准确称取邻苯二甲酸氢钾于250mL 锥形瓶中，用 50mL 煮沸后刚刚冷却的蒸馏水使之溶解，加入 2 滴酚酞指示剂，用 NaOH 溶液滴定至呈微红色并在 30s 内不退，即为终点。平行测定 2 份。

(2) $Ni(NH_3)_xCl_y$ 中 NH_3 含量的测定　准确称取 0.2～0.25g 产品 2 份于 250mL 锥形瓶中，分别加入 25.00mL0.5mol·L^{-1}HCl 溶解，以甲基红作指示剂，用 0.5mol·L^{-1}NaOH 标准溶液滴定至溶液由红色恰变为黄绿色即为终点。分别取 2 份 25.00mL 上述所用的 HCl 溶液，以甲基红作指示剂，用同浓度的 NaOH 标准溶液滴定。

根据上次滴定数据，计算 $Ni(NH_3)_xCl_y$ 中 NH_3 的含量，并将其换算成质量 m_{NH_3}。

2. $Ni(NH_3)_xCl_y$ 中 Cl^- 含量的测定

(1) 0.1mol·L^{-1}$AgNO_3$ 溶液的标定　准确称取所需 NaCl 基准试剂于 50mL 或 100mL 烧杯中，用 20～30mL 蒸馏水溶解，定量转入 250mL 容量瓶中，加蒸馏水稀释至刻度，摇匀，得 NaCl 标准溶液。移取 25.00mLNaCl 标准溶液于 250mL 锥形瓶中，加入 25mL 蒸馏水、1mL5%K_2CrO_4 溶液，在不断摇动下用 $AgNO_3$ 溶液滴定至白色沉淀中出现砖红色即为终点，平行测定 2 份。

(2) $Ni(NH_3)_xCl_y$ 中 Cl^- 含量的测定　准确称取 0.25～0.30g 产品 2 份，分别用 25mL 蒸馏水溶解后，加入 3mL6mol·L^{-1} HNO_3 溶液，用 2mol·L^{-1} NaOH 溶液将试液的 pH 值调至 6～7。

加入 1mL5%K_2CrO_4 溶液，在不断摇动下用 0.1mol·L^{-1} $AgNO_3$ 标准溶液滴定至刚好出现浅红色浑浊即为终点。

根据滴定数据，计算 $Ni(NH_3)_xCl_y$ 中 Cl^- 的含量，并将其换算成质量 m_{Cl^-}。

实验完毕，将装 $AgNO_3$ 标准溶液的滴定管先用蒸馏水冲洗 2～3 次，再用自来水洗净，以免 AgCl 残留于管内。

【思考与讨论】

1. 若样品为 NH_4Cl 或 NH_4NO_3，能否用本酸碱滴定法测定其 NH_4^+ 含量？为什么？

2. 若 NaOH 标准溶液在保存过程中吸收了空气中的 CO_2，则对滴定结果有何影响？

3. 如果用未干燥的 NaCl 标定 $AgNO_3$ 溶液，将产生什么影响？

4. 将沉淀滴定法指示剂用量与酸碱滴定及配合滴定指示剂用量作比较，说明其差别的原因。

5. 测定样品中 Cl^- 时，是先用 HNO_3 溶液酸化溶液，能否用 HCl 溶液酸化？为什么？

实验 8-7-3　电位滴定法测定 $Ni(NH_3)_xCl_y$ 中 Cl^- 含量

【仪器、材料和试剂】

1. 仪器和材料

pHS-2 型精密酸度计，银电极，双盐桥饱和甘汞电极，电极转接线，电磁搅拌器，搅拌子，分析天平，滴定台，碱式滴定管，250mL 容量瓶，25mL 移液管，烧杯（50mL，100mL），量筒（50mL 或 100mL）。

2. 试剂

NaCl(s)，0.01mol·L^{-1}$AgNO_3$，2mol·L^{-1}HNO_3，1%酚酞乙醇溶液，1mol·L^{-1}$NH_3·H_2O$。

【实验前应准备的工作】

1. 以 $AgNO_3$ 标准溶液为滴定剂，银电极和饱和甘汞电极分别作指示电极和参比电极，

由电位法测定 Cl^-，则在滴定终点时银电极的理论电位和原电池的电动势分别是多少？

2. 参比电极采用双盐桥饱和甘汞电极而不是普通的饱和甘汞电极，这是为什么？外盐桥中充 $1mol \cdot L^{-1} KNO_3$ 溶液的作用是什么？

3. 按下述实验内容中步骤标定 $0.01mol \cdot L^{-1} AgNO_3$ 溶液，若使 $AgNO_3$ 溶液的消耗量在 20～30mL，则基准试剂 NaCl 的称样量是多少？

【实验内容】

1. $0.01mol \cdot L^{-1} AgNO_3$ 溶液的标定

滴定池的安装见图 8-4。银电极接酸度计的正端，饱和甘汞电极接负端，外盐桥玻璃管内装入$\frac{1}{2}$～$\frac{1}{3}$体积的 $1mol \cdot L^{-1} KNO_3$ 溶液，并用橡皮筋将其固定在饱和甘汞电极上，然后将两电极固定在电极架上。测量时酸度计的选择项旋钮置于"＋mV"位置。

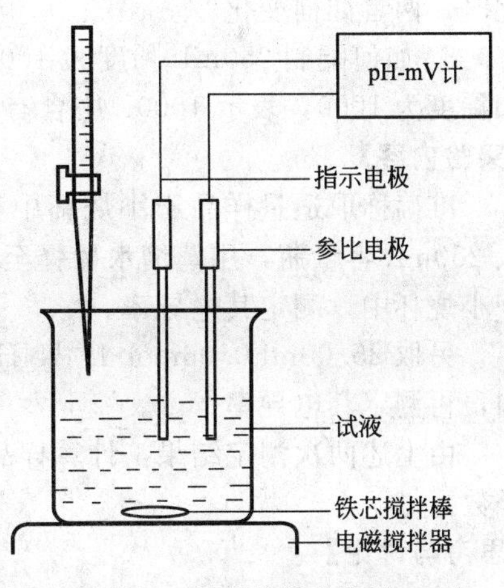

图 8-4　电位滴定装置

准确称取所需 NaCl 基准试剂于烧杯中，用少量蒸馏水溶解，定量转入 250mL 容量瓶，用蒸馏水稀释至刻度，摇匀，得 NaCl 标准溶液。移取 25.00mLNaCl 标准溶液于 100mL 烧杯中，加入 25mL 蒸馏水。将此烧杯放在磁力搅拌器上，放入搅拌子，然后将清洗后的银电极和双盐桥饱和甘汞电极插入溶液，搅拌（注意！勿使电极与搅拌子相碰）。测定溶液体系的平衡电位。由滴定管加入一定体积的 $AgNO_3$ 溶液，待电位稳定后，读取滴定体积和电动势值。在远离终点时，每次滴加 $AgNO_3$ 溶液的体积应多一些如 5mL，但在接近终点时应采取分小步等量加入的办法，如每次加入 0.10mL，这样有利于滴定终点的计算。滴定到终点后还应继续滴定几点。平行滴定 2 次，每次滴定后，电极、搅拌子和烧杯依次用氨水、蒸馏水淋洗。

2. $Ni(NH_3)_xCl_y$ 中 Cl^- 含量的测定

准确称取 0.25～0.30g 样品于烧杯中，用 25mL 蒸馏水溶解，加入 1 滴酚酞溶液，滴加 $2mol \cdot L^{-1} HNO_3$ 至溶液由紫红色变为浅绿色（此时 pH 约为 3），定量转入 250mL 容量瓶，用蒸馏水稀释至刻度，摇匀，得样品待测溶液（试液）。移取 25.00mL 试液于 100mL 烧杯中，加入 25mL 蒸馏水，测试操作同 1. 法。

根据滴定数据，计算 $Ni(NH_3)_xCl_y$ 中 Cl^- 的含量，并将其换算成质量 m_{Cl^-}。

实验完毕，将装 $AgNO_3$ 标准溶液的滴定管先用蒸馏水洗 2～3 次，再用自来水洗净，以免 AgCl 残留于管内。另外，每次滴定后，依次用氨水、蒸馏水洗涤电极、搅拌子和烧杯。

【思考与讨论】

1. 试写出测量电池的表示式。

2. 终点时，电动势的理论值和实验值各是多少？若两者有差异，这是为什么？

3. 如果用 Cl^- 来滴定 Ag^+，则滴定曲线如何变化？为什么？

4. 本实验的滴定操作应注意哪些问题？

实验 8-7-4　电离类型的测定（电导法）

【仪器、材料和试剂】

1. 仪器和材料

DDS-11A 电导率仪，分析天平，250mL 容量瓶（2 只），25mL 移液管。

2. 试剂

0.06mol·L^{-1} NH_4Cl。

【实验前应准备的工作】

1. 在一配合物合成之后，怎样才能确定该配合物的化学式？

2. 电导仪测定的值是电导率还是摩尔电导率？两电导率之间的关系，在溶液的浓度变化时，两者如何变化？

3. 如何配制 250mL 稀度为 1000 的 $Ni(NH_3)_xCl_y$ 溶液（所谓稀度即溶质的稀释程度，如稀度为 1000，表示 1000L 中含有 1mol 溶质）？

【实验内容】

准确称取适量样品于小烧杯中，加入 25.00mL0.06mol·L^{-1} NH_4Cl 溶液溶解，定量转入 250mL 容量瓶，用蒸馏水稀释至刻度，摇匀，配成稀度为 1000±50 的试液。取适量试液于小烧杯中，测定其电导率。

另取 25.00mL0.06mol·L^{-1} NH_4Cl 溶液于 250mL 容量瓶中，用蒸馏水稀释至刻度，摇匀，再测定其电导率。

由上述两次测定结果，计算样品在水溶液中的摩尔电导率，并确定样品在水溶液中的离子数。

【思考与讨论】

1. 若 $Ni(NH_3)_xCl_y$ 溶液的稀度为 500，则其摩尔电导率是否与稀度为 1000 的相同？为什么？

2. 溶液的电导率是溶液中阳离子或阴离子，还是两种离子共同产生的？为什么？

3. NH_4Cl 在本实验中起什么作用？为什么要定量加入？计算样品在水溶液中的摩尔电导率时，是考虑还是扣除其贡献？为什么？

4. 写出该配合物在水溶液中电离的反应式（不加 NH_4Cl）。

实验 8-8 Determination of the Amount of Acid Neutralized by an Antacid Tablet Using Back Titration

[GOAL AND OVERVIEW]

The number of moles acid that can be neutralized by a single tablet of a commercial antacid will be determined by back titration. Antacids are bases that stoichiometrically with acid. To do the experiment, an antacid tablet will be dissolved in a known excess amount of acid. The resulting solution will be acidic because the tablet did not provide enough moles of base to completely neutralize the acid. The solution will be titrated with base of known concentration to determine the amount of acid not neutralized by the tablet. To find the number moles of acid neutralized by the tablet, the number of moles of acid neutralized in the titration is subtracted from the moles of acid in the initial solution.

Objectives of the data analysis:

- Understand standardization of acids and bases by titration
- Perform titration calculations
- Compare theoretical and experimental results

[SUGGESTED REVIEW AND EXTERNAL READING]

- Relevant textbook information on acids and bases

[BACKGROUND]

Acid-base reactions and the acidity (or basicity) of solutions are extremely important in a number of different contexts—industrial, environmental, biological, etc. The quantitative analysis of acidic or basic solutions can be performed by titration.

In a titration, one solution of known concentration is used to determine the concentration of another solution by monitoring the reaction. In this experiment, a base of known molarity (standardized NaOH) will be used to titrate a known volume of acid solution.

Initially, the acid solution contains express H_3O^+ that reacts with OH^- provided by added NaOH solution to form water:

$$H_3O^+ + OH^- = 2H_2O$$

The acidity of the solution will decrease until the equivalence point is reached when the number of moles of acic (H_3O^+) initially present equals the number of moles of bases (OH^-) added in the titration.

moles of H_3O^+ (originally in flask) = moles of OH^- (added during titration)

$$n_{H_3O^+} = n_{OH^-}$$

At the endpoint of the titration, the acid has been neutralized by the base.

Molarity is used to relate the number of moles to the volume of solution.

$$n = VM = L \times \frac{mol}{L}$$

At the equivalence point:

$$V_{H_3O^+} M_{H_3O^+} = n_{H_3O^+} = n_{OH^-} = V_{OH^-} M_{OH^-}$$

or

$$n_{H_3O^+} = V_{OH^-}[OH^-] \qquad (8\text{-}10)$$

In the last step, the number of moles of ($n_{H_3O^+}$) was replaced by the product of two known terms: the concentration (in $mol \cdot L^{-1}$) and the volume (in L) of the added base.

In the healthy stomach, pH is regulated naturally and digestion functions properly when the pH is around 3. However, many people take "antacids" to combat "excess stomach acid". The active ingredients in traditional antacids are all basic compounds that neutralize acidity by providing hydroxide ions either directly or indirectly.

Common ingredients are metal hydroxide, metal carbonate, and metal hydrogen carbonate salts. The hydroxides provide OH^- directly:

$$M(OH)_n \longrightarrow M^{n+} + nOH^-$$

Carbonates provide the carbonate ion, which reacts with water to produce hydroxide ions:

$$CO_3^{2-} + H_2O \longrightarrow HCO_3^- + OH^-$$

Or which reacts directly with hydrogen ions:

$$CO_3^{2-} + H^+ \longrightarrow HCO_3^-$$

The active ingredients in the antacid used in the experiment are listed on the label as 110 mg of $Mg(OH)_2$ and 550mg of $CaCO_3$. The balanced equations for the neutralization of acid with these active ingredients are:

$$Mg(OH)_2 + 2HCl \longrightarrow Mg^{2+} + 2Cl^- + 2H_2O \qquad (8\text{-}11a)$$

$$CaCO_3 + 2HCl \longrightarrow Ca^{2+} + 2Cl^- + CO_2(g) + H_2O \qquad (8\text{-}11b)$$

In most titrations, solutions of the acid and base (s) are used. This in not an option here because $CaCO_3$ is quite insoluble in water. You cannot dissolve $CaCO_3$ in water and titrate with acid until the solution is neutral.

To overcome this problem, the antacid tablet is dissolved in a known amount of excess acid:

$$\text{base}[Mg(OH)_2/CaCO_3]+\text{acid}\longrightarrow\text{neutral}+\text{more acid}\longrightarrow\text{acidic solution}$$

Part of the added acid is neutralized by the antacid tablet. The remaining (excess) acid is titrated to neutral using a measured volume of NaOH solution of known concentration. This is called back titration.

At the equivalence: $n_{acid}=n_{base}$

$$n_{acid}=n_{tablet}+n_{added\ NaOH\ base}$$

So: $n_{tablet}=n_{acid}-n_{added\ NaOH\ base}$

One factor to consider: since the tablet contains a carbonate, the neutralization reaction produces carbon dioxide. Because CO_2 dissolves in water to produce carbonic acid, H_2CO_3, it can cause your result to be off. You will drive off the CO_2 by heating the solution just below boiling for about 5 minutes to alleviate this problem.

At the end of the experiment, because you know the amount of base in each tablet (from the label), you should compare your experimental results to the expected value and discuss any relevant sources of error.

Another factor to consider: acidic and basic solutions are generally colorless. How can you tell when you have reached the endpoint of the titration?

At the endpoint , where the amounts of strong acid (e. g. , H_3O^+) and strong base (e. g. , OH^-) are equal, the pH changes dramatically with addition of more acid or base. Adding a small amount of acid-base indictor makes this point visible.

This indictor is usually an organic dye that behaves as a weak acid or a weak base. The indicator's color depends in whether it is in the dissociated or undissociated form (which depends on the pH of the solution).

Weak acid indicator:

$$HIn\longrightarrow H^+(aq)+In^-$$

HIn is the undissociated (acid) form; In^- in the conjugate base (remains after dissociation); and, H^+ (aq) is synonymous with H_3O^+. HIn had one color and In^- another. The equilibrium constant for this weak acid is:

$$K_a=\frac{[H^+][In^-]}{[HIn]} \tag{8-12}$$

The pH of the solution changes by about 4 pH units around the equivalence point. This means that $[H^+]$ (and $[OH^-]$) changes by 10^4 at that point, so the ratio of the two colored forms of the indicator changes by 10^4. The solution transitions from 100 times as much indicator of one color to 100 times as much indicator of the other color in just a few drops of titrant. The color change occurs precisely at the end point ($n_{H^+}=n_{OH^-}$) .

In order to observe the endpoint of the titration, a drop or two indicator called bromthymol blue (BTB) is added. At the endpoint, BTB changes from yellow (in acid) to a faint blue (in base) . The appearance of the faint blue marks the end point of the titration. Only 1～3 drops of indicator are needed for each titration.

[PRELAB HOMEWORK] **(to be filled out in your bound lab notebook before you perform the experiment)**

Title and date

Define: (1) acid, (2) base, (3) pH, (4) neutral solution, (5) acid-base indicator

Answer:

1. Potassium acid phthalate (KHP) has a single hydrogen ion and a molar mass of 204.33g·mol^{-1}. Suppose 0.500g of KHP is titrated to the endpoint with 15.50mL sodium hydroxide solution of unknown concentration. What is the concentration of the base?

2. Why is back titration necessary in this lab, rather than just titrating the dissolved tablet with acid?

3. If a tablet contains 110mg of $Mg(OH)_2$ and 550mg of $CaCO_3$, how many moles of HCl would theoretically be neutralized? See Eqs. (8-11).

Procedure (Experimental Plan)

Data tables

Note:

You must calculate the following before coming to lab. You will not be allowed to start the experiment without having completed this calculation.

Determine the approximate mass of KHP needed for NaOH standardization. If about 10mL of NaOH with an approximate concentration of 0.5mol·L^{-1} is the desired volume for your titration, how many grams of KHP should be massed out for one trial?

The molar mass of KHP is 204.23g·mol^{-1}, and it has one acidic hydrogen per molecule.

[PROCEDURE]

1) Follow the procedure outlined for buret usage (also in the back of the manual). Be sure your buret is clean and the stopcocks are firmly seated.

Practice (Figure 8-5):

i) Put some water in the buret and practice controlling the stopcock. Do not fill burets on the work-bench. Always keep all chemicals below eye level. This decease the chance of getting chemicals in your eye in the event of a spill.

ii) If you have air bubbles in the buret, gently knock the bottom of the buret to free them so they can rise to the surface.

iii) You will determine the volume of the titrant delivered by subtracting the initial buret reading from the final (volume by difference).

iv) Since this is a practice, your titrant is water. You're just practicing the stopcock control and volume reading. The goal is to get a feel for the buret.

v) Mount the buret on the stand. In real titrations, you would put a white towel or piece of paper over the dark base of the ring stand so the color change of the indicator will be easy to see.

vi) Practice reading the volume (liquid level at the bottom of the meniscus). Take readings to 0.01mL or 0.02mL.

vii) Record the initial volume of water. Add water to a collection flask and real the new volume. Find the volume of water added by difference.

viii) Practice by delivering a milliter, a few drops, and one drop.

2) Set up a 50mL buret with the stock NaOH. It may help you to start with Part 3 be-

cause it takes some time for the solution to heat up and cool.

Part 1. Standardization of NaOH (if necessary)

Determine the concentration of the base, NaOH, by titrating a known mass of the monoprotic acid, KHP, to neutral (the equivalence point).

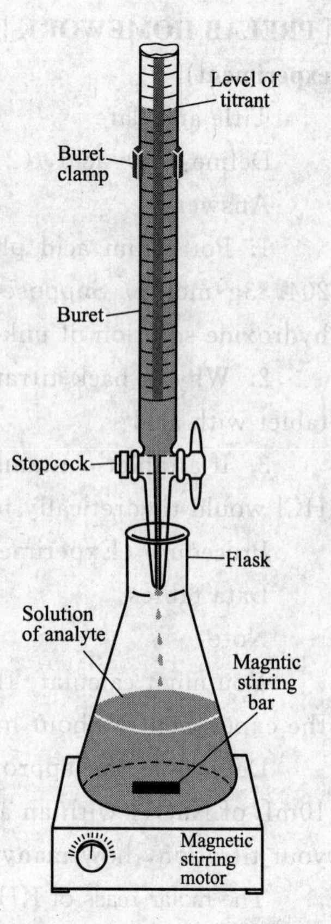

Figure 8-5

1) Precisely weigh out enough potassium acid phthalate (KHP) to make a good titration with the NaOH. For this lab, about10mL of NaOH should be used. The NaOH solution's concentration is about 0.5mol•L^{-1}.

It is part of your prelab assignment to determine the approximate mass of KHP needed for this titration. The molar mass of KHP is 204.23g•mol^{-1}, and it had one acidic hydrogen per molecule.

2) Put this amount of KHP into 50～100mL water in a 250mL titrating flask. It does not need to dissolve completely and you don't need to know how much water in this flask. The KHP is functioning as a strong acid and will dissolve as it is titrated. You can warm the water to aid the dissolution.

3) Use a few drops BTB as indicator in the titration flask.

4) As you turn the stopcock, push it into the barrel so it doesn't loosen and leak.

5) Record the color change at the end point and the volume of NaOH used.

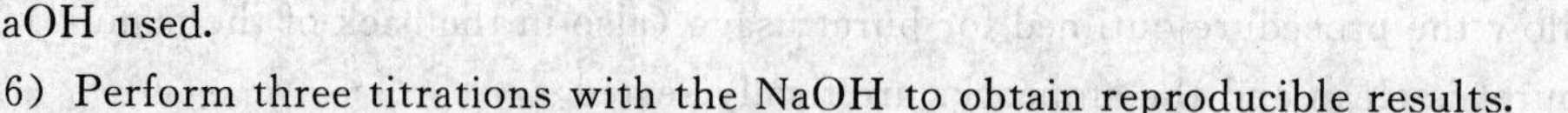

6) Perform three titrations with the NaOH to obtain reproducible results.

Part 2. Standardization of HCl (if necessary)

To determine the precise molarity of the pH solution, titrate it with the NaOH to help the endpoint; use BTB as the indicator unless instructed otherwise.

1) Use a volumetric pipet to transfer 10mL of stock HCl into a 125mL Erlenmeyer flask.

2) Titrate with the standardized NaOH.

3) Record the color change at the end point and the volume of NaOH added.

4) Repeat to be sure you can get reproducible results.

Part 3. Determination of the Amount of Acid Neutralized by an Antacid Tablet

You will first react the antacid tablet with a known amount (volume) of the standardized HCl. Then you will titrate the remaining HCl with the standardized NaOH to determine the amount of acid that was not consumed by the antacid tablet. Please record the molarity of the NaOH and HCl (on the reagent bottles).

1) Rinse all the glassware you will be using.

2) Record the mass of four antacid tablets to the nearest 0.01 g (pan balance). Each tablet will weigh a different amount, so keep track of which tablet is in which flasks (see step 3).

3) Label four 125mL Erlenmeyer flasks.

4) To each flask add about 25mL of distilled water.

5) Using a volumetric pipet, accurately add 25mL of HCl and an anacid tablet. Make sure to record the molarity from the bottle if you did not standardize it.

6) Heat gently to a near boil for about 5 minutes, carefully avoiding splattering.

7) Be sure that the tablets are completely dissolved before you titrate the solutions.

8) Allow the solutions to cool (to touch).

9) Add s few drops of BTB indicator.

10) Record the molarity of the NaOH (if you did not standardize it). Let you first titration be a trial to learn approximately what volume of NaOH is needed to reach the endpoint and to become familiar with the color change at the endpoint.

11) Record the initial volume of NaOH.

12) Add NaOH in about 1mL portions while swirling the solution. Stop between additions to swirl for a moment and observe the color.

13) Record the final volume on the buret when you reach the end point. Save this solution as a reminder of the final color.

14) Accurately titrate the three remaining samples.

15) Dispose of your waste solutions in the waste containers in the back hood. Make sure to neutralize the solution with the sodium bicarbonate. Clean your bench top and rinse your glassware.

[DATA ANALYSIS]

Part 1. Standardization of NaOH

At the end point, the acid and base have neutralized each other, so an equal number of moles acid and base are present:

$$n_{H^+} = n_{OH^-} \tag{8-13}$$

For the NaOH solution: $n_{OH^-} = M_{OH^-} V_{OH^-}$; see Eq. (8-10).

For the solid acid molar mass MM_A: $n_{H^+} = n_{acid} = m_{acid} / MM_{acid}$

This fields:

$$n_{H^+} = n_{OH^-} = m_{acid} / MM_{acid} = M_{OH^-} V_{OH^-} \tag{8-14}$$

Use Eq. (8-14) to find the molarity of NaOH, M_{OH^-}. You have m_{acid}, MM_{acid} and V_{OH^-}.

Part 2. Standardization of Acid Solution.

A volume of acid with a volume of base, so equation (8-13) becomes:

$$M_{H^+} V_{H^+} = M_{OH^-} V_{OH^-} \tag{8-15}$$

You have measured the volumes, and M_{OH^-} was determined in part 1. Solve for M_{HCl}.

Determine molarities (M_{H^+}) for each good titration and combine these to find average M_{HCl}.

Part 3. Determination of the amount of acid neutralized by an antacid tablet.

For each trial in Part 3:

a) Calculate the number of moles of HCl, n_{H^+}, in which the tablet was dissolved using the volume and molarity of the HCl solution.

b) Calculate the number of moles of NaOH titrant that you add using molarity and volume. This is the number of moles of HCl neutralized by the NaOH.

c) Determine the number of moles of HCl not neutralized by the NaOH. This is the number of moles of HCl neutralized by the antacid.

$$n_{\text{acid neutralized by tablet}}=n_{\text{acid initially in flask}}-n_{\text{acid neutrazlized by NaOH}}$$

d) Find the average number of moles of HCl neutralized by the tablet and standardized deviation.

e) Compare the average with the amount theoretically expected based on the label.

Express this comparison as the % ratio of the actual amount of the acid that a tablet neutralizes to the theoretical amount that it should neutralize.

$$\%=n_{\text{acid actually neutralized}}/n_{\text{acid theoretically neutrazlized}}$$

This could be less than 100% of the tablet does neutralized as much as expected or more that 100% if it exceeds what is claimed on the label.

f) How consistent were your tablets in the amount of antacid they contained?

g) Also, use the mass of each tablet to determine the moles of acid neutralized per gram of tablet. This is a more universal neutralization expression (it is independent on the mass of the tablet).

[REPORTING RESULTS-Complete your lab summary]

If a report is required in place of a lab summary

Abstract

Results

Sample Calculations

Part 1.

M_{OH^-} individually and average (with error)

Part 2.

M_{H^+} individually and average (with error)

Part 3.

Moles of acid initially, $n_{\text{acid initially in flask}}$

Moles of acid titrated with base, $n_{\text{acid neutralized by NaOH}}$

Moles of acid neutralized by tablet, $n_{\text{neutralized by tablet}}$

% neutralized (from average moles neutralized)

Average moles neutralized per gram of tablet (from multiple measurements)

Discussion/Conclusions

What you did, how you did it and what you determined

Discuss possible reason for variation from 100% theoretical

[REVIEW QUESTIONS]

1. Suppose 0.6319g of KHP is titrated to the endpoint with 28.80mL NaOH of unknown molarity. What is the molarity of the base?

2. Suppose your HCl was 0.985mol·L^{-1} and your NaOH was 0.511mol·L^{-1}. You dissolve the antacid tablet in 25.00mL acid. You then titrate the solution with 14.80mL of the NaOH. Calculate the moles of acid neutralized by the tablet.

3. If you have not done Part 1, but you did only Part 2, why would it have been impossible to determine the mass of active ingredient in your tablet in Part 3.

实验 8-9 Determination of the Amount of Vitamin C in a Commercial Product by Redox Titration

[GOAL AND OVERVIEW]

The amount of ascorbic acid (vitamin C) in a natural or commercial product will be determined by using a redox titration of vitamin C with DCP. DCP is colored until it reacts with vitamin C, at which point it becomes colorless. In a titration, DCP is added to a sample solution until color persists. This indicates that the vitamin C in the sample has been consumed by the DCP. The amount of vitamin C is then determined by quantitative relationship to the added DCP.

In the first set of the titrations, a DCP solution will be standardized against samples containing known amounts of vitamin C. Then, a second set of experiments will be conducted using a solution of unknown vitamin C content.

Objectives of the data analysis:

▪ Practice with unit conversions and using concentration units

[SUGGESTED REVIEW AND EXTERNAL READING]

▪ Textbook information on titration and redox.

[BACKGROUND]

Vitamin C is known be important in the human diet. In the mid-1700's it was discovered that vitamin C contained in citrus fruits prevented scurvy. Today, the FDA had recommended a minimum vitamin C daily allowance for adults of 60mg. A debate had raged for decades about the benefits of much larger doses. Millions of people swear that they have fewer colds then they consume much larger daily doses, and Linus Pauling believed people should supplement their diets with up to 16 g of vitamin C per day. Pauling (1901—1994) received the Nobel Prize in Chemistry in 1954, the Noble Prize for Peace in 1962, and barely missed the Nobel Prize in Biology that was awarded to Watson and Crick.

You cannot measure vitamin C concentration by acid-base titration because there are many acids and bases in foodstuffs and other products that interfere with an acid-base titration. Instead, you can use a particular redox titration. The intensely colored titrant, 2,6-dichloroindophenol or DCP, is quite specific in its ability to oxidize only vitamin C. DCP is dark blue in neutral and basic solutions and red in acidic solutions. The compounds involved in this redox reaction are shown:

Vitamin C half-reaction (oxidation)

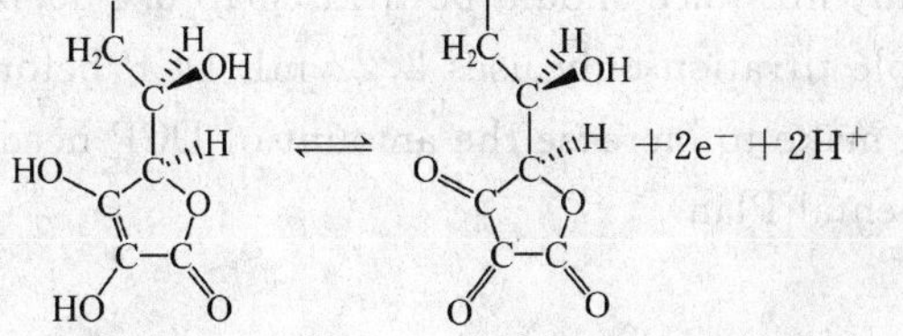

$$\text{Reduced L-Ascorbic Acid (vitamin)} \rightleftharpoons \text{Oxidized L-Ascorbic Acid (excreted)} + 2e^- + 2H^+$$

Reduced L-Ascorbic Acid (vitamin) — Oxidized L-Ascorbic Acid (excreted)

2,6-dichloroindophenol half-reaction (reduction)

$+2e^- + 2H^+ \rightleftharpoons$

Oxidized DCP
Dark blue in base
Red-pink in acid

Reduced DCP
Colorless

Two protons and two electrons are removed from vitamin C. Loss of electrons is oxidation, so vitamin C is oxidized by DCP. The ascorbic acid and the products of the reaction are colorless; only the DCP is colored:

$$\text{ascorbic acid(colorless)} + \text{DCP(color)} \longrightarrow \text{products(colorless)}$$

Therefore, redox titration with DCP provides a quantitative measure of vitamin C content in a sample. The solution stays colorless until all the ascorbic acid had been oxidized. After this point, further addition of DCP will turn the solution pink. The amount of vitamin C is found using its quantitative relationship to the standardized DCP titrant.

You will perform one set of experiments to determine the number of mg of vitamin C oxidized by your DCP solution. In a second set of experiments, you will find the vitamin C content of a commercially available product.

[PRELAB HOMEWORK] (to be filled out in your bound lab notebook before you perform the experiment)

Title and date

Define: (1) Titration endpoint, (2) oxidation, (3) reduction

Answer:

1. If the sample of vitamin C you are titrating requires a very a small volume of DCP solution, does that mean your sample had a high or a low vitamin C concentration?

2. Suppose you dissolve 50.00 mg of ascorbic acid (M=176.124g·mol^{-1}) in water in a 10.00 mL volumetric flask. Then you remove a 10.0 mL aliquot of the solution, put it into a beaker, and add 20.00 mL water and 10.00 mL buffer solution. What mass of ascorbic acid is it in the beaker?

3. If a DCP solution titrates 0.16 mg ascorbic acid per mL, how many mg ascorbic acid is oxidize by 30.0 mL of titrant? If a 240 mL juice sample has 100% of the US RDA of vitamin C (60 mg), how many mL juice should be titrated to use 30.0 mL of titration?

4. If your trial sample titration only uses 2.22 mL DCP before turning pink, what are two adjustments you can make to increase the amount of DCP needed to reach the endpoint?

Procedure (Experimental Plan)

Data tables

Titrating Practice:

1) Put some water in the buret and practice controlling the stopcock. Do not fill burets on the work-bench. Always keep all chemists below eye level. This increases the chance of

getting chemicals in your eye in the event of a spill.

2) If you have air bubbles in the buret, gently knock the bottom of the buret to free them so they can rise to the surface.

3) You will determine the volume of the titrant delivered by subtracting the initial buret reading from the final (volume by difference) .

4) Mount the buret on the stand. In real titrations, you would put a white towel or piece of paper over the dark base of the ring stand so the color change of the indicator will be easy to see.

Since this a practice, your titrant is water. You're just practicing the stopcock control and volume reading. The goal is to get a feel for the buret.

5) Practice reading the volume (liquid level at the bottom of the meniscus) . Take readings to 0.01 mL or 0.02 mL.

6) Record the initial volume of water. Add water to a collection flask and real the new volume. Find the volume of water added by difference.

7) Practice by delivering a milliter, a few drops, and one drop.

Part 1. Standardization of the DCP Titrant/ # mg vitamin C oxidized per mL DCP solution

1) Prepare a 50 mL buret containing DCP solution. First, clean your buret with soap and tap water. Followed by two rinses with distilled water. Then, after rinsing the buret with a small amount of DCP, add DCP until the liquid level is near the top of the graduated part of the buret. Don't try to start with the level at exactly zero—there is no reason to waste time trying to start with a specific volume.

2) Accurately weigh out about 50mg of the vitamin C power and dissolve with distilled water in a 100 mL volumetric flask. Be sure to shake the solution enough to DISSOLVE ALL of the ascorbic acid.

3) Keep the vitamin C solution stoppered to avoid vitamin C oxidation by the oxygen in air.

4) Accurately pipet 10.00 mL of the vitamin C solution into a 250 mL Erlenmeyer flask.

5) Add roughly 20 mL distilled water and 10 mL pH 3 buffer.

In general, your first titration is a trial. This will allow you to:

a) Find the approximate volume of DCP needed to reach the endpoint; and

b) Be familiar with the color change at the endpoint.

The endpoint (or equivalence point) is at the appearance in the beige color. You can save this sample to compare with other runs. If the color fades, it means that ascorbic acid is probably being gradually released from something on which it is absorbed. You can assert that, if the solution holds its color for 30 seconds, you have reached the endpoint. Just be consistent.

6) Do a trial titration with DCP. Record the initial DCP volume, then slowly add DCP while swirling the flask. Eventually the color change will persist for bout 30 seconds. Try to add fractions of drops of DCP until the very being/pink persists. Record the final volume on the buret.

7) Save the trial flask as a standard for the final color at the equivalence point.

8) Prepare more samples (10.00 mL aliquot+20 mL water+10 mL buffer) as needed.

9) Titrate samples until you have 3 consistent trials (similar colors and similar DCP volumes added). You will need to record the initial and final buret readings (before adding DCP and at the endpoint). Find the volume of DCP required to reach the endpoint (where color changes to beige-pink) by difference.

Be responsible for your own use if the time available.

Part 2. Analysis of a Liquid Sample

Note:

a) The sample to analyze for vitamin C should be a liquid provided by the stockroom.

b) For this experiment, a good titration uses about 10mL of DCP.

c) You may have to experiment to find out what volume aliquot of liquid to use in the titration flask. Dilute this liquid only if the titration uses over 15mL DCP. Another variable you can adjust is the concentration of DCP.

d) If a sample has a "% Daily Value" of vitamin C on a container label, you should calculate an approximate sample size to titrate (see prelab question). Make sure to record all the information on the label.

1) Put your sample into a 250 mL Erlenmeeyer titration flask containing roughly 15 mL distilled water and 10 mL pH 3 buffer.

2) Titrate to a permanent light beige/pink endpoint. Save this sample to compare with the other runs. If this sample requires more than 15 mL or less than 10 mL, adjust the aliquot in such a way as to require an amount of titration that lies around 10 mL.

3) After the trial titration, repeat the titration 2~3 times (time permitting).

Dispose of waste as instructed.

[DATA ANALYSIS]

Part 1. Oxidation power of DCP titrant

1) For each run, calculate the average volume of titrant used and number of millgrams vitamin C oxidized permL of DCP.

2) Put these figures on the blackboard with your names. This will enable you to discover any serious error in your procedure or calculations.

Part 2. Determination of amount of vitamin C in your sample

1) For each run, use the result of Part 1 to calculate the number of mg vitamin C in the aliquot.

You must be able to quantitatively relate the amount of vitamin C in your aliquots to the vitamin C in your original sample.

2) Determine the average mg vitamin C per L (or permL) of the liquid sample and the standard deviation.

REPORTING RESULTS—Complete your lab summary

If a report is requires

Abstract

Sample Calculations:

DCP standardization (part 1)

Vitamin C in sample (part 2)

Results:

Report the concentration of vitamin C in your sample

What volume of the sample liquid would you need to consume to provide the FDA's recommended daily allowance of $60mg \cdot d^{-1}$? What about Linus Pauling's recommended daily allowance of $16g \cdot d^{-1}$?

Discussion of:

What you found out and how?

What could be done to improve the accuracy in any all of the methods?

[**REVIEW QUESTIONS**]

1. Why does DCP sometimes appear red and sometimes blue?

2. What is being oxidized and what is being reduced during the titration?

3. Suppose you scandalize your DCP solution. You dissolve 50.00 mg ascorbic acid in 100 mL solution, take a 10 mL aliquot, and titrate with 32.50 mL DCP to reach the end point, if you then titrate an unknown sample with this DCP solution and reach the end point at 46.75 mL, what mass of ascorbic acid was present in you unknown sample?

4. Suppose you dissolve 5.00 g drink mix to give 25.0 mL solution. You then take 5.00 mL of the resulting solution, add it to a flask containing water, and titrating it with 17.83 mL DCP. The DCP wad standardized so that each mL would oxidize 0.11 mg of ascorbic acid. What mass of ascorbic acid was present in each gram of the drink mix?

附　录

附录1　不同温度下水的饱和蒸气压

温度/℃	水蒸气压		温度/℃	水蒸气压	
	mmHg	kPa		mmHg	kPa
0.0	4.579	0.6105	26.0	25.209	3.3609
1.0	4.926	0.6567	27.0	26.739	3.5649
2.0	5.294	0.7058	28.0	28.349	3.7796
3.0	5.685	0.7579	29.0	30.043	4.0054
4.0	6.101	0.8134	30.0	31.824	4.2429
5.0	6.543	0.8723	31.0	33.695	4.4923
6.0	7.013	0.9350	32.0	35.663	4.7547
7.0	7.513	1.002	33.0	37.729	5.0301
8.0	8.045	1.073	34.0	39.898	5.3193
9.0	8.609	1.1478	35.0	42.175	5.6229
10.0	9.209	1.2278	36.0	44.563	5.9412
11.0	9.844	1.3124	37.0	47.067	6.2751
12.0	10.518	1.4023	38.0	49.692	6.6251
13.0	11.231	1.4973	39.0	52.442	6.9917
14.0	11.987	1.5981	40.0	55.324	7.3759
15.0	12.788	1.7049	41.0	58.34	7.778
16.0	13.634	1.8177	42.0	61.50	8.199
17.0	14.530	1.9372	43.0	64.80	8.639
18.0	15.477	2.0634	44.0	68.26	9.101
19.0	16.477	2.1968	45.0	71.88	9.583
20.0	17.535	2.3378	46.0	75.65	10.09
21.0	18.650	2.4865	47.0	79.60	10.61
22.0	19.827	2.6434	48.0	83.71	11.160
23.0	21.068	2.8088	49.0	88.02	11.735
24.0	22.387	2.9847	50.0	92.51	12.334
25.0	23.756	3.1672			

附录2　弱酸和弱碱的离解常数

酸

名　称	温度/℃	离解常数 K_a	pK_a
砷酸(H_3AsO_4)	18	$K_{a_1}=5.6\times10^{-3}$	2.25
		$K_{a_2}=1.7\times10^{-7}$	6.77
		$K_{a_3}=3.0\times10^{-12}$	11.50
硼酸(H_3BO_3)	20	$K_a=5.7\times10^{-10}$	9.24

续表

名　称	温度/℃	离解常数 K_a	pK_a
氢氰酸(HCN)	25	$K_a=6.2\times10^{-10}$	9.21
碳酸(H_2CO_3)	25	$K_{a_1}=4.2\times10^{-7}$	6.38
		$K_{a_2}=5.6\times10^{-11}$	10.25
铬酸(H_2CrO_4)	25	$K_{a_1}=1.8\times10^{-1}$	0.74
		$K_{a_2}=3.2\times10^{-7}$	6.49
氢氟酸(HF)	25	$K_a=3.5\times10^{-4}$	3.46
亚硝酸(HNO_2)	25	$K_a=4.6\times10^{-4}$	3.37
磷酸(H_3PO_4)	25	$K_{a_1}=7.6\times10^{-3}$	2.12
		$K_{a_2}=6.3\times10^{-8}$	7.20
		$K_{a_3}=4.4\times10^{-13}$	12.36
硫化氢(H_2S)	25	$K_{a_1}=1.3\times10^{-7}$	6.89
		$K_{a_2}=7.1\times10^{-15}$	14.15
亚硫酸(H_2SO_3)	18	$K_{a_1}=1.5\times10^{-2}$	1.82
		$K_{a_2}=1.0\times10^{-7}$	7.00
硫酸(H_2SO_4)	25	$K_a=1.0\times10^{-2}$	1.99
甲酸(HCOOH)	20	$K_a=1.8\times10^{-4}$	3.74
醋酸(CH_3COOH)	20	$K_a=1.8\times10^{-5}$	4.74
一氯乙酸($CH_2ClCOOH$)	25	$K_a=1.4\times10^{-3}$	2.86
二氯乙酸($CHCl_2COOH$)	25	$K_a=5.0\times10^{-2}$	1.30
三氯乙酸(CCl_3COOH)	25	$K_a=0.23$	0.64
草酸($H_2C_2O_4$)	25	$K_{a_1}=5.9\times10^{-2}$	1.23
		$K_{a_2}=6.4\times10^{-5}$	4.19
琥珀酸[$(CH_2COOH)_2$]	25	$K_{a_1}=6.4\times10^{-5}$	4.19
		$K_{a_2}=2.7\times10^{-6}$	5.57
酒石酸$\left(\begin{array}{l}CH(OH)COOH\\ \mid\\ CH(OH)COOH\end{array}\right)$	25	$K_{a_1}=9.1\times10^{-4}$	3.04
		$K_{a_2}=4.3\times10^{-5}$	4.37
柠檬酸$\left(\begin{array}{l}CH_2\,COOH\\ \mid\\ C(OH)COOH\\ \mid\\ CH_2\,COOH\end{array}\right)$	18	$K_{a_1}=7.4\times10^{-4}$	3.13
		$K_{a_2}=1.7\times10^{-5}$	4.76
		$K_{a_3}=4.0\times10^{-7}$	6.40
苯酚(C_6H_5OH)	20	$K_a=1.1\times10^{-10}$	9.95
苯甲酸(C_6H_5COOH)	25	$K_a=6.2\times10^{-5}$	4.21
水杨酸[$C_6H_4(OH)COOH$]	18	$K_{a_1}=1.07\times10^{-3}$	2.97
		$K_{a_2}=4\times10^{-14}$	13.40
邻苯二甲酸[$C_6H_4(COOH)_2$]	25	$K_{a_1}=1.3\times10^{-3}$	2.89
		$K_{a_2}=2.9\times10^{-6}$	5.54

碱

名　称	温度/℃	离解常数 K_b	pK_b
氨水($NH_3\cdot H_2O$)	25	$K_b=1.8\times10^{-5}$	4.74
羟胺 (NH_2OH)	20	$K_b=9.1\times10^{-9}$	8.04
苯胺($C_6H_5NH_2$)	25	$K_b=4.6\times10^{-10}$	9.34
乙二胺($H_2NCH_2CH_2NH_2$)	25	$K_{b_1}=8.5\times10^{-5}$	4.07
		$K_{b_2}=7.1\times10^{-8}$	7.15
六亚甲基四胺[$(CH_2)_6N_4$]	25	$K_b=1.4\times10^{-9}$	8.85
吡啶	25	$K_b=1.7\times10^{-9}$	8.77

附录3 金属配位物的稳定常数

金属离子	离子强度	n	$\lg\beta_n$
氨配合物			
Ag^+	0.1	1,2	3.40,7.40
Cd^{2+}	0.1	1,…,6	2.60,4.65,6.04,6.92,6.6,4.9
Co^{2+}	0.1	1,…,6	2.05,3.62,4.61,5.31,5.43,4.75
Cu^{2+}	2	1,…,4	4.13,7.61,10.48,12.59
Ni^{2+}	0.1	1,…,6	2.75,4.95,6.64,7.79,8.50,8.49
Zn^{2+}	0.1	1,…,4	2.27,4.61,7.01,9.06
氟配合物			
Al^{3+}	0.53	1,…,6	6.1,11.15,15.0,17.7,19.4,19.7
Fe^{3+}	0.5	1,2,3	5.2,9.2,11.9
Th^{4+}	0.5	1,2,3	7.7,13.5,18.0
TiO^{2+}	3	1,…,4	5.4,9.8,13.7,17.4
Sn^{4+}	①	6	25
Zr^{4+}	2	1,2,3	8.8,16.1,21.9
氯配合物			
Ag^+	0.2	1,…,4	2.9,4.7,5.0,5.9
Hg^{2+}	0.5	1,…,4	6.7,13.2,14.1,15.1
碘配合物			
Cd^{2+}	①	1,…,4	2.4,3.4,5.0,6.15
Hg^{2+}	0.5	1,…,4	12.9,23.8,27.6,29.8
氰配合物			
Ag^+	0～0.3	1,…,4	—,21.1,21.8,20.7
Cd^{2+}	3	1,…,4	5.5,10.6,15.3,18.9
Cu^+	0	1,…,4	—,24.0,28.6,30.3
Fe^{2+}	0	6	35.4
Fe^{3+}	0	6	43.6
Hg^{2+}	0.1	1,…,4	18.0,34.7,38.5,41.5
Ni^{2+}	0.1	4	31.3
Zn^{2+}	0.1	4	16.7
硫氰酸配合物			
Fe^{3+}	①	1,…,5	2.3,4.2,5.6,6.4,6.4
Hg^{2+}	1	1,…,4	—,16.1,19.0,20.9
硫代硫酸根			
Ag^+	0	1,2	8.82,13.5
Hg^{2+}	0	1,2	29.86,32.26
柠檬酸			
Al^{3+}	0.5	1	20.0
Cu^{2+}	0.5	1	18
Fe^{3+}	0.5	1	25
Ni^{2+}	0.5	1	14.3
Pb^{2+}	0.5	1	12.3
Zn^{2+}	0.5	1	11.4
磺基水杨酸			
Ag^+	0.1	1,2,3	12.9,22.9,29.0
Fe^{3+}	3	1,2,3	14.4,25.2,32.2

金属离子	离子强度	n	$\lg\beta_n$
乙酰丙酮			
Al^{3+}	0.1	1,2,3	8.1,15.7,21.2
Cu^{2+}	0.1	1,2	7.8,14.3
Fe^{3+}	0.1	1,2,3	9.3,17.9,25.1
邻二氮菲			
Ag^{+}	0.1	1,2	5.02,12.07
Cd^{2+}	0.1	1,2,3	6.4,11.6,15.8
Co^{2+}	0.1	1,2,3	7.0,13.7,20.1
Cu^{2+}	0.1	1,2,3	9.1,15.8,21.0
Fe^{2+}	0.1	1,2,3	5.9,11.1,21.3
Hg^{2+}	0.1	1,2,3	—,19.65,23.35
Ni^{2+}	0.1	1,2,3	8.8,17.1,24.8
Zn^{2+}	0.1	1,2,3	6.4,12.15,17.0
乙二胺配合物			
Ag^{+}	0.1	1,2	4.7,7.7
Cd^{2+}	0.1	1,2	5.47,10.02
Cu^{2+}	0.1	1,2	10.55,19.60
Co^{2+}	0.1	1,2,3	5.89,10.72,13.82
Hg^{2+}	0.1	2	23.42
Ni^{2+}	0.1	1,2,3	7.66,14.06,18.59
Zn^{2+}	0.1	1,2,3	5.71,10.37,12.08

①离子强度不定。

附录4 标准电极电位（18～25℃）

半反应	$\varphi^{\ominus}$/V	半反应	$\varphi^{\ominus}$/V
$Li^{+}+e^{-}=Li$	−3.045	$S+2e^{-}=S^{2-}$	−0.608
$K^{+}+e^{-}=K$	−2.924	$2CO_2+2H^{+}+2e^{-}=H_2C_2O_4$	−0.49
$Ba^{2+}+2e^{-}=Ba$	−2.90	$Cr^{3+}+e^{-}=Cr^{2+}$	−0.41
$Sr^{2+}+2e^{-}=Sr$	−2.89	$Fe^{2+}+2e^{-}=Fe$	−0.409
$Ca^{2+}+2e^{-}=Ca$	−2.76	$Cd^{2+}+2e^{-}=Cd$	−0.403
$Na^{+}+e^{-}=Na$	−2.711	$Cu_2O+H_2O+2e^{-}=2Cu+2OH^{-}$	−0.361
$Mg^{2+}+2e^{-}=Mg$	−2.375	$Co^{2+}+2e^{-}=Co$	−0.28
$Al^{3+}+3e^{-}=Al$	−1.706	$Ni^{2+}+2e^{-}=Ni$	−0.246
$ZnO_2^{2-}+2H_2O+2e^{-}=Zn+4OH^{-}$	−1.216	$AgI+e^{-}=Ag+I^{-}$	−0.15
$Mn^{2+}+2e^{-}=Mn$	−1.18	$Sn^{2+}+2e^{-}=Sn$	−0.136
$Sn(OH)_6^{2-}+2e^{-}=HSnO_2^{-}+3OH^{-}+H_2O$	−0.96	$Pb^{2+}+2e^{-}=Pb$	−0.126
$SO_4^{2-}+H_2O+2e^{-}=SO_3^{-}+2OH^{-}$	−0.92	$CrO_4^{2-}+4H_2O+3e^{-}=Cr(OH)_3+5OH^{-}$	−0.12
$TiO_2+4H^{+}+4e^{-}=Ti+2H_2O$	−0.89	$Ag_2S+2H^{+}+2e^{-}=2Ag+H_2S$	−0.036
$2H_2O+2e^{-}=H_2+2OH^{-}$	−0.828	$Fe^{3+}+3e^{-}=Fe$	−0.036
$HSnO_2^{-}+H_2O+2e^{-}=Sn+3OH^{-}$	−0.79	$2H^{+}+2e^{-}=H_2$	0.000
$Zn^{2+}+2e^{-}=Zn$	−0.763	$NO_3^{-}+H_2O+2e^{-}=NO_2^{-}+2OH^{-}$	0.01
$Cr^{3+}+3e^{-}=Cr$	−0.74	$TiO^{2+}+2H^{+}+e^{-}=Ti^{3+}+H_2O$	0.10
$AsO_4^{3-}+2H_2O+2e^{-}=AsO_2^{-}+4OH^{-}$	−0.71	$S_4O_6^{2-}+2e^{-}=2S_2O_3^{2-}$	0.09

续表

半 反 应	$\varphi^{\ominus}/V$	半 反 应	$\varphi^{\ominus}/V$
$AgBr+e^- = Ag+Br^-$	0.10	$NO_3^- +4H^+ +3e^- = NO+2H_2O$	0.96
$S+2H^+ +2e^- = H_2S$(水溶液)	0.141	$HNO_2+H^+ +e^- = NO+H_2O$	0.99
$Sn^{4+} +2e^- = Sn^{2+}$	0.15	$VO_2^+ +2H^+ +e^- = VO^{2+} +H_2O$	1.00
$Cu^{2+} +e^- = Cu^+$	0.158	$N_2O_4+4H^+ +4e^- = 2NO+2H_2O$	1.03
$BiOCl+2H^+ +3e^- = Bi+Cl^- +H_2O$	0.158	$Br_2+2e^- = 2Br^-$	1.08
$SO_4^{2-} +4H^+ +2e^- = H_2SO_3+H_2O$	0.20	$IO_3^- +6H^+ +6e^- = I^- +3H_2O$	1.085
$AgCl+e^- = Ag+Cl^-$	0.22	$IO_3^- +6H^+ +5e^- = 1/2I_2+3H_2O$	1.195
$IO_3^- +3H_2O+6e^- = I^- +6OH^-$	0.26	$MnO_2+4H^+ +2e^- = Mn^{2+} +2H_2O$	1.23
$Hg_2Cl_2+2e^- = 2Hg+2Cl^-$ ($0.1mol\cdot L^{-1}NaOH$)	0.268	$O_2+4H^+ +4e^- = 2H_2O$	1.23
$Cu^{2+} +2e^- = Cu$	0.340	$Au^{3+} +2e^- = Au^+$	1.29
$VO^{2+} +2H^+ +e^- = V^{3+} +H_2O$	0.36	$Cr_2O_7^{2-} +14H^+ +6e^- = 2Cr^{3+} +7H_2O$	1.33
$Fe(CN)_6^{3-} +e^- = Fe(CN)_6^{4-}$	0.36	$Cl_2+2e^- = 2Cl^-$	1.358
$2H_2SO_3+2H^+ +4e^- = S_2O_3^{2-} +3H_2O$	0.40	$BrO_3^- +6H^+ +6e^- = Br^- +3H_2O$	1.44
$Cu^+ +e^- = Cu$	0.522	$Ce^{4+} +e^- = Ce^{3+}$	1.443
$I_3^- +2e^- = 3I^-$	0.534	$ClO_3^- +6H^+ +6e^- = Cl^- +3H_2O$	1.45
$I_2+2e^- = 2I^-$	0.535	$PbO_2+4H^+ +2e^- = Pb^{2+} +2H_2O$	1.46
$IO_3^- +2H_2O+4e^- = IO^- +4OH^-$	0.56	$MnO_4^- +8H^+ +5e^- = Mn^{2+} +4H_2O$	1.491
$MnO_4^- +e^- = MnO_4^{2-}$	0.56	$Mn^{3+} +e^- = Mn^{2+}$	1.51
$H_3AsO_4+2H^+ +2e^- = HAsO_2+2H_2O$	0.56	$BrO_3^- +6H^+ +5e^- = 1/2Br_2+3H_2O$	1.52
$MnO_4^- +2H_2O+3e^- = MnO_2+4OH^-$	0.58	$HClO+H^+ +e^- = 1/2Cl_2+H_2O$	1.63
$O_2+2H^+ +2e^- = 2H_2O_2$	0.682	$MnO_4^- +4H^+ +3e^- = MnO_2+2H_2O$	1.679
$Fe^{3+} +e^- = Fe^{2+}$	0.77	$H_2O_2+2H^+ +2e^- = 2H_2O$	1.776
$Hg_2^{2+} +2e^- = 2Hg$	0.796	$Co^{3+} +e^- = Co^{2+}$	1.842
$Ag^+ +e^- = Ag$	0.799	$S_2O_3^{2-} +5H_2O+2e^- = 2SO_4^{2-} +10H^+$	2.00
$Hg^{2+} +2e^- = Hg$	0.851	$O_3+2H^+ +2e^- = O_2+H_2O$	2.07
$2Hg^{2+} +2e^- = Hg_2^{2+}$	0.907	$F_2+2e^- = 2F^-$	2.87
$NO_3^- +3H^+ +2e^- = HNO_2+H_2O$	0.94		

附录5 难溶化合物的溶度积常数（18℃）

难溶化合物	化学式	溶度积 K_{sp}	
氢氧化铝	$Al(OH)_3$	2×10^{-32}	
溴酸银	$AgBrO_3$	5.77×10^{-5}	25℃
溴化银	$AgBr$	4.1×10^{-12}	
碳酸银	Ag_2CO_3	6.15×10^{-12}	25℃
氯化银	$AgCl$	1.56×10^{-10}	25℃
铬酸银	Ag_2CrO_4	9×10^{-12}	25℃
氢氧化银	$AgOH$	1.52×10^{-8}	25℃
碘化银	AgI	1.5×10^{-16}	25℃
硫化银	Ag_2S	1.6×10^{-49}	
硫氰酸银	$AgSCN$	4.9×10^{-12}	
碳酸钡	$BaCO_3$	8.1×10^{-9}	25℃
铬酸钡	$BaCrO_4$	1.6×10^{-10}	
草酸钡	$BaC_2O_4\cdot(3/2)H_2O$	1.62×10^{-7}	
硫酸钡	$BaSO_4$	8.7×10^{-11}	
氢氧化铋	$Bi(OH)_3$	4.0×10^{-31}	
氢氧化铬	$Cr(OH)_3$	5.4×10^{-31}	
硫化镉	CdS	3.6×10^{-29}	

续表

难溶化合物	化学式	溶度积 K_{sp}	
碳酸钙	$CaCO_3$	8.7×10^{-9}	25℃
氟化钙	CaF_2	3.4×10^{-11}	
草酸钙	$CaC_2O_4\cdot H_2O$	1.87×10^{-9}	25℃
硫酸钙	$CaSO_4$	2.45×10^{-5}	
硫化钴	α-CoS	4×10^{-21}	
	β-CoS	2×10^{-25}	
碘酸铜	$CuIO_3$	1.4×10^{-7}	25℃
草酸铜	CuC_2O_4	2.87×10^{-8}	25℃
硫化铜	CuS	8.5×10^{-45}	
溴化亚铜	CuBr	4.15×10^{-9}	(18～20℃)
氯化亚铜	CuCl	1.02×10^{-6}	(18～20℃)
碘化亚铜	CuI	1.1×10^{-12}	(18～20℃)
硫化亚铜	Cu_2S	2×10^{-47}	(16～20℃)
硫氰酸亚铜	CuSCN	4.8×10^{-15}	
氢氧化铁	$Fe(OH)_3$	3.5×10^{-38}	
氢氧化亚铁	$Fe(OH)_2$	1.0×10^{-15}	
草酸亚铁	FeC_2O_4	2.1×10^{-7}	25℃
硫化亚铁	FeS	3.7×10^{-19}	
硫化汞	HgS	4×10^{-53}～2×10^{-49}	
溴化亚汞	Hg_2Br_2	1.3×10^{-21}	25℃
氯化亚汞	Hg_2Cl_2	2×10^{-18}	25℃
碘化亚汞	Hg_2I_2	1.2×10^{-28}	
磷酸铵镁	$MgNH_4PO_4$	2.5×10^{-13}	25℃
碳酸镁	$MgCO_3$	2.6×10^{-5}	25℃
氟化镁	MgF_2	7.1×10^{-9}	
氢氧化镁	$Mg(OH)_2$	1.8×10^{-11}	
草酸镁	MgC_2O_4	8.57×10^{-5}	
氢氧化锰	$Mn(OH)_2$	4.5×10^{-13}	
硫化锰	MnS	1.4×10^{-15}	
氢氧化镍	$Ni(OH)_2$	6.5×10^{-16}	
碳酸铅	$PbCO_3$	3.3×10^{-14}	
铬酸铅	$PbCrO_4$	1.77×10^{-14}	
氟化铅	PbF_2	3.2×10^{-8}	
草酸铅	PbC_2O_4	2.74×10^{-11}	
氢氧化铅	$Pb(OH)_2$	1.2×10^{-15}	
硫酸铅	$PbSO_4$	1.06×10^{-8}	
硫化铅	PbS	3.4×10^{-28}	
碳酸锶	$SrCO_3$	1.6×10^{-9}	25℃
氟化锶	SrF_2	2.8×10^{-9}	
草酸锶	SrC_2O_4	5.61×10^{-8}	
硫酸锶	$SrSO_4$	3.44×10^{-7}	25℃
氢氧化锡	$Sn(OH)_4$	1×10^{-57}	
氢氧化亚锡	$Sn(OH)_2$	3×10^{-27}	
氢氧化钛	$TiO(OH)_2$	1×10^{-29}	
氢氧化锌	$Zn(OH)_2$	1.2×10^{-17}	18～20℃
草酸锌	ZnC_2O_4	1.35×10^{-9}	
硫化锌	ZnS	1.2×10^{-23}	

附录6 常用指示剂

一、酸碱指示剂

名 称	变色pH范围	颜色变化	配制方法
百里酚蓝0.1%	1.2～2.8 8.0～9.6	红-黄 黄-蓝	0.1g指示剂与4.3mL0.05 $mol\cdot L^{-1}$ NaOH溶液一起研匀，加水稀释成100mL
甲基橙0.1%	3.1～4.4	红-蓝	将0.1g甲基橙溶于100mL热水
溴酚蓝0.1%	3.0～4.6	黄-紫蓝	0.1g溴酚蓝与3mL0.05 $mol\cdot L^{-1}$ NaOH溶液一起研匀，加水稀释成100mL
溴甲酚绿0.1%	3.8～5.4	黄-蓝	0.1g指示剂与21mL0.05 $mol\cdot L^{-1}$ NaOH溶液一起研匀，加水稀释成100mL
甲基红0.1%	4.2～6.2	红-黄	将0.1g甲基红溶于60mL乙醇中，加水至100mL
中性红0.1%	6.8～8.0	红-黄橙	将0.1g中性红溶于60mL乙醇中，加水至100mL
酚酞0.1%	7.4～10.0	无色-淡红	将1g酚酞溶于90mL乙醇中，加水至100mL
百里酚酞0.1%	9.4～10.6	无色-蓝色	将0.1g指示剂溶于90mL乙醇中，加水至100mL
茜素黄R0.1%	10.1～12.1	黄-紫	将0.1g茜素黄溶于100mL水中
混合指示剂			
甲基红-溴甲酚绿	5.1(灰)	红-绿	3份0.1%溴甲酚绿乙醇溶液与1份0.2%甲基红乙醇溶液混合
百里酚酞-茜素黄R	10.2	黄-紫	将0.1g茜素黄和0.2g百里酚酞溶于100mL乙醇中
甲酚红-百里酚蓝	8.3	黄-紫	1份0.1%甲酚红钠盐水溶液与3份0.1%百里酚蓝混合钠盐水溶液

二、氧化还原法指示剂

名 称	变色电位 $\varphi^{\ominus}$/V	颜色		配制方法
		氧化态	还原态	
二苯胺，1%	0.76	紫	无色	将1g二苯胺在搅拌下溶于100mL浓硫酸和100mL浓磷酸，贮于棕色瓶中
二苯胺磺酸钠，0.5%	0.85	紫	无色	将0.5g二苯胺磺酸钠溶于100mL水中，必要时过滤
邻菲罗啉硫酸亚铁，0.5%	1.06	淡蓝	红	将0.5g $FeSO_4\cdot 7H_2O$ 溶于100mL水中，加2滴硫酸，加0.5g邻菲罗啉
邻苯氨基苯甲酸，0.2%	1.08	紫红	无色	将0.2g邻苯氨基苯甲酸加热溶解在100mL0.2% Na_2CO_3 溶液中，必要时过滤
淀粉，1%				将1g可溶性淀粉，加少许水调成浆状，在搅拌下注入100mL沸水中，微沸2min，放置，取上层溶液使用(若要保持稳定，可在研磨淀粉时加入1mg HgI_2)

三、沉淀及金属指示剂

名 称	颜色		配制方法
	游离态	化合物	
铬酸钾	黄	砖红	5%水溶液
硫酸铁铵，40%	无色	血红	$NH_4Fe(SO_4)_2\cdot 12H_2O$ 饱和水溶液，加数滴浓 H_2SO_4
荧光黄，0.5%	绿色荧光	玫瑰红	0.50g荧光黄溶于乙醇，并用乙醇稀释至100mL
铬黑T(EBT)	蓝	酒红	(1)将0.20g铬黑T溶于15mL三乙醇胺及5mL甲醇中 (2)将1g铬黑T与100gNaCl研细、混匀(1∶100)
钙指示剂	蓝	红	将0.5g钙指示剂与100gNaCl研细、混匀

名称	颜色		配制方法
	游离态	化合物	
二甲酚橙,0.1%	黄	红	将0.1g二甲酚橙溶于100mL离子交换水中
K-B指示剂	蓝	红	将0.5g酸性铬蓝K加1.25g萘酚绿B,再加25gK_2SO_4研细、混匀
磺基水杨酸	无	红	10%水溶液
PAN指示剂,0.2%	黄	红	将0.2gPAN溶于100mL乙醇中
邻苯二酚紫,0.1%	紫	蓝	将0.1g邻苯二酚紫溶于100mL去离子水中
钙镁试剂,0.5%(Calmagite)	红	蓝	将0.5g钙镁试剂溶于100mL离子交换水中

附录7 常用缓冲溶液

缓冲溶液组成	pK_a	缓冲溶液pH值	配制方法
一氯乙酸-NaOH	2.86	2.8	将200g一氯乙酸溶于500mL水中,加NaOH40g,溶解后稀释至1L
甲酸-NaOH	3.76	3.7	将95g甲酸和40gNaOH溶于500mL水中,稀释至1L
NH_4Ac-HAc	4.74	4.5	将77g干NH_4Ac溶于水中,加冰HAc59mL,稀释至1L
NaAc-HAc	4.74	5.0	将120g无水NaAc溶于水,加冰HAc60mL,稀释至1L
$(CH_2)_6N_4$-HCl	5.15	5.4	将40g六亚甲基四胺溶于200mL水中,加浓HCl10mL,稀释至1L
NH_4Ac-HAc	4.74	6.0	将600gNH_4Ac溶于水中,加冰HAc20mL,稀释至1L
NH_4Cl-NH_3	9.26	8.0	将100gNH_4Cl溶于水中,加浓氨水7.0mL,稀释至1L
NH_4Cl-NH_3	9.26	9.0	将70gNH_4Cl溶于水中,加浓氨水48mL,稀释至1L
NH_4Cl-NH_3	9.26	10	将54gNH_4Cl溶于水中,加浓氨水350mL,稀释至1L

附录8 常用基准物及其干燥条件

基准物	干燥后的组成	干燥温度及时间
$NaHCO_3$	Na_2CO_3	260~270℃干燥至恒重
$Na_2B_4O_7 \cdot 10H_2O$	$Na_2B_4O_7 \cdot 10H_2O$	NaCl-蔗糖饱和溶液干燥器中室温下保存
$KHC_6H_4(COO)_2$	$KHC_6H_4(COO)_2$	105~110℃干燥1h
$Na_2C_2O_4$	$Na_2C_2O_4$	105~110℃干燥2h
$K_2Cr_2O_7$	$K_2Cr_2O_7$	130~140℃加热0.5~1h
$KBrO_3$	$KBrO_3$	120℃干燥1~2h
KIO_3	KIO_3	105~120℃干燥
As_2O_3	As_2O_3	硫酸干燥器中干燥至恒重
$(NH_4)_2Fe(SO_4)_2 \cdot 6H_2O$	$(NH_4)_2Fe(SO_4)_2 \cdot 6H_2O$	室温下空气干燥
NaCl	NaCl	250~350℃加热1~2h
$AgNO_3$	$AgNO_3$	120℃干燥2h
$CuSO_4 \cdot 5H_2O$	$CuSO_4 \cdot 5H_2O$	室温下空气干燥
$KHSO_4$	K_2SO_4	750℃以上灼烧
ZnO	ZnO	约800℃灼烧至恒重
无水Na_2CO_3	Na_2CO_3	260~270℃加热0.5h
$CaCO_3$	$CaCO_3$	105~110℃干燥

附录 9　国际原子表（1985 年）

元素		相对原子质量	元素		相对原子质量	元素		相对原子质量	元素		相对原子质量
符号	名称		符号	名称		符号	名称		符号	名称	
Ac	锕	[227]	Er	铒	167.26	Mn	锰	54.93805	Ru	钌	101.07
Ag	银	107.8682	Es	锿	[254]	Mo	钼	95.94	S	硫	32.066
Al	铝	26.98154	Eu	铕	151.965	N	氮	14.00677	Sb	锑	121.75
Am	镅	[243]	F	氟	18.99840	Na	钠	22.98974	Sc	钪	44.95591
Ar	氩	39.948	Fe	铁	55.847	Nb	铌	92.90638	Se	硒	78.96
As	砷	74.92159	Fm	镄	[257]	Nd	钕	144.24	Si	硅	28.0855
At	砹	[210]	Fr	钫	[223]	Ne	氖	20.1797	Sm	钐	150.36
Au	金	196.96654	Ga	镓	69.723	Ni	镍	58.69	Sn	锡	118.710
B	硼	10.811	Gd	钆	157.25	No	锘	[254]	Sr	锶	87.62
Ba	钡	137.327	Ge	锗	72.61	Np	镎	237.0482	Ta	钽	180.9479
Be	铍	9.01218	H	氢	1.00794	O	氧	15.9994	Tb	铽	158.92534
Bi	铋	208.98037	He	氦	4.00260	Os	锇	190.2	Tc	锝	98.9062
Bk	锫	[247]	Hf	铪	178.49	P	磷	30.97370	Te	碲	127.60
Br	溴	79.904	Hg	汞	200.59	Pa	镤	231.03588	Th	钍	232.0381
C	碳	12.011	Ho	钬	164.93032	Pb	铅	207.2	Ti	钛	47.88
Ca	钙	40.078	I	碘	126.90447	Pd	钯	106.42	Tl	铊	204.3833
Cd	镉	112.411	In	铟	114.82	Pm	钷	[145]	Tm	铥	168.93421
Ce	铈	140.115	Ir	铱	192.22	Po	钋	[约 210]	U	铀	238.0289
Cf	锎	[251]	K	钾	39.0983	Pr	镨	140.90765	V	钒	50.9415
Cl	氯	35.4527	Kr	氪	83.80	Pt	铂	195.08	W	钨	183.85
Cm	锔	[247]	La	镧	138.9055	Pu	钚	[244]	Xe	氙	131.29
Co	钴	58.93320	Li	锂	6.941	Ra	镭	226.0254	Y	钇	88.90585
Cr	铬	51.9961	Lr	铹	[257]	Rb	铷	85.4678	Yb	镱	173.04
Cs	铯	132.90543	Lu	镥	174.967	Re	铼	186.207	Zn	锌	65.39
Cu	铜	63.546	Md	钔	[256]	Rh	铑	102.90550	Zr	锆	91.224
Dy	镝	162.50	Mg	镁	24.3050	Rn	氡	[222]			

附录 10　一些化合物的相对分子质量

化合物	相对分子质量	化合物	相对分子质量	化合物	相对分子质量
$AgBr$	187.78	As_2O_5	228.84	$CaCl_2$	110.99
$AgCl$	143.32	$BaCO_3$	197.34	$CaCl_2 \cdot H_2O$	129.00
$AgCN$	133.84	BaC_2O_4	225.35	CaF_2	78.08
Ag_2CrO_4	331.73	$BaCl_2$	208.24	$Ca(NO_3)_2$	164.09
AgI	234.77	$BaCl_2 \cdot 2H_2O$	244.27	CaO	56.08
$AgNO_3$	169.87	$BaCrO_4$	253.32	$Ca(OH)_2$	74.09
$AgSCN$	165.95	BaO	153.33	$CaSO_4$	136.14
Al_2O_3	101.96	$Ba(OH)_2$	171.35	$Ca_3(PO_4)_2$	310.18
$Al_2(SO_4)_3$	342.15	$BaSO_4$	233.39	$Ce(SO_4)_2$	332.24
As_2O_3	197.84	$CaCO_3$	100.09	$Ce(SO_4)_2 \cdot 2(NH_4)_2SO_4 \cdot 2H_2O$	632.54

续表

化合物	相对分子质量	化合物	相对分子质量	化合物	相对分子质量
CH_3COOH	60.05	$HgCl_2$	271.50	$NaNO_2$	69.00
CH_3OH	32.04	Hg_2Cl_2	472.09	Na_2O	61.98
CH_3COCH_3	58.08	$KAl(SO_4)_2\cdot12H_2O$	474.39	$NaOH$	40.01
C_6H_5COOH	122.12	H_3BO_3	61.83	Na_3PO_4	163.94
C_6H_5COONa	144.10	HBr	80.91	Na_2S	78.05
$C_6H_4COOHCOOK$（苯二甲酸氢钾）	204.23	$H_2C_4H_4O_6$（酒石酸）	150.09	$Na_2S\cdot9H_2O$	240.18
		HCN	27.03	MnO	70.94
CH_3COONa	82.03	KCl	74.56	MnO_2	86.94
C_6H_5OH	94.11	$KClO_3$	122.55	$Na_2S_2O_3\cdot5H_2O$	248.19
$(C_9H_7N)_3H_3(PO_4\cdot12MoO_3)$	2212.74	$KClO_4$	138.55	Na_2SiF_6	188.06
CaC_2O_4	128.10	K_2CrO_4	194.20	$NH_2OH\cdot HCl$	69.49
$COOHCH_2COONa$	126.04	$K_2Cr_2O_7$	294.19	NH_3	17.03
CCl_4	153.81	$KHC_2O_4\cdot H_2C_2O_4\cdot2H_2O$	254.09	NH_4Cl	53.49
CO_2	44.01	$KHC_2O_4\cdot H_2O$	146.14	$(NH_4)_2C_2O_4\cdot H_2O$	142.11
Cr_2O_3	151.99	KI	166.01	$NH_3\cdot H_2O$	35.05
$Cu(C_2H_3O_2)_2\cdot3Cu(AsO_2)_2$	1013.80	KIO_3	214.00	$NH_4Fe(SO_4)_2\cdot12H_2O$	482.20
CuO	79.54	$KIO_3\cdot HIO_3$	389.92	$(NH_4)_2HPO_4$	132.05
Cu_2O	143.09	$KMnO_4$	158.04	$(NH_4)_3PO_4\cdot12MoO_3$	1876.53
$CuSCN$	121.63	KNO_2	85.10	NH_4SCN	76.12
$CuSO_4$	159.61	K_2O	94.20	$(NH_4)_2SO_4$	132.14
$CuSO_4\cdot5H_2O$	249.69	KOH	56.11	$NiO_8H_{14}O_4N_4$（丁二酮肟镍）	288.91
$COOHCH_2COOH$	104.06	$KSCN$	97.18	P_2O_5	141.95
H_2CO_3	62.03	K_2SO_4	174.26	$PbCrO_4$	323.18
$H_2C_2O_4$	90.04	$MgCO_3$	84.32	PbO	223.19
$H_2C_2O_4\cdot2H_2O$	126.07	$MgCl_2$	95.21	PbO_2	239.19
$HCOOH$	46.03	$MgNH_4PO_4$	137.33	Pb_3O_4	685.57
HCl	36.46	MgO	40.31	$PbSO_4$	303.26
$HClO_4$	100.46	$Mg_2P_2O_7$	222.60	Na_2SO_3	126.04
HF	20.01	$KB(C_6H_5)_4$	358.33	Na_2SO_4	142.04
HI	127.91	KBr	119.01	$Na_2SO_4\cdot10H_2O$	322.20
HNO_2	47.01	$KBrO_3$	167.01	$Na_2S_2O_3$	158.11
HNO_3	63.01	KCN	65.12	SO_2	64.06
$FeCl_3$	162.21	K_2CO_3	138.21	SO_3	80.06
$FeCl_3\cdot6H_2O$	270.30	$Na_2B_4O_7$	201.22	Sb_2O_3	291.50
FeO	71.85	$Na_2B_4O_7\cdot10H_2O$	381.37	Sb_2S_3	339.70
Fe_2O_3	159.69	$NaBiO_3$	279.97	SiF_4	104.08
Fe_3O_4	231.54	$NaBr$	102.90	SiO_2	60.08
$FeSO_4\cdot H_2O$	169.93	$NaCN$	49.01	$SnCO_3$	178.72
$FeSO_4\cdot7H_2O$	278.02	Na_2CO_3	105.99	$SnCl_2$	189.62
$Fe_2(SO_4)_3$	399.89	$Na_2C_2O_4$	134.00	SnO_2	150.71
$FeSO_4\cdot(NH_4)_2SO_4\cdot6H_2O$	392.14	$NaCl$	58.44	TiO_2	79.88
H_2O	18.02	NaF	41.99	WO_3	231.85
H_2O_2	34.02	$NaHCO_3$	84.01	$ZnCl_2$	136.30
H_3PO_4	98.00	NaH_2PO_4	119.98	ZnO	81.39
H_2S	34.08	Na_2HPO_4	141.96	$Zn_2P_2O_7$	304.72
H_2SO_3	82.08	$Na_2H_2Y\cdot2H_2O$	372.26	$ZnSO_4$	161.45
H_2SO_4	98.08	NaI	149.89		

附录 11　一些氢氧化物沉淀及其溶解时所需的 pH

氢氧化物	开始沉淀的 pH		沉淀完全的 pH	沉淀开始溶解的 pH	沉淀完全溶解的 pH
	原始浓度（$1mol \cdot L^{-1}$）	原始浓度（$0.01mol \cdot L^{-1}$）			
$Sn(OH)_4$	0	0.5	1.0	13	>14
$Ti(OH)_2$	0	0.5	2.0		
$Sn(OH)_2$	0.9	2.1	4.7	10	13.5
$ZrO(OH)_2$	1.3	2.3	3.8		
$Fe(OH)_3$	1.5	2.3	4.1	14	
HgO	1.3	2.4	5.0		
$Al(OH)_3$	3.3	4.0	5.2	7.8	10.8
$Cr(OH)_3$	4.0	4.9	6.8	12	>14
$Be(OH)_2$	5.2	6.2	8.8		
$Zn(OH)_2$	5.4	6.4	8.0	10.5	12～13
$Fe(OH)_2$	6.5	7.5	9.7	13.5	
$Co(OH)_2$	6.6	7.6	9.2	14	
$Ni(OH)_2$①	6.7	7.7	9.5		
$Cd(OH)_2$	7.2	8.2	9.7		
Ag_2O	6.2	8.2	11.2	12.7	
$Mn(OH)_2$①	7.8	8.8	10.4	14	
$Mg(OH)_2$	9.4	10.4	12.4		
$Pb(OH)_2$		7.2	8.7	10	13

① 析出氢氧化物沉淀之前，先生成碱式盐沉淀。

参 考 文 献

[1] 陈若愚等. 无机与分析化学. 大连: 大连理工出版社, 2007.
[2] 《无机化学丛书》编委会. 无机化学丛书: 第1卷～第12卷. 北京: 科学出版社, 1984～1987.
[3] 武汉大学, 吉林大学等校编. 无机化学. 第3版. 北京: 高等教学出版社, 1994.
[4] 武汉大学等五校编. 分析化学. 第4版. 北京: 高等教育出版社, 2000.
[5] 宋清编. 定量分析中的误差和数据评价. 北京: 人民教育出版社, 1982.
[6] 彭崇慧编. 酸碱平衡的处理. 北京: 北京大学出版社, 1980.
[7] 彭崇慧等. 络合滴定原理. 北京: 北京大学出版社, 1981.
[8] 皮以璠编. 氧化还原滴定法及电位分析法. 北京: 高等教育出版社, 1987.
[9] 高登喜编. 气相色谱仪的原理及应用. 北京: 高等教育出版社, 1989.
[10] 邓勃等. 仪器分析. 北京: 清华大学出版社, 1991.
[11] 邓勃编. 原子吸收分光光度法. 北京: 清华大学出版社, 1981.
[12] 汪尔康等. 21世纪的分析化学. 北京: 科学出版社, 1999.
[13] 成都科技大学, 浙江大学编. 分析化学实验. 第2版. 北京: 高等教育出版社, 1989.
[14] 《化学分析基本操作规范》编写组. 化学分析基本操作规范. 北京: 高等教育出版社, 1984.
[15] 武汉大学主编. 分析化学实验. 第2版. 北京: 高等教育出版社, 1985.
[16] 戴树桂. 环境化学. 北京: 高等教育出版社, 1997.
[17] 薛华等. 分析化学. 第2版. 北京: 清华大学出版社, 1994.
[18] 朱裕贞等. 现代基础化学. 北京: 化学工业出版社, 1998.
[19] 沈君朴等. 实验无机化学. 天津: 天津大学出版社, 1992.
[20] 杨根元编. 实用仪器分析. 第3版. 北京: 北京大学出版社, 2001.
[21] 罗庆尧等. 分析化学丛书: 第四卷第一册分光光度分析. 北京: 科学出版社, 1994.
[22] 罗士平等. 基础化学实验: 上. 北京: 化学工业出版社, 2005.
[23] Housecroft C E, Sharpe A G. Inorganic Chemistry. London: Pearson Education Limited, 2001.
[24] Day Jr R A, Undercoard A L. Quantitative Analysis. 6th. London: Prentice-Hall International Inc, 1991.